国家社科基金重大项目“丝路审美文化中外互通问题研究”（17ZDA272）阶段性成果

广东外语外贸大学阐释学研究院科研项目（CSY-2021-ZD-03）阶段性成果

国外文化研究前沿译丛

张　进　主编

盛装社会

着装、身体与世界的意义

The Dressed Society:
Clothing, the Body and Some Meaning of the World

［澳］彼得 · 科里根（Peter Corrigan）著

张　进　聂成军　王　位　译

知识产权出版社
全国百佳图书出版单位
—北京—

English language edition published in 2008 by SAGE Publications Ltd, A SAGE Publications Company of London, Thousand Oaks, New Delhi and Singapore.

图书在版编目（CIP）数据

盛装社会：着装、身体与世界的意义/（澳）彼得·科里根著；张进，聂成军，王位译. —北京：知识产权出版社，2021. 12

（国外文化研究前沿译丛/张进主编）

书名原文：The Dressed Society：clothing，the body and some meanings of the world

ISBN 978－7－5130－8022－4

Ⅰ. ①盛… Ⅱ. ①彼… ②张… ③聂… ④王… Ⅲ. ①服饰文化—研究—世界 Ⅳ. ①TS941. 12

中国版本图书馆 CIP 数据核字（2021）第 269759 号

责任编辑：刘　睿　刘　江　　**责任校对：**潘凤越

封面设计：杨杨工作室·张冀　　**责任印制：**刘译文

国外文化研究前沿译丛

盛装社会

着装、身体与世界的意义

[澳] 彼得·科里根　著

张　进　聂成军　王　位　译

出版发行：知识产权出版社有限责任公司　**网　　址：**http：//www. ipph. cn

社　　址：北京市海淀区气象路 50 号院　**邮　　编：**100081

责编电话：010－82000860 转 8344　**责编邮箱：**liujiang@ cnipr. com

发行电话：010－82000860 转 8101/8102　**发行传真：**010－82000893/82005070/82000270

印　　刷：天津嘉恒印务有限公司　**经　　销：**新华书店、各大网上书店及相关专业书店

开　　本：880mm×1230mm　1/32　**印　　张：**10. 75

版　　次：2021 年 12 月第 1 版　**印　　次：**2021 年 12 月第 1 次印刷

字　　数：256 千字　**定　　价：**78. 00 元

ISBN 978－7－5130－8022－4

京权图字：01－2021－7056

致谢

我要感谢都柏林圣三一学院（Trinity College Dublin）的布莱恩·托罗德（Brian Torode）、基尔大学（Keele University）的前任同事，以及新英格兰大学（University of New England）的现任同事，感谢他们以提纲挈领而又细致入微的方式鼓励我的研究工作。此外，我要特别感谢大卫·格雷（David Gray）让我思考在“绪论”中提到的以感官为基础的社会学。感谢弗朗西斯·格雷（Frances Gray）针对“结语”标题提出的建议。我还要感谢彼得·弗瑞斯特（Peter Forrest）指出第二章的内容不是关于时间而是关于时代。第四章的部分内容最初发表于《社会学》（*Sociology*）期刊，第一章则有部分内容刊登在《身体与社会》（*Body & Society*）期刊。特此致谢！

目　　录

绪　论　感官世界中的服装

本书讲述的是世界各地服装的奇妙冒险。像其他任何实体物件一样，衣服可以被视为一件再具体不过的事物，也可以超越其物质存在，被视为某种更广泛的概念体系中的一环。社会科学家对具体与笼统之间的关系尤为感兴趣，因为它实际揭示了如何理解我们在其中发现自我的这个世界，乃至理解我们想象中的世界。

然而我们应该从哪里开始呢？有一个在社会学中可能没有被经常提出的根本问题：我们该如何理解这个世界？我的答案是：通过感官提供的资料来理解。长期以来，感官的功能都饱受质疑。勒内·笛卡尔（René Descartes）曾写道："我不时发现感官具有欺骗性，明智的做法是绝不能完全相信那些曾经欺骗过我们的人……任何引起些许疑惑的事物，我都会像发现了它是全然错误的一样将之舍弃。"❶ 对他而言，"将思想与身体混为一谈"导致"混乱的思维模式"，❷ 将使我们永远无法了解世界的真相。然而，当人们疲于奔命或忙于生计的时候，他们

❶ René Descartes. The Philosophical Writings of Descartes [M]. Cambridge: Cambridge University Press, 1984 [1641]: 12, 16.

❷ René Descartes. The Philosophical Writings of Descartes [M]. Cambridge: Cambridge University Press, 1984 [1641]: 57.

不能像“坐在火炉边、穿着冬天的睡袍”❶ 的哲学家一样，有时间进行思考与分析。但这些人才是社会学家真正感兴趣的人（而社会学家或许常常穿着冬天的睡袍，坐在笔记本电脑旁工作）。我们暂且不谈笛卡尔，而接受这样一个事实：那些充斥着街道、广场、体育场和商店里的各种理念正是社会学家的研究对象。这些人是务实的操作者而非哲学分析家，但这并不意味着他们不是世界上富有经验的探索者。

亨利·柏格森（Henri Bergson）指出：“这些形象充斥着我们的生活［即任何一份感官材料，不仅仅是视觉上的］，好像让我们沉浸其中……感官得到愉悦……知觉被简化成你感兴趣的事物的形象”❷，这些话暗示了这些探索者的经验丰富之处。一言以蔽之，在特定的情境下，我们感知我们需要感知的。即使我们错了，我们也丝毫不感到困惑。此外，哲学家用以冥想分析的时间，经由习惯和回忆而被大幅度地缩短：“身体记忆是由习惯组成的感官运动系统的总和构成，是一种以过去的真实记忆作为基础的准瞬时记忆（quasi－instantaneous memory）。”我们的各个感官体有助于我们快速而清晰地作出决定。它们不是在超验的真理王国中运作，而是在固有的真实世界中运作。

神经学家安东尼奥·达马西奥（Antonio Damasio）将感官、情绪、思想和行动相联系并指出，身心的融合与其说导致了笛卡尔主义者所认为的混乱的思维模式，不如说导致了锐化的思

❶ René Descartes. The Philosophical Writings of Descartes ［M］. Cambridge：Cambridge University Press，1984 ［1641］：13.

❷ Henri Bergson. Matter and Memory ［M］. Translated by Nancy Margaret Paul and W. Scott Palmer. London：George Allen & Unwin，1929 ［1908］：29，34.

维模式。❶ 他观察到：

> 环境以各种方式在有机体上留下印记。一种是刺激眼睛……耳朵……以及大量皮肤神经末梢、味蕾和鼻黏膜上的神经活动。神经末梢发送信号到大脑中的限定入口点，即所谓的视觉、听觉、躯体感觉、味觉和嗅觉感觉皮层。❷

产生情绪是这种感知表层的基本效应，其次是感受，最后是推理。❸ 对于达马西奥来说，基于身体的情绪和感受不会过多阻碍我们对世界的感知，反而引导我们更加关注这个世界的显著特征，从而促进我们加以思考，并迅速作出反应。情感并非在社会真空中运作，而是受到柏格森所宣称的“习惯”和达马西奥所提出的“在特定社会中确保生存的文化规约”❹ 的影响。情绪和习惯共同作用产生了指导我们日常行为的直觉：“情绪在直觉中发挥一定的作用，直觉是某种快速的认知过程，在这个过程中，我们不必知道所有的逻辑步骤而得到某个特定的结论……简而言之，直觉是一种基于部分被隐藏的既定知识和情绪表征方面的积攒，以及许多过去的实践经验基础之上所

---

❶ Antonio Damasio. Descartes' Error. Emotion, Reason, and the Human Brain [M]. London: Penguin, 1994; Antonio Damasio. The Feeling of What Happens. Body and Emotion in the Making of Consciousness [M]. San Drego, CA: Harcourt, 1999.

❷ Antonio Damasio. Descartes' Error. Emotion, Reason, and the Human Brain [M]. London: Penguin, 1994: 90-91.

❸ Antonio Damasio. The Feeling of What Happens. Body and Emotion in the Making of Consciousness [M]. San Diego, CA: Harcourt, 1999: 55.

❹ Antonio Damasion. Descarte's Error. Emotion, Reason and the Human Brain [M]. London: Penguin, 1994: 200.

形成的瞬间的认知能力。"❶ 因此，我们的感官在特定情境下运作并产生情绪，而且为这些情绪的感受"提供了一种自动检测相关情景构成要素的方法"❷。情绪可能会使我们存有偏见，但是一般而言，这种习惯性的偏见指引我们去/到一个合适的方向(这并不意味着在特定的环境中是合适的)。正如达马西奥所言，"情绪让一切生物有可能无须审慎地思考就能作出选择，展开行动……在最佳状态下，感受引领我们作出恰当的决策，从而更好地利用逻辑工具。"❸

因此，感官是我们如何理解和应对这个世界的基础。社会学家格奥尔格·齐美尔（Georg Simmel）认为："每一种感觉都为社会经验的建构作出了独特的贡献。"❹ 绪论的重点是概述感官社会学在当前语境下可能会是什么样子。作为对服装思考的一个介绍，我建议，我们从传统的五种感觉官能开始，并且致力于弄懂每一种感官告知我们的关于社会上的服装问题。当然，在任何特定的社会现象中，感官能让我们理解的事物的广度和深度常常不是同等重要的，所以读者可能会怀疑我们目前所关注的视觉提供了最丰富的资讯这一看法，并不等同于视觉是唯一有意义的感官。还有更高级的逻辑在起作用，如柏格森所宣称的"习惯"和达马西奥所提出的"文化规约"，我们也将予以讨论。

---

❶ Antonio Damasio. Descartes' Error. Emotion, Reason, and the Human Brain [M]. London: Penguin, 1994: xii – xiii.

❷ Antonio Damasio. Descartes' Error. Emotion, Reason, and the Human Brain [M]. London: Penguin, 1994: 175.

❸ Antonio Damasio. Descartes' Error. Emotion, Reason, and the Human Brain [M]. London: Penguin, 1994: xi, xvii.

❹ Georg Simmel. Simmel on Culture. Selected Writings [M]. London: Sage, 1997 [1908]: 110.

一、听　觉

根据听觉所作的分析能告诉我们什么呢？毕竟，服装和配饰确实能够发出声音：它们可能会发出嗖嗖声、沙沙声、嘎吱声、叮当声、当啷声和咔嗒声。这些不同的声音也许在一件服装或配饰出现之前就宣布了它的存在，而且作为提前警示，帮助你准备好以合适的社交面貌（social face）出现在社交场合。绸缎发出的嗖嗖声和沙沙声很容易引发情欲的想象，因为这种声音依靠并通过创造声音所需的身体动作来唤起身体的感官存在。星星小姐（Miss Littlestar）在《施虐狂的乐趣》（*Dominatrix of Fun*）中这样说："在绸缎发出的沙沙声和嗖嗖声中，还有什么隐藏的乐趣呢？"[1] 来自 Caroline B[2] 的一位满意的客户花时间评论道："纯尼龙布料摩擦所发出声音的魅力也并不少啊……当时我的太太正交叠双腿坐在那儿。"[3] 皮革的嘎吱声、高跟鞋的咔嗒声和珠宝的叮当声也很容易使人坠入情欲的领域。虽然服装的听觉层面相对有限，但是仍然存在，并且能够以人们的行为和想象为导向。

二、触　觉

和听觉一样，触觉也有强烈的情欲维度。如果我们触摸心仪对象的衣服（不管当时他们是否穿着那件衣服），我们都可

---

❶ Miss Littlestar（2005）［EB/OL］.［2005－02－01］. www. malesubmission. com/littlestar/who. htm.

❷ Caroline B 是秉持"只愉悦于自己"的时尚态度，致力于诠释时尚职业女性多元化都市生活的女装官网。——译者注

❸ ［2005－02－01］. www. caroline－b. com/happy. html.

以体验到一种替代性的愉悦颤动，而且我们可能会在材质本身的感官特征中找到更直接的乐趣：毛皮、天鹅绒、丝绸、绒面革、皮革、亚麻布、莱卡、羊毛、棉布等，这些都带给人们不同的感觉，而且能够引发诸多意义、记忆和情感。倘若给人带来不愉悦的感受，我们就设法避免触摸这些材质。除此之外，触觉也具有政治层面：谁能触摸什么，以及在什么时候、什么情况下可以触摸。

三、味　觉

就着装而言，味觉似乎完全属于情欲的世界。根据网络上的广告，我们可以判定可食的（edible）内衣与内裤，似乎是全部可食服装的类别。❶ 此处味觉可能是一种用最亲密的方式，且是转喻式地吞噬他者的方法，然而他者的身体状态也许并不像第一口咬下去时那样直接利落。如果在残酷的世界里，以服装与身体的关系为首要目标，那么可食服装吸取身体的味道，并通过吞食内衣的行动传递那些味道。然而，身体的体验似乎不能如此直接地被传递出去，因为除了樱桃、百香果、朗姆酒、草莓巧克力、玫瑰香槟酒、美态鸡尾酒等口味之外，我找不到任何推荐男性口味或女性口味的预先调味的内衣广告。❷ 如果没有时间、欲望或机会让可食用的服装吸收身体的味道，那么我们就使用一种相当含蓄的转喻方式来操作：我们象征性地消费，却不处理现实的污染。特殊衣服的独特性可以忽略不计，人们能够将亲近身体的味道替换成“较安全”的味道，恰如在

---

❶ Caperdi Trading [EB/OL]. [2005－02－06]. www. kingdoms. co. uk/acatalog/_400_Seductive_Clothing_7. html.

❷ Sex Toys [EB/OL]. [2005－02－06]. www. sex－toys. org/edible. php.

甜点和鸡尾酒的味觉子域中获得文化认同的乐趣。这些味道可以想象性地标记在任何物体上或一系列我们喜欢的物体上。衣服都很干净，但是如果可食用的服装已经被穿了一段时间，那么我们可以推测出品尝到的味道是特定身体的气味和非身体的一般（先前的）气味的混合味道。一个给定的身体现在被外部的直接遮盖物所标记，从而使身体属于特定的集合。身体的残酷现实不像先前所说的那样受到忽视，而是被广泛地接受为物质与概念的集合体的一部分，即社会身体，这是最基本的要素。味觉的品位也许不是服装的一个重要层面，但它确实使得某些社会实践活动成为可能。

四、嗅　觉

嗅觉对理解服装有什么帮助呢？显然它可以作为穿戴者和其他人对洁净度接受与不接受程度的标志。由于服装纤维会吸收周围环境的气味，它还可以传播我们近期身在何处的信息。通过气味的精妙用处，我们借此使气味传递出我们想要它传递（或者是希望它能够传递）的意义。人们可以轻易地想象出这样一个未来：衣服的气味可以通过科技手段进行操控，从而营造出特定的氛围，而且有证据表明这种想法已经成为可能。然而，从肥皂粉之类的广告来判断，目前最受大众欢迎的衣服味道是“清新的”。这大概是“洁净”的另一种说法，在我们卫生条件好的社会中，洁净是备受欢迎和推崇的。此处，特定身体的天然气味很可能被解读为一种不卫生程度的信号，由此导致人们无法接受。身体散发出“清新的”气味，这是一种使个人的身体展现出对他人无冒犯的方式，或许也是最接近我们只闻到了清新的气味，别的什么也没有闻到的方式，但是除此之外的任何气味，通过特定的身体展现，有可能使得讲究卫生的那些人感到不适。香水让人们把注意力投射在使用者身上，并且不可避免地强加在他们的同伴身上。在道格拉斯（Douglas）的观念中，“肮脏”被视为“不合情理的事物”（matter out of place），即个体的特性没有受到重视（例如，大多数工作场所与公共空间）。❶ 但是在某些情况下，个人以自己的方式向别人展示其身体是合适的，比如情侣间的约会，那么个人的香味甚至是自然的体香，可能都比天然无味更为人们所接受。虽然加拿大的一些香水禁令或许是基于人们对多重化学物质敏感性的理念而制定的，但是我们的研究表明，还有一个更重要的社会原因：究竟什么样的身体状况才是适宜的。❷

即使穿戴者并不在场，衣服保留气味的能力也有可能唤起穿戴者及其相关特质的存在。这可能是某位已经离去的或已经去世的爱人，但也可能是持有衣服的人平生素未谋面的一个或一类人。后者的一个案例是在日本二手水手服装店，尤其是在臭名昭著的买卖交易中所购买到的女学生未洗的内衣：“已经穿过、却长时间没有清洗的衣物和那些保留了分泌物的衣物，据说价格更高。”❸ 显然这种交易是情欲幻想的一部分，东京最近对这种交易进行了监管：“只有在孩子父母同意的情况下，

---

❶ Mary Douglas. Purity and danger. An Analysis of Concepts of Pollution and Taboo [M]. London: Routledge & Kegan Paul, 1966.

❷ Leah McLaren. ‘Halifax Hysteria. Non - scents in Nova Scotia’. The Globe and Mail (29 April 2000) [EB/OL]. [2005 - 02 - 09]. www.fumento.com/halifax2.html.

❸ Mark Schreiber. ‘What am I bid for My Boxers? Famous Fetish Turned Topsy - turvy’. The Japan Times Online (24 June 2001) [EB/OL]. [2005 - 02 - 07]. www.japantimes.co.jp/cgi - bin/getarticle.pl5? fl20010624tc.htm.

二手服装店才被允许购买孩子们的校服和内衣。”❶ 嗅觉以一种亲密的方式维系着我们和他人的关系，这不仅是因为特定的气味与特定的人联系在一起（或者是某一类人，比如匿名的日本女生），也因为嗅觉削弱了我们更具分析性的感官。嗅觉是“原始的”，它强行进入我们的大脑，我们不需要像赋予视觉或听觉意义那样经过仔细的处理。我们无法轻易敏锐地去看待这个问题。的确，这种特性使它极具侵略性。一种极其强烈的味道会侵蚀所有感官，所以最初被称作“强烈的”味道：这种味道占据了我们的意识，似乎是无法控制的。

五、视　觉

目前我们所有的感官没有一种像视觉一样可以为细微差别和意义生成提供诸多可能性，视觉对于理解服装而言是首要的。通常在我们面前呈现出的外表是事先装扮好的，为我们的社交提供（或多或少的）即时参考。社会秩序就是服装的秩序，职业、阶级、年龄组、性征、性别、地域、活动、亚文化群体成员等，这些都能通过外表以口头或书面的方式彰显出来。自然现象学家通常认为世界以其本身的样貌展现给我们，我们将会对世界上为我们的身份和地位带来重要意义的东西娴熟、敏锐而又迅速地捕捉到它们的差异；而对那些我们不太关注的外观，我们了解起来会不熟练或颇感困难。我们相信我们的第一感觉。如马歇尔·萨林斯（Marshall Sahlins）谈道：

❶ Anonymous. ‘Tokyo Talks Tough on Sex, Lies and Used Underwear’. Mainichi Interactive (15 Jun. 2004) [EB/OL]. [2005-02-07]. www12. mainichi. co. jp/news/mdn/search-news/923112/underwear-0-17. html.

> “徒观外表”一定是西方社会最重要的象征性表述形式之一。因为正是通过外表，文明从其建构的基本矛盾中转化成它存在的奇迹；成就了由完全陌生的人们所聚合在一起的社会。就此而言，它的聚合力取决于某种具体的内在逻辑：对他者理解的可能性，包括他们的社会状况，也因此包括初看起来他们之于我们的关系。❶

事实上，弗雷德里克·莫内龙（Frédéric Monneyron）坚信外观创造现实的能力，以至于他认为时尚变迁的力量将引发社会变迁：设计师的作品改变了人们对身体的看法，并引起了相应的行为变化（例如，受尊敬的女性选择穿长裤，为职场带来了巨大的社会变迁）。❷ 社会学家对此有怨言，认为社会变迁可能导致相应的时尚变迁，但却忽略了一种可能存在的辩证法：社会变迁可能导致时尚变迁，但时尚变迁确实引发了社会变迁并将其带入广大民众可思考、可实践和可具化的领域之中，从而使社会变迁更能反映出社会真实，且更易于被人们所接受。

这种对外表的信任造成一种控制外表的意图，从中世纪规定的特定阶层穿戴特定服装的反奢侈法/禁奢令（sumptuary laws），到那些要求身份认同、希望被看作不同于真实身份的人，或者他们只是想缩短真正的自己和别人眼中的自己之间的差距。诚然，外表的仿效与更高的社会阶层有关，而后者随之作出的改变是为了保留显著的差异，这被齐美尔看作服装界流

❶ Marshall Sahlins. Culture and Practical Reason [M]. Chicago, UL: The University of Chicago Press, 1976: 203.

❷ Frédéric Monneyron. La frivolité essentielle. Du vêtement et de la mode [M]. Paris: Presses Universitaires de France, 2001: 20, 39, 47.

行款式改变的一大驱动力。但是这种仿效并不一定会提升社会地位，正如克莱恩（Crane）所言："20 世纪 60 年代以来，新风格首先出现在地位较低的群体中，之后被地位较高的团体所接纳……这解释了一些重要的时尚现象。"❶ 然而这种现象可能是高层中的一例，高阶层的人比起那些拥有较少的可支配资本的人，能够用"低端"物品作为广泛储备物的一部分。在每个人都要求平等的民主社会里，这是维持阶级区分的一种方式：不仅可以普及各个阶层的物品，而且对于经济与文化层次更高的人来讲，也提供了越来越多的收藏品。班奈特（Bennett）等认为，此过程是澳大利亚不同阶层的消费者所普遍进行的实践活动，而澳大利亚就是这样一个以平等主义理念和包容性理念而闻名的国家。❷

然而，大部分的仿效可能是肤浅的，我们想要（或可能被需要）看起来和我们这个阶层化社会里的每个人一样，正如布尔迪厄（Bourdieu）对差异的研究❸使人信服一样。戈布洛（Goblot）以其短语"界限与等级"（la barrier et le niveau）精确地描述了这种状况："界限"（barrier）将我们与不同的社会群体分割开来（使我们看起来与他们不同），而"阶层"（plateau）将我们与相同的群体团结在一起（使我们看起来与他们一

❶ Diana Crane. Fashion and Its Social Agendas. Class, Gender, and Identity in Clothing [M]. Chicago, IL: The University of Chicago Press, 2000: 14.

❷ Bennett et al. Accounting for Tastes. Australian Everyday Cultures [M]. Cambridge: Cambridge University Press, 1999.

❸ Pierre Bourdieu. Distinction. A Social Critique of the Judgement of Taste [M]. Translated by Richard Nice. London: Routledge and Kegan Paul, 1984 [1979].

样)。[1] 我喜欢将“等级”(niveau)翻译为“阶层”,而不是更接近字面意义的“级别”(level),因为我不希望暗示等级制度必然包括差异。戈布洛提出的概念显然也适用于阶级之外的社会差异,以及更大范围内的次界限和次阶层。尽管在任何特定的阶层内,可能会有细微的差异调整(从而呈现出个性化特征),但是这些调整通常难以打破壁垒。当然,这并不是说界限是神圣而不可侵犯的,当我们改变年龄组、阶级、国家、信仰甚至性别时,我们试图进入一个仅与其外观相关的截然不同的层级。这种变化或许是出于嬉戏的目的,或许是面对严肃的场合所需,但整体而言是无关紧要的。虽然芬克斯坦(Finkelstein)[2] 和利波维茨基(Lipovetsky)[3] 都将个人身份认同与个人主义置于他们对服装理解的核心位置,但是与我们一直讨论的更普遍的社会表象相比,这些关注点并不重要。

因此,从根本上说,通过着装可以获知我们处于世界的哪个位置、我们在世界上的身份,以及整个世界是什么样子的。这个基本特质也意味着它可能为当今世界秩序带来危机。变化引起潜在的困惑,这种困惑无疑是乌托邦作家们(我们将在后面的章节予以讨论)想象出来的完美世界中的服装,这就是服装总是一成不变的明确而永恒的原因之一。从 19 世纪加里波第红色衬衫,到 20 世纪 30 年代德国国家社会主义者的棕色衬衫,再到 2004 年乌克兰的橙色围巾和领带,均可以看出政治运动能

---

[1] Edmond Goblot. La barrière et le niveau. Etude sociologique sur la bourgeoisie française modern [M]. Paris: Félix Alcan, 1925.

[2] Joanne Finkelstein. The Fashioned Self [M]. Cambridge and Oxford: Polity Press in association with Basil Blackwell, 1991.

[3] Gilles Lipovetsky. L'empire de l'éphémère, La mode et son destin dans les sociétés moderns [M]. Paris: Gallimard, 1987.

够为改革目的而设计出特定的外观。

六、个案研究：法国学校的民族服装

或许此时不需要过于笼统，而应在具体案例的情境下考察服装展示出来的效果，如何对社会秩序产生根本的影响。这个案例被称为“桃色事件”（affaire du voile），涉及伊斯兰女性服装在法国公立学校所扮演的角色问题。此事件肇始于 1989 年，之后在 2004 年 3 月 15 日因法国明令禁止在学校里张贴显而易见的宗教标识而达到高潮。此处，我们开始讨论一些意义深远的高层次逻辑问题。

若要理解法国社会对服装的政治解读，关键是弄懂世俗主义（laïcité）的概念。它通常被翻译为政教分离（secularism），但是 2003 年两卷本议会报告《德勃雷报告》（*Debré Report*）明确区分了世俗主义和政教分离的概念。❶ 前者源于国家与自命拥有无上权力的教会之间的冲突，就像历史上的天主教国家法国的情况一样；而后者则与同时解放政府与教会的新教徒国家有关。依照此种观点，法国教会和政府保持明显的差异，但是在其他许多地方，这些观点彼此交融，而且令人感到困惑。在 1905 年 12 月 9 日法案中，政教分离被视为神圣不可侵犯的原则，受政府控制的公共场所（如公立学校）坚持宗教中立的立场，政府被置于中立的地位。世俗主义对于法兰西共和国本身的定义而言十分重要，从 1958 年 10 月 4 日宪法的首要条文中可以看出：“法兰西是不可分的、世俗的、民主的和社会的共

❶ Jean – Louis Debré. Rapport fait au nom de la mission d'information sur la question du port des signes religieux à l'école ［M］. Tome I. Paris: Assemblée Nationale, 2003: 32.

和国。”所以如果某件事是非世俗性的，却要求清楚地合法占据世俗空间的权利，那么从逻辑上来讲，此事要避免发生。这里没有妥协的余地，因为这个问题触及了根本原则。在将这一原则引入公众的过程中，在公立学校的重要角色——公立小学系统中可以用非正式的术语将世俗性（la laïque）适宜地表述出来。

根据德勃雷（Debré）的观点，世俗主义是一种社会因袭的组织模式，源自卢梭主义者的“总意志”（volonté generale）概念。[1] 对他而言，这意味着特定的规则不能授予标新立异的群体，否则将导致社会的分崩离析。这并不是说法国社会不能分割成各式各样的群体，它确实有形形色色的群体。但这意味着一定存在这样一个空间，在此空间中，多样化不再是一个阻碍的因素：“面对一个多元论者和多样化的公民社会，我们需要一个统一的原则。”[2] 在这种情况下，正是世俗主义的原则为社会凝聚力提供了保障。

法国公立学校将多样性转化成和谐统一体，并不受到来自更广泛的社会各阶层的区分所带来的压力。德勃雷总结了校长们的观点：“生活法则不宜应用于学校”。[3] 此处的宗教符号归属于“生活法则”，根据法国国民议会对1989年局势的评论，

[1] Jean－Louis Debré. Rapport fait au nom de la mission d'information sur la question du port des signes religieux à l'école［M］. Tome I. Paris：Assemblée Nationale，2003：13.

[2] Jean－Louis Debré. Rapport fait au nom de la mission d'information sur la question du port des signes religieux à l'école［M］. Tome I. Paris：Assemblée Nationale，2003：47.

[3] Jean－Louis Debré. Rapport fait au nom de la mission d'information sur la question du port des signes religieux à l'école［M］. Tome I. Paris：Assemblée Nationale，2003：56.

学校里显眼的宗教符号可能会构成“压迫的、挑拨的、劝诱的或宣传的行为”❶。法国时任教育部部长在1994年提出了相似的观点，并更加强烈地声明：“这些符号**本身**就带有劝诱的或歧视的因素。”（作者的强调）❷ 对于德勃雷而言，身穿表明忠诚符号的衣服也预先申明了一个人的信仰，并隔绝了这个人与质疑其信仰的新知识的接触。❸ 所以这些符号不仅在一个本不应该发生此类现象的地方给他人施加不合情理的压力，而且阻碍了学校推动知识发展的工作。这一切都与一种观点相去甚远，这种观点将多样性及其相关的理念直接可见地引进学校，但是那些来自世俗国家的人感到很奇怪，因为对他们而言，宪法并非基于世俗主义理念。

然而宪法因素不是议会报告里面利用的唯一因素。年轻女子戴头巾的这种行为，是迫于家庭或生活环境的压力所致❹，因而书写她们的心声是出于关心的目的。即使政府调解员负责调停学校及其面纱的问题，哈尼法·迦若非（Hanifa Chérifi）也坚持认为面纱并非穆斯林的象征，而是对于宗教激进组织忠诚的象征。❺

---

❶ Circulaire du 12 décembre. Laïcité, port de signes religieux par les élèves et caractère obligatoire des enseignements（April 1989）[EB/OL]. [2005 - 02 - 19]. www. assemblee - nationale. fr/12/dossiers/documents - laicite/document - 2. pdf.

❷ François Bayrou. Neutralité de l'enseignement public：port de signes ostentatoires dans les établissements scolaires（Sep. 1994）[2005 - 02 - 19]. www. assemblee - nationale. fr/12/dossiers/documentslaicite/document - 3. pdf.

❸ Jean - Louis Debré. Rapport fait au nom de la mission d'information sur la question du port des signes religieux à l'école [M]. Tome I. Paris：Assemblée Nationale，2003：65.

❹ Jean - Louis Debré. Rapport fait au nom de la mission d'information sur la question du port des signes religieux à l'école [M]. Tome I. Paris：Assemblée Nationale，2003：8.

❺ Jean - Louis Debré. Rapport fait au nom de la mission d'information sur la question du port des signes religieux à l'école [M]. Tome I. Paris：Assemblée Nationale，2003：80.

在明亮的议会委员室外，人们的表达就不那么受限制了。对于女权主义者维格里（Vigerie）和泽伦斯基（Zelensky）而言，面纱象征着女性服从于男性，而那些想要面纱的女性对男性的主宰地位漠不关心，因为她们本身就强烈地认同自己的附属性。对于以平等之名聚集的妇女团体成员而言，面纱再次象征着对妇女的压迫和对她们作为独立个体的否定❶，同时家族联合会（Union des Familles Laïques）也谴责面纱消弭了个人的特质，并且将社会地位转化为人类的命运。❷ 维格里、泽伦斯基以及法国国民阵线❸都认为面纱只是问题的冰山一角。如前所述，在《德勃雷报告》中，不那么带有宪法色彩的表述也在部分地发挥着作用。

针对“桃色事件”，穆斯林作家并不倾向于运用世俗主义的话语，并且有人驳斥这个概念，认为那仅仅是神话而已，旨在把穆斯林留在贫民区。反之，他们使用宗教义务、个人选择和性保护这些概念。就后者而言，身着朴素的服装，是为了避免由注视而产生的诱惑力，朴素的穿着历来没有受到人们的关注。善变的西方人倾向于将朴素视为一种动态的时尚欣赏，某一时代的性感服饰就成为下一时代人们心目中朴素的典范（或最不令人感到尴尬）——反之亦然。然而，事实并非如此，在

---

❶ Comité National Coordination des groupes de femmes Egalité. La réponse au problème soulevé par le《port du voile à l'école》ne peut être que globale, de lute et d'explication sur plusieurs fronts, 2003 [EB/OL]. [2005 - 01 - 19]. eleuthera. free. fr/html/182. htm.

❷ Kintzler et al. L'école publique doit être soustraite à la pression des groups politico - religieux, 2003 [EB/OL]. [2005 - 01 - 19]. www. ufal. org/spip/article. php3? id_article = 28.

❸ Carl Lang. ' Vous avez aimé l'immigration? Vous allez adorer l'islamisation'. Français D'abord - Le Magazine de Jean - Marie Le Pen (15 December 2003) [EB/OL]. [2005 - 01 - 19]. www. francaisdabord. info/editoriallang_detail. php? id_inter = 1.

以时尚为标志的社会中，朴素的服饰是一个相对的概念，但是当相对性不被人们认可时，情况就迥然不同了。而更大的不同是一成不变的服装，被视为对上帝的服从。对于许多作家而言，这种彰显服从的方式被视为个人的选择，但对于那些认为个人选择应该被置于消费主义话语体系中的人而言，这样的选择也许是难以理解的。[1] 一方面，“个人的选择”不仅从无处不在的消费价值中获得合法性；另一方面，选择的种类也会干扰这种消费价值。

一位作家将面纱视为女性服从的象征：欧洲人通过基督教教义来解读宗教元素。[2]《哥林多前书》（*The First Epistle to the Corinthians*）确立了男性对女性的主导权，以女性戴头巾作为象征。对于这个作者而言，欧洲基督教集体无意识是人们对面纱产生误解的主要原因。

对于法兰西共和国而言，公立学校的公共空间没有“他者”，只有预备公民。对于一些年轻的穆斯林女孩来说，为了成为受保护的公民而放弃朴素的服装和对上帝服从的标识，似乎需要付出沉重的代价。

---

[1] Abdallah, nd. Le Foulard Islamique et la République Française: Mode d'emploi [EB/OL]. [2005 - 03 - 11]. ftp: //ftp2. al - muslimah. com/almuslimg/Foulard. pdf; Catherine Al - Shouli. 'Lettre ouverte à Monsieur Jacques Chirac Président de la République'. Ligue Française de la Femme Musulmane [EB/OL]. [2005 - 03 - 22]. www. lffm. org/index. php? nav = communiques; Naheed Mustafa. 'La peur du hijab' . Al - Muslimah [EB/OL]. [2005 - 09 - 04]. www. al - muslimah. com/articles/2003_07_27_la_peur_du_hijab. html; Sound Vision Staff Writer. The Question of Hijab and Choice [EB/OL]. [2005 - 09 - 04]. www. soundvision. com/Info/news/hijab/hjb. choice. asp.

[2] Anonymous. 'Malentendu sur le sens du foulard' . Al - Muslimah [EB/OL]. [2005 - 09 - 04]. www. al - muslimah. com/articles/2003_07_28_malentendu_surcle_sens_du_foulard. html.

从视觉层面来讲，穿着打扮不能通过直觉得出结论。如果不这样判断，我们就不可能在这个世界上畅通无阻。而且，作为一名分析人士，我们不能满足于这种似是而非的直觉。无论是否愿意，我们或许不得不穿上笛卡尔的冬日睡袍，在火炉旁深思熟虑。正如我们在前面简短的案例分析中所看到的，对服装的视觉解读并不总是简单明了的，它可能以微妙而复杂的方式来解读意义深远而重大的社会和政治问题。感官认识论包括从瞬间的判断到长时间的分析，从宽广的画布到最精妙的细节。本书的余下部分主要关注的是，在更广泛的主题背景下对细节的论证与分析，并且运用理论与经验相结合的方式将微观关注点与宏观主题联系起来。

第一章讨论服装的地位和社会学的目的相同，均是对世俗社会进行系统的阐述，但是实现此目的的手段是叙述性虚构小说而非基于论据的特定社会科学知识。乌托邦文本出自作者对当时社会的批判，因此他们选取的主题成为反映时代主要矛盾的线索。乌托邦文本既早于社会学又与之并驾齐驱，从 1516 年托马斯·莫尔（Thomas More）的《乌托邦》（*Utopia*）开始，持续到 20 世纪 70 年代的女性主义科幻小说。主题包括：服装象征社会地位的方式；政府与性别实例中的权力与统治之间的关系；借由裸体与舒适的概念理解身体与服装之间的关系、美学、劳动者的性别分工、服装的性别差异与性征；从奢侈品的危害性到消费的必要性之间的历史转变。

第二章致力于探讨一个迄今为止主要出现在哲学领域和理论物理学领域的主题，即时间。但自 1990 年以来，时间成为许多社会学家讨论的主题。本章试图描述服装的社会时间结构，并涉及年、季、周、日的时间、“现在”的概念、身体时间、年龄时间、政治时间和主流文化与阶级的时间。就其社会意义而言，服装与时间的关系是错综复杂的。

如同第二章，第三章论述了一个社会学最近才关注的话题：身体。该章首先讨论了“古典的”身体与早期解剖学、自然、美学、健康和19世纪服装改革者之间的关系，然后通过对《1844年经济哲学手稿》、《德意志意识形态》（*The German Ideology*）、《资本论》（*Capital*）的分析，引出马克思对身体的社会经济性的理解因素，并与苏联早期的建构主义服装设计师的理念关联起来。继而检验身体是如何被时尚杂志样本中的文章和广告建构出来的。本章所探讨的材料中提出一个从18世纪的解剖学层面的美学身体到21世纪的赛博格身体（cyborg body）这一新的历史节点，取代了趋向于接受纯粹以理性—科学方式来理解其发展轨迹的论述。

第四章的主题，从服装作为一个理论对象转向服装是组成物质世界中的实体物件，到特别关注单品在家庭中如何流通与交换。这是本书最具“人类学”色彩的章节，并且本章提出了这样一种观点：在以商品为基础的一般经济中存在一种基于赠予的家庭服装经济，这也建议修正某些约定俗成的见解，即以礼物关系为特征的权力关系。

第五章延续了第四章的流通和交换主题，但是将其设置在网络空间的时尚专栏讨论板块。我们选取呈现在明显位置的板块，统计出参与讨论的人员的性别和年龄，接着将帖文的信息内容进行更为定性的分析。这些内容涉及从样品的整体分析中产生的关键概念：社区、时效和交换。本章分析了每一位发帖者的参与率和社区建构自我意识的方式，以及如何回应对固有理念所产生的威胁，还探讨了不同形式的内部阶层化。在发帖者构建每天相聚在一起的感觉的背景下，我们也考察了社区的时间性。物品的交换模式表明，讨论区成员以高度结构化的方式相互关联，并且在组内运作的六种基于交换的社会团结形式也得以发现和解释。

结语部分对全书做大致的总结，并提出服装阐释学理论。

第一章 服装的危险：乌托邦式的评论

引 言

乌托邦小说之所以引起社会学的兴趣，主要有两个原因。第一，它们具有非常普遍的意义。正如克里斯罕·库马尔（Krishan Kumar）所言："乌托邦以它自身的方式，处理许多传统社会学理论所探讨的问题。"❶通过对位于其他时空的，而且是别出心裁建构起来的社会的了解，乌托邦文本建立了一个与传统社会学和政治学理论极为相似的体系，以此来批判其作者身处的当代社会。马克思主义者通常会选择对该社会的社会学、经济学和政治学的叙述，从而达到批判社会的目的；而乌托邦文学的作家大多通过虚构的叙事小说来达致此目的。同样，托马斯·霍布斯（Thomas Hobbes）于1651年发表的《利维坦》（*Leviathan*）就是针对英国内战造成的秩序混乱的问题，提出有条理的解决方案。与詹姆士·哈林顿（James Harrington）在1656年发表的更具乌托邦形式的《大洋国》（*Oceana*）一书相比，一种是经由社会科学论述，另一种则是通过文学论述，这

❶ Krishan Kumar. Utopianism［M］. Milton Keynes：Open University Press，1991：vii.

种批评的推动作用或多或少地导致了对社会功能的系统性描述。的确，社会动荡时期与乌托邦小说的创作之间似乎存在一种近似的对应关系，这也许就是 18 世纪的大部分时间很少创作此类文本的原因，而 19 世纪的工人阶级运动和社会主义的兴起，可能不仅与卡尔·马克思（Karl Marx）、埃米尔·涂尔干（Emile Durkheim）和马克斯·韦伯（Max Weber）等人的主要社会科学著作有关，而且与埃蒂耶纳·卡贝（Etienne Cabet）、爱德华·贝拉米（Edward Bellamy）和威廉·莫里斯（William Morris）等人的重要乌托邦文本有关。在 19 世纪晚期争取妇女权利的运动中，随着公众社会对女性的尊重，女性地位得到提升，从而女性主义乌托邦作品也得以出版［许多收录在凯斯勒（Kessler）的著作中］。❶ 20 世纪 70 年代涌现出女性主义科幻小说，被视为和 20 世纪后期的女性主义研究者在社会科学领域的成果具有同等重要的地位。大体而言，对于 1883 ~ 1975 年的英美乌托邦文学进行的一项定量研究结果显示，在经济紧缩和霸权覆灭时期，这类作品的产量显著增加。❷

社会批评似乎是针对两类受众群体，因此采用了两种不同的形式。库马尔指出：

> 大部分社会理论都显示出社会问题的系统化的基本原则，然而，由于它对抽象原则的依赖（至少对于广大民众

❶ Carol Farley Kessler. Daring to Dream. Utopian Stories by United States Women: 1836 - 1919 [M]. London: Pandora Press, 1984.

❷ Edgar Kiser, Kriss A. Drass. Changes in the Core of the World - System and the Production of Utopian Literature in Great Britain and the United States, 1883 - 1975 [J]. American Sociological Review, 1987.

而言)，其吸引力是有限的。乌托邦文学至少在形式上颠覆了大多数社会理论的演绎推理法。它通常采用具体的、归纳的方法——这在当代哲学家之间并不流行，对于人们的普遍认知来说却是极受欢迎的。❶

乌托邦通过呈现良好的社会行为来批评和分析当代社会，通常采用大众易于接受的叙事小说的形式。因此，乌托邦文本可以被视为以其独特的修辞结构特征为标志的社会科学文本。

第二个原因与这样一个事实有关：在人们虚构的世界中，大多数乌托邦作品确实包括对着装（或卸装）场所的讨论。这些都是非常清晰、明确和有条理的叙述，如弗朗索瓦·德·费奈隆（François de Fénelon)❷、德尼·狄德罗（Denis Diderot)❸、卡贝❹等人的作品，到20世纪70年代出现了女性主义科幻小说家晦涩难懂的作品，如埃斯米·多德里奇（Esmé Dodderidge，1988［1979］)❺、玛吉·皮厄斯（Marge Piercy，1979［1976］)❻、莎

❶ Krishan Kumar. Utopianism［M］. Milton Keynes：Open University Press，1991：89.

❷ François de Fénelon. Telemachus，Son of Ulysses［M］. Edited and translated by Patrick Riley. Cambridge：Cambridge University Press，1994［1699］.

❸ Denis Diderot. Supplément au voyage de Bougainville，ou dialogue entre A et B［M］//Le Neveu de Rameau. Paris：Livre de Poche，1966［1796］.

❹ Etienne Cabet. Voyage en Icarie［M］. 5ème. édition. Paris：Bureau du Populaire，1848.

❺ Esmé Dodderidge. The New Gulliver，or The Adventures of Lemuel Gulliver Jr in Capovolta［M］. London：The Women's Press，1988［1979］.

❻ Marge Piercy. Woman on the Edge of Time［M］. London：The Women's Press，1979［1976］.

莉·米勒·吉尔哈特（Sally Miller Gearhart，1985［1979］）❶、厄休拉·勒古恩（Ursula Le Guin，1975［1974］）❷、乔安娜·拉斯（Joanna Russ，1985［1975］）❸。诚然，后一种类型的文本可以有不同的解读方法，然而通过明确的社会学视角来解读它们是有局限性的，作者必须为此而深表歉意。

我们如何选定以下讨论的乌托邦文本呢？如果我们纳入所有涉及理想社会的文本，那么就必须涉猎所有的科幻小说，但这显然是不可能的。即使我们不这样做，仍然有大量的文本可供选择。鲁斯特·莱维塔斯（Ruth Levitas）在她的书中花了大量篇幅论述定义乌托邦文本的诸种方法❹，最后选择了一种较为开放的方式：

> 解决办法不能是针对一种狭义的乌托邦定义达成一致意见。我们无法达成这种共识，因为它不能包含被提及的所有问题；即使达成共识，其结果将会是一个完全不受欢迎的压制性的正统观念。解决这些问题的唯一办法不在于对乌托邦的描述性定义，而在于运用更明确的原则，来驾驭特定研究中的实证性资料。❺

---

❶ Sally Miller Gearhart. Wanderground. Stories of the Hill Women［M］. London: The Women's Press, 1985［1979］.

❷ Ursula K. Le Guin. The Dispossessed［M］. London: Grafton Books, 1975［1974］.

❸ Joanna Russ. The Female Man［M］. London: The Women's Press, 1985［1975］.

❹ Ruth Levitas. The Concept of Utopia［M］. Hemel Hempstead: Philip Allan, 1990.

❺ Ruth Levitas. The Concept of Utopia［M］. Hemel Hempstead: Philip Allan, 1990: 199.

这似乎是个明智的建议，所以现在我详细地说明我所选择的标准。

乌托邦的写作聚焦于作者所生活的社会，因此乌托邦文本感兴趣的话题很可能会随着时间的推移而改变，那么一个横跨广泛历史时期的文本样本似乎是适宜的。现存的样本由16世纪的文本构成，正是这些文本赋予了这一体裁名称；莫尔著作的《乌托邦》，以及17世纪的7个主题、18世纪的5个主题、19世纪的15个主题和20世纪的13个主题构成。

第二个选择的标准，包括传统上的重要英文作品，这些作品被认为是包括乌托邦经典篇目的重要组成部分：培根（Bacon，1924［1627］）❶、贝拉米（1986［1888］）❷、卡贝（1848）❸、康帕内拉（Campanella，1981［1602］）❹、哈林顿（1992［1656］）❺、莫尔（1965［1516］）❻和莫里斯（1912［1890］）❼。在较不具有如此崇高地位的水平上，有安德里亚

❶ Francis Bacon. New Atlantis［M］. Edited, with an Introduction and Notes, by Alfred B. Gough, Oxford: Clarendon Press, 1924［1627］.

❷ Edward Bellamy. Looking Backward 2000－1887［M］. Edited with an Introduction by Cecelia Tichi. London: Penguin, 1986［1888］.

❸ Etienne Cabet. Voyage en Icarie［M］. 5ème. édition. Paris: Bureau du Populaire, 1848.

❹ Tommasso Campanella. The City of the Sun. A Poetic Dialogue［M］. Translated by Daniel J. Donno. Berkeley: University of California Press, 1981［1602］.

❺ James Harrington. The Commonwealth of Oceana and A System of Politics［M］. Edited by J. G. A. Pocock. Cambridge: Cambridge University Press, 1992［1656］.

❻ Thomas More. Utopia［M］//The Complete Works of St. Thomas More. Volume 4. Revised version of 1923 translation by G. C. Richards. Edited by Edward Surtz and J. H. Hexter. New Haven, CT and London: Yale University Press, 1965［1516］.

❼ William Morris. News from Nowhere［M］//The Collected Works of William Morris, Vol. XVI. London: Longmans Green and Company, 1912［1890］.

(Andreae, 1916 [1619])[1]、戈特（Gott, 1902 [1648])[2]、劳伦斯（Lawrence, 1981 [1811])[3]、利顿（Lytton, 1871)[4] 和威尔斯（Wells, 1967 [1905], 1976 [1923])[5]。赫胥黎(Huxley)[6]、奥威尔（Orwell)[7] 和斯金纳（Skinner)[8] 也被列为20世纪空想社会的重要人物。那些通晓法语而非以英语为母语的读者，对阿莱（Allais)[9]、狄德罗[10]、费奈隆[11]、富瓦尼

---

[1] Johann Valentin Andreae. Christianopolis. An Ideal State of the Seventeenth Century [M]. Translated from the Latin by Felix Emil Held. New York: Oxford University Press, 1916 [1619].

[2] Samuel Gott. Nova Solyma. The Ideal City; or Jerusalem Regained [M]. Two Volumes. With Introduction, Translation, Literary Essays and a Bibliography by The Rev. Walter Begley. London: John Murray, 1902 [1648].

[3] James Lawrence. The Empire of the Nairs; or, the Rights of Women. An Utopian Romance [M]. Four volumes. London: T. Hookham, Jun. and E. T. Hookham, quoted in Lyman Tower Sargent. An Ambiguous Legacy: The Role and Position of Women in the English Eutopia [M]// Marleen S. Barr. Future Females: A Critical Anthology . Bowling Green, OH: Bowling Green State University Popular Press, 1981 [1811].

[4] Lord Lytton. The Coming Race [M]. London: George Routledge and Sons, no date [probably 1871].

[5] H. G. Wells. A Modern Utopia [M]. Lincoln, NE and London: University of Nebraska Press, 1967 [1905]. 亦见 H. G. Wells. Men Like Gods [M]. London: Sphere Books, 1976 [1923].

[6] Aldous Huxley. Brave New World [M]. London: Flamingo, 1994 [1932].

[7] George Orwell. Nineteen Eighty – Four [M]. Harmondsworth: Penguin, 1984 [1949].

[8] B. F. Skinner. Walden Two [M]. With a new Introduction by the author, New York: Macmillan, 1976 [1948].

[9] Denis Vairasse d'Allais. Histoire des Sévarambes. Translated in Frank E. Manuel and Fritzie P [M]//Manuel. French Utopias: An Anthology of Ideal Societies . New York: Schocken Books, 1966 [1702].

[10] Denis Diderot. Supplément au voyage de Bougainville, ou dialogue entre A et B [M]//Le Neveu de Rameau. Paris: Livre de Poche, 1966 [1796].

[11] François de Fénelon. Telemachus, Son of Ulysses [M]. Edited and translated by Patrick Riley. Cambridge: Cambridge University Press, 1994 [1699].

（Foigny）[1]、梅西埃（Mercier）[2] 和摩莱里（Morelly）[3] 这些人物有所耳闻。

莱维塔斯评论道，女性的乌托邦“在传统中明显缺失，却在20世纪上半叶兴起”[4]，这提供了另一个重要的选择标准：女性作家的作品。相关的著作包括阿普尔顿（Appleton，1984［1848］）[5]、卡文迪什（Cavendish，1992［1666］）[6]、库利（Cooley，1984［1902］）[7]、柯贝特（Corbett，1984［1869］）[8]、克里奇（Cridge，1984［1870］）[9]、多德里奇（1988［1979］）[10]、

---

[1] Gabriel de Foigny. La Terre Australe Connue［M］. Edition établie，présentée et annotée par Pierre Ronzeaud. Paris：Société des Textes Français Modernes，1990［1676］.

[2] Louis－Sébastien Mercier. Memoirs of the Year Two Thousand Five Hundred［M］. Translated by W. Hooper in two volumes. London：Printed for G. Robinson in Pater－noster－Row，1772. Facsimile reprint，New York and London：Garland Publishing，1974［1771］.

[3] Morelly. Code de la nature，ou le véritable esprit de ses lois，de tout temps négligé ou méconnu［M］. Paris：Editions Sociales，1970［1755］.

[4] Ruth Levitas. The Concept of Utopia［M］. Hemel Hempstead：Philip Allan，1990：32.

[5] Jane Sophia Appleton. Sequel to “The Vision of Bangor in the Twentieth Century”［M］// Kessler，q. v. 1984［1848］.

[6] Margaret Cavendish. The Description of a New World Called the Blazing World［M］//Kate Lilley. The Description of a New World Called the Blazing World and Other Writings. London：William Pickering，1992［1666］.

[7] Winnifred Harper Cooley. A Dream of the Twenty－First Century［M］//Kessler，q. v. 1984［1902］.

[8] Elizabeth T. Corbett. My Visit to Utopia［M］//Kessler，q. v. 1984［1869］.

[9] Annie Denton Cridge. Man's Rights；or，How Would You Like it?［M］// Kessler，q. v. 1984［1870］.

[10] Esmé Dodderidge. The New Gulliver，or The Adventures of Lemuel Gulliver Jr in Capovolta［M］. London：The Women's Press，1988［1979］.

吉尔哈特（1985［1979］）[1]、吉尔曼（Gilman，1979［1915］）[2]、格里菲斯（Griffith，1984［1836］）[3]、霍尔丹（Haldane，1926）[4]、豪兰（Howland，1984［1874］）[5]、莱恩（Lane，1984［1880—1881］）[6]、勒古恩（1975［1974］）[7]、梅森（Mason，1984［1889］）[8]、皮厄斯（1979［1976］）[9]、拉斯（1985［1975］）[10]和维斯布鲁克（Waisbrooker，1984［1894］）[11]。

英语作家中最著名的两位讽刺作家或许更像是反面乌托邦的描写者，而非空想社会主义者，代表人物有巴特勒（But-

---

❶ Sally Miller Gearhart. The Wanderground. Stories of the Hill Women［M］. London：The Women's Press，1985［1979］.

❷ Charlotte Perkins Gilman. Herland［M］. London：The Women's Press，1979［1915］.

❸ Mary Griffith. Three Hundred Years Hence［M］//Kessler，q. v. 1984［1836］.

❹ Charlotte Haldane. Man's World［M］. London：Chatto and Windus，1926.

❺ Marie Stevens Case Howland. Papa's Own Girl［M］//Kessler，q. v. 1984［1874］.

❻ Mary E. Bradley Lane. Mizora：A Prophecy［M］//Kessler，q. v. 1984［1880 - 1881］.

❼ Ursula K. Le Guin. The Dispossessed［M］. London：Grafton Books，1975［1974］.

❽ Eveleen Laura Knaggs Mason. Hiero - Salem：The Vision of Peace［M］//Kessler，q. v. 1984［1889］.

❾ Marge Piercy. Woman on the Edge of Time［M］. London：The Women's Press，1979［1976］.

❿ Joanna Russ. The Female Man［M］. London：The Women's Press，1985［1975］.

⓫ Lois Nichols Waisbrooker. A Sex Revolution［M］//Kessler，q. v. 1984［1894］.

ler)❶ 和（简单来说）斯威夫特（Swift）❷。

如表1.1所示，样本中显示了与服装相关的主题，这些在文本中重复出现的少数主题表明，在一般情况下，该样本在乌托邦著作中颇具代表性。显然，样本中的服装主题变化多端：有些作家只在一种特定的语境中描述服装，然而威尔斯的两部作品涵盖了诸多背景情况：每一位作家都有其乌托邦服饰的“独特之处”，这些独特之处与他们把理想社会的关键因素转换成对关注服装的方法一致。举例来说，在选定的历史时期内，这些来自不同社会阶层的人似乎一直是人们持续关注的话题。这一点并不令人感到惊讶，原因如下文所示，个人或群体的社会功能由服饰一眼就能被解读出来，这就是乌托邦的典型特征：每个人在乌托邦（理想中最美好的社会）都有自己合适的且显而易见的位置。威尔斯写道：“我们假定的社会事实应当被转换成服装的语言”❸：乌托邦中的社会结构是毫无掩饰的。正如艾琳·里贝罗（Aileen Ribeiro）所指出的那样❹，与接近常态的社会地位不同，审美特质自19世纪中期以来才开始受到重视，并于1890年威廉·莫里斯出版的《乌有乡消息》（*News from Nowhere*）而达至顶峰。我们接下来将探讨导致这种情况的原因。

---

❶ Samuel Butler. Erewhon [M]//Erewhon. Erewhon Revisited. London: J. M. Dent, 1932 [1872]; Samuel Butler. Erewhon Revisited [M]// Erewhon. Erewhon Revisited. London: J. M. Dent, 1932 [1901].

❷ Jonathan Swift. Gulliver's Travels [M]. Edited by Peter Dixon and John Chalker, with an Introduction by Michael Foot. Harmondsworth: Penguin, 1967 [1726].

❸ H. G. Wells. A Modern Utopia [M]. Lincoln, NE and London: University of Nebraska Press, 1967 [1905]: 227.

❹ Aileen Ribeiro. Utopian Dress [M]//Juliet Ash, Elizabeth Wilson. Chic Thrills. A Fashion Reader. Berkeley and Los Angeles, CA: University of California Press, 1992: 229.

表 1.1　乌托邦文学的主要服装主题（作者按年代排序）

作者	年份	权力	花费	社会地位	裸体	时尚	流通	身体	劳动分工	性别/性征	实用性	美学
莫尔	1516		●	●		●		●		●	●	●
康帕内拉	1602			●			●	●		●		●
安德里亚	1619		●	●						●		
培根	1627	●		●								
戈特	1648		●	●						●		
哈林顿	1656	●		●								
卡文迪什	1666	●										
富瓦尼	1676				●							
费尼龙	1699											
阿莱	1702											
斯威夫特	1726	●		●	●	●		●				
摩莱里	1755		●	●								
梅西埃	1771	●	●				●	●			●	
狄德罗	1796									●		
劳伦斯	1811											
格里菲斯	1836		●						●			●
阿普尔顿	1848											●
卡贝	1848	●	●	●		●		●	●		●	●
柯贝特	1869											●
克里奇	1870	●		●					●			●
利顿	1871	●				●						●
巴特勒	1872/1901	●	●	●		●	●					●
豪兰	1874			●								●
莱恩	1880											●

续表

作者	年份	权力	花费	社会地位	裸体	时尚	流通	身体	劳动分工	性别/性征	实用性	美学
贝拉米	1888	●	●	●		●		●				●
梅森	1889											●
莫里斯	1890	●	●	●		●		●				●
维斯布鲁克	1894											●
库利	1902											●
威尔斯	1905/1923	●	●	●	●	●	●	●		●		●
吉尔曼	1915			●				●		●	●	●
霍尔丹	1926			●				●				●
赫胥黎	1932		●	●	●			●		●		●
斯金纳	1948		●		●	●		●		●		●
奥威尔	1949	●		●						●		
勒古恩	1974	●	●	●	●	●	●	●			●	●
拉斯	1975	●	●	●	●	●		●	●	●	●	●
皮厄斯	1976	●		●	●		●	●	●	●	●	●
多德里奇	1979			●		●		●	●	●		●
吉尔哈特	1979	●		●	●			●		●		●

下列分析较少关注个别作者如何在作品中精心编排他们的主题，而较多关注作者通常如何根据样本来处理特定的主题。因此，笔者没有进一步讨论表 1.1 中列出的少数作者。重点是探讨乌托邦的论述，而非乌托邦的作者。

本章的余下部分将讨论社会地位、权力与统治的关系、身体与服装的关系、美学、性别分工、着装的性别差异和性别特征，以及从奢侈品的危害到必要的消费之间的历史性转变。

第一节　主要标志：社会地位

服装最基本的功能之一，就是彰显穿戴者的身份。这一点在博加特廖夫（Bogatyrev）、恩宁格（Enninger）和萨林斯等作家的作品中颇为常见，在此仅以受符号学影响的作品为例。对于博加特廖夫而言，“为了掌握服装的社会功能，我们必须像学习阅读和理解不同的语言一样，把它们当作符号来进行阐释。”❶恩宁格区分出时尚中症候微弱的代码和制服等具有完整标识的强代码❷，由于后者是高度制度化的，因此易于准确辨识。对于萨林斯而言，“同类物品之间的一系列具体差异（这里意指服装）……对应于某些社会秩序层面的差异……这套批量生产的物件，不管对于穿的人还是看的人，都能立即体现出社会的整体文化秩序。”❸乌托邦文本不适用于多种语言或微弱的代码，这就为阐释工作留下了诸多空间，并可能对外表与现实之间的结合带来一些不确定性的风险。反之，有一种单一的语言、代码和稳定的社会秩序：想象社群中的着装通常以这样一种方式编码，即通过服装清楚地表明与特定社会有关的所有社会差异。例如，着装的颜色可能表明一个特定的年龄阶层❹、

---

❶ Petr Bogatyrev. The Functions of Folk Costume in Moravian Slovakia [M]. Translated by Richard G. Crum. The Hague: Mouton, 1971 [1937]: 83.

❷ Werner Enninger. Inferencing Social Structure and Social Processes from Nonverbal Behavior [J]. American Journal of Semiotics, 1984, 3 (2): 78.

❸ Marshall Sahlins. Culture and Practical Reason. Chicago [M]. UL: The University of Chicago Press, 1976: 179.

❹ Denis Vairasse d'Allais. Histoire des Sévarambes [M]//Translated in Frank E. Manuel, Fritzie P. Manuel. French Utopias: An Anthology of Ideal Societies. New York: Schocken Books, 1966 [1702]: 55.

行业[1]或其他职业类别："白色的服装适于宗教人员，红色的服装适于政治家，蓝色的服装适于学者，绿色的服装适于工人阶级"。[2] 在奥威尔的作品[3]中，蓝色工装服是外党成员的服装，而黑色工装服则是内党成员的标志。《美丽新世界》(*Brave New World*)[4] 中的每一个公民的社会地位都可以通过颜色立即辨认出来：第一阶级穿灰色，第二阶级穿深紫色，第三阶级穿绿色，第四阶级穿卡其色，第五阶级全部穿黑色。[5] 其他经由服装表现出来的差别是性别、婚姻状况和一年中的季节。卡贝提出这样一种普遍认可的观点：

> 两性不仅穿戴不同，而且每一类别中的个体常常依据年龄和社会状况而更换衣服，因为着装的特征表明了社会成员的状况和地位。童年、少年、青年和成年，结婚、单身、丧偶或再婚的状况，各种各样的职业和功能——一切皆由着装体现。社会条件相同的人，穿着相同的制服；但是成千上万种制服与各种各样的

---

[1] Tommasso Campanella. The City of the Sun. A Poetic Dialogue [M]. Translated by Daniel J. Donno. Berkeley: University of California Press, 1981 [1602]: 105.

[2] Johann Valentin Andreae. Christianopolis. An Ideal State of the Seventeenth Century [M]. Translated from the Latin by Felix Emil Held. New York: Oxford University Press, 1916 [1619]: 253.

[3] George Orwell. Nineteen Eighty - Four [M]. Harmondsworth: Penguin, 1984 [1949].

[4] 《美丽新世界》(*Brave New World*)：赫胥黎在本书中用希腊字母顺序阿尔法（α）、贝塔（β）、伽玛（γ）、德尔塔（δ）、艾普西龙（ε）来表示社会上的五个阶层。——译者注

[5] Aldous Huxley. Brave New World [M]. London: Flamingo, 1994 [1932].

社会状况相符。❶

"一切皆由着装体现"：仅仅通过对衣装的检视，一个人在社会上所有重要的东西就可以被确定。在社会地位不断传播的乌托邦文本中，没有模棱两可的表象。我们总是知道我们在与谁打交道。但是事情远不止如此。布莱恩·麦克维（Brian McVeigh）在书写当代日本的制服时评论道："仪式化的着装是一种表达个人遵守群体要求的方式。"❷同样，乌托邦主义者的着装给人一种他们完全参与乌托邦社会计划的印象。乌托邦的服装既塑造了社会结构，又将其穿戴者置于这个结构之中。

当混乱的服装外观导致模糊不清的社会等级时，在个人主义兴起之前，这种通过服装而建构起来的明晰的社会结构似乎是一件积极向上的事情。假使不同的阶层受到了区别对待，诚如在前资产阶级社会尤其如此，那么尤为重要的是，一个人能够满怀信心地区分出自我与对话者的社会等级：人可以相信外表。事实上，在16世纪和17世纪，意欲结束封建关系的阶级激起了许多人的抱怨，这些人希望人们遵守节约法令：新兴的阶级不再按照他们原来的身份穿衣打扮，社会秩序原本由于服装节约法令而变得井然有序，这时似乎开始进入一个混乱的时代。举例来说，威廉·普林（William Prynne）问道："你能从外表上看出许多信奉宗教的年轻绅士与最邪恶的匪徒之间有什么区别吗？如何辨别笃信宗教的严肃妇女或假装虔诚的处女，

❶ Etienne Cabet. Voyage en Icarie［M］. 5ème. édition. Paris：Bureau du Populaire，1848：58.

❷ Brian McVeigh. Wearing Ideology：How Uniforms Discipline Minds and Bodies in Japan［J］. Fashion Theory，1997，1（2）：198.

以及普通的妓女？"[1]在"现实世界"中，我们再也无法从服装中可靠地解读出阶级和性的状况。因此，许多早期包含永久可靠的符号的乌托邦作品，可能被解读为一种保守的反应，以此反对那些颇有社会抱负的阶层。然而，在崇尚个性的时代，带有社会标志的服装可能有不同的解读。《一九八四》（*Nineteen Eighty－Four*）或《美丽新世界》中严格死板的服装类型非但不能让读者得到慰藉，反而更有可能成为毁灭个性的梦魇。前几代人也许会发现这样的愿景相当令人欣慰，但是一个历史时期的乌托邦就是另一个历史时期的反乌托邦。

因此，我们最初的观点是符号学的观点：在大多数乌托邦文本中，社会结构的构建是通过穿着显示出来的。现在，让我们在其社会学含义中探讨这个符号学要点。

第二节　权力与统治的关系

一、权力、君主、阶级和政府

乌托邦可以被解读为作家对完美且秩序井然的社会的幻想，而这些作家生活的社会以各种各样的混乱现象为特征。但是秩序的来源是什么以及如何维持秩序呢？17 世纪的乌托邦文本倾向于一个霍布斯式的角色（在主权方面，霍布斯主张主权在君，并认为主权者的权力不受法律的限制，且不受他自己制定的法律的限制），有一个君主或与君主地位相同的统治者对一个有序的社会进行合法地统治。这一时期的乌托邦普遍取消了

[1] William Prynne. The Vnlouelinesse, of Lovelockes［M］. London，1628：preface.

公众和私人利益之间的差别，实际上也取消了公共和私人物品之间的差别。唯一的利益就是公众的利益，而且没有任何私人活动干扰这个世界：没有人有“自己的”利益。在霍布斯的案例中，区别于真实人类社会，社会活动家像蜜蜂和蚂蚁一样，和谐共处，全心全意为社会福祉着想，不会因相信个体主权平等而陷入全面战争状态。❶ 也许人们并不觉得惊诧，当封建社会开始与即将取代它们的资本主义社会进行抗争时，这个时期的乌托邦作品以一种对封建社会抱有幻想的形式，为这个貌似和谐但不平等的社会歌功颂德。君主在上层，而其余的人则乐意处在一个从他们的着装上就能明确区分等级的阶级制度中。例如，社会等级的标志可以在塞缪尔·戈特写于1648年的《诺瓦·索莱玛》（*Nova Solyma*）中发现，“上流社会的主要标志不在于华丽而昂贵的礼服，而在于普通衣服的颜色和尺寸，并且法律规定每个人的服装要根据其等级和显贵而截然不同”。❷ 然而，当费奈隆的门特（Mentor）❸ 对《尤利西斯之子——忒勒玛科斯》（*Telemachus*，*Son of Ulysses*）中的萨兰特国王（King of Salente）提出一个非常详细的体制时，我们就能找到一个最清晰的陈述：

> 让那些与你邻座的最高阶层身穿白色的衣服，点缀着

---

❶ Thomas Hobbes. Leviathan [M]. Edited by Richard Tuck. Cambridge: Cambridge University Press, 1991 [1651]: 141 – 142.

❷ Samuel Gott. Nova Solyma. The Ideal City; or Jerusalem Regained [M]. Two Volumes. With Introduction, Translation, Literary Essays and a Bibliography by The Rev. Walter Begley. London: John Murray, 1902 [1648]: 106, Vol. I.

❸ 门特，希腊神话中奥德修斯（Odysseus）的忠诚朋友和智囊谋士，又为其子忒勒玛科库斯（Telemachus）的良师。——译者注

金色的流苏。他们将在手指上戴着金戒指，并在脖子上挂着一枚同样的金制勋章，以给人留下深刻的印象。让第二阶层的人穿蓝色的衣服，配以银色的流苏，佩戴一枚戒指但是不能佩戴勋章；第三阶层的人穿绿色的衣服，衣服上没有流苏，佩戴一枚勋章但是不能佩戴戒指；第四阶层的人穿深黄色的衣服；第五阶层的人穿淡红色或玫瑰色的衣服；第六阶层的人穿灰紫色的衣服；最底层的第七阶层的人穿黄白相间的衣服。这是七个不同阶层的自由人的着装。至于奴仆，就让他们穿灰棕色的服装。[1]

17 世纪乌托邦的君主或与君主同等地位者的合法性，被视为是理所当然的，因此，每个人都对自己有清晰的定位。全部时期乌托邦中的社会秩序均被直接转换成服装，该示例亦是如此。统治者的服装展现了他们的权力，而其他社会成员的服装则彰显了他们在社会中的地位。纽卡斯尔的女公爵玛格丽特·卡文迪什（Margaret Cavendish）在其 1666 年的著作《炽热的新世界》（*Description of a New World Called the Blazing World*）中，详细描述了女皇的服装：

当她成为女皇以后，她的穿着如下：头戴一顶配有半月形钻石的珍珠帽；皇冠上镶嵌着一颗硕大的太阳形红宝石；她的外衣上镶满了珍珠，掺入蓝色的钻石，边缘缀着红色的流苏；她的靴子和拖鞋上缀满了绿钻石。她的左手

[1] François de Fénelon. Telemachus. Son of Ulysses [M]. Edited and translated by Patrick Riley. Cambridge: Cambridge University Press, 1994 [1699]: 162 - 163.

> 持着一个盾牌，表示捍卫其统治权；该盾牌由彩色的钻石制成，呈现彩虹般的拱形形状；她的右手握着一把由白色钻石制成的矛，切割得像流星的尾巴，这表明她筹划对敌人发动攻击。
>
> 除了皇族以外，任何人都不能使用或佩戴金饰品，而皇族是这个国家唯一的贵族；除了皇帝、皇后和皇子以外，没有人敢佩戴珠宝。❶

女皇的服装和配饰显示了她的巨大财富和统治权，包括天空（半月、太阳、流星、彩虹）、海洋（珍珠）和陆地（钻石）；这些统治权将受到保护，而她的敌人将遭遇攻击。卡文迪什表述了这样一个简单的权力阶层：黄金仅供皇族使用，而珠宝仅供皇室内的统治者和皇储使用。

弗朗西斯·培根成书于1627年的《新大西岛》（*New Atlantis*），其中所罗门家族之父是作品中的统治者，通过诸如“一件精致的黑色长袍”“一件用上等白麻布制成的内衣……”“桃红色天鹅绒制作的鞋子”和“他头上佩戴着富丽而奢华的……”等华贵的服饰给读者留下了深刻的印象。❷ 对于卡文迪什而言，服装在统治者身上彰显出帝王的光辉，但对于培根来讲，它似乎表达了某种更接近教会的神圣光辉，这种光辉在当今的天主教会依然可见。当新大西岛的游客拜谒所罗门家族之父时，教

❶ Margaret Cavendish. The Description of a New World Called the Blazing World [M]//The Description of a New World Called the Blazing World and Other Writings. Edited by Kate Lilley. London: William Pickering, 1992 [1666]: 132 - 133.

❷ Francis Bacon. New Atlantis [M]. Edited, with an Introduction and Notes, by Alfred B. Gough, Oxford: Clarendon Press, 1924 [1627]: 33 - 35.

会通过服饰来构建统治者与被统治者之间的关系，这一点是显而易见的："我们第一次进门时鞠了一躬，而当我们靠近他的王座时，他起身，伸出不戴手套的双手，对我们表示祝福；我们每个人都弯下腰亲吻他的披肩的褶边"。[1] 确实，这一时期的宗教团体的模式以多个乌托邦社会为基础，约翰·凡拉丁·安德里亚1619年的《基督城》（*Christianopolis*）就通过标题暗示了这一点。培根的服装世界比起卡文迪什的更复杂，因为它也表明了统治者周围人所处的地位。所罗门家族之父是：

> 他的车子两侧各有一匹马，奢华地用绣花丝绒装扮，两侧各有两个身穿同样服装的男仆……他的前面有50个年轻的男侍从，身穿白色的齐膝宽式外衣和白色的丝质长袜，脚上穿着丝绒般柔软的布鞋；头戴天鹅绒帽子；多彩的帽缀彩羽像圆形条纹一样环绕在帽子周围。在双轮马车前面，有两个没有戴帽子的徒步行走的男人，他们身穿亚麻衣服，下摆一直垂到脚跟，腰上系着腰带，脚上穿着绒布鞋；一个人拿着主教牧杖，另一个人拿着像一根弯柄牧羊仗似的主教权杖……（第二天）他只有两个光荣的侍从在两侧，侍从都身穿雅致的白色衣服。[2]

统治者的权力通过其侍从的盛装得以彰显。在此，彰显权力的特有服饰似乎仅限于统治者的侍从，但是我们接下来将在

---

[1] Francis Bacon. New Atlantis [M]. Edited, with an Introduction and Notes, by Alfred B. Gough, Oxford: Clarendon Press, 1924 [1627]: 35.

[2] Francis Bacon. New Atlantis [M]. Edited, with an Introduction and Notes, by Alfred B. Gough, Oxford: Clarendon Press, 1924 [1627]: 33－35.

更复杂的乌托邦作品中窥见，它也会扩散到离权力中心很远的地方。

在哈林顿的《大洋国》中，彰显权力的服装还蕴含更多的社会范畴。鉴于封建贵族或职业的规范，参议员的各个成员根据他们的职能进行装扮：

> 按照贵族公爵着装的流行款式，演说者穿着鲜红色的长袍……掌管印章的三位官员（和）掌管国库的三位官员……每个人都像伯爵那样穿着长袍……参议院的秘书们……按照民事律师的穿着习惯，袖子上有簇饰……审查员穿着男爵的长袍……两个骑马的保民官（和）……两个全副武装的步兵保民官，其余的官员都穿着国家审判官的长袍。❶

下层人士穿着哈林顿所说的国民制服。这种“流行款式或颜色可以根据统治者的偏好而在选择上有所改变”❷。显然，这表明这些命令是为了满足统治者的臆想，一般来讲，不仅号兵、警卫员、左马驭者、马车夫和男仆等人的穿着表明他们与国家的关系，而且对于统治者而言，亦是如此。这里有一种双重所属关系，与王室传统而非民主传统相一致：每一个特定的“统治时期”都以特定的低等服饰为标志，但是统治的连续性是通

❶ James Harrington. The Commonwealth of Oceana and A System of Politics［M］. Edited by J. G. A. Pocock. Cambridge：Cambridge University Press，1992［1656］：119 - 120.

❷ James Harrington. The Commonwealth of Oceana and A System of Politics［M］. Edited by J. G. A. Pocock. Cambridge：Cambridge University Press，1992［1656］：176.

过国家持久的制服制度来维系的。将军由选举产生，然而这一事实并没有改变这种关系的封建性质。

作为商业重镇的大洋国首府，以数个居住在特定行政区的居民为基础，每个行政区有“区市民会议、法院或陪审团，该区都是由身着普通衣服或制服的居民构成”。合伙者是“一群自称具有相同技术的技工，依照他们的章程由主人或领导者管理”，并且“这些身穿制服或普通服装的人遵照他们各自企业的规章制度和古老的惯例，就像穿着长袍和佩戴杂色风帽或披肩的人那样，令人肃然起敬”。[1] 这些合伙者“是全市政府的根基；因为他们的制服归属于同一行政区……他们也有选举的权力”。[2] 也就是说，选民是根据合伙者的着装而组织起来的。所以，大洋国的政治结构可以通过服装显示出来：参议院的成员和以贸易为基础的选民保留了古代封建贵族、职业人士和同业公会端庄的外表。而国家机关人员的外貌可能会根据统治者的喜好而有所改变。尽管选举等民主因素标示出库马尔所说的哈林顿的“拥有财产的民主政体……［和］在国家内部实行分权并且制定制衡机制，以防止权力集中于任何一方”[3]，从服饰的角度看大洋国，我们发现一种体现在外观上的绵延不绝的封建关系。《大洋国》写于南北战争时期，那时君主与议会之间爆发冲突，我们尚不清楚是将其解读为封建制度幌子下的民主政体，还是民主政体幌子下的封建制度。

---

[1] James Harrington. The Commonwealth of Oceana and A System of Politics [M]. Edited by J. G. A. Pocock. Cambridge: Cambridge University Press, 1992 [1656]: 185.

[2] James Harrington. The Commonwealth of Oceana and A System of Politics [M]. Edited by J. G. A. Pocock. Cambridge: Cambridge University Press, 1992 [1656]: 186.

[3] Krishan Kumar. Utopianism [M]. Milton Keynes: Open University Press, 1991: 68.

卡贝在其《伊卡利亚旅行记》(*Voyage en Icarie*)中，专辟一章来讨论服装，本书最早出版于1840年（此处参考1848年第五版）。继承了法国大革命的思想，卡贝设想建立一个社会主义式的共和政体，这显然取代了君主政体，而且似乎顺应了齐格蒙特·鲍曼（Zygmunt Bauman）所提到的趋势❶，用后君主制的权力形式，以规范更广阔的生活领域，通过米歇尔·福柯（Michel Foucault）针对各种传统思想中惩戒机制的描述，以及诺贝特·埃利亚斯（Norbert Elias）对文明进程的研究❷，我们得以熟悉这些理念。就食物和服装的案例而言，法律决定了一切。一个委员会审查了所有国家的服装，从中指出合格或被禁止的服饰，并根据其必要性、实用性和装饰性进行分类。共和国不仅设计、制造和分配服装，而且摒弃不良品位和怪诞风格，代之以优雅、简洁和实用。❸ 显然，伊卡利亚人不能包容不同服装样式之间的竞争❹：这里的公民只接受共和国规定的一套服装样式，以此来显示自己是共和国的成员。正如哈林顿所言，每个人都时刻穿着共和国的制服，尽管卡贝的委员会就此事进行了咨询和讨论，但是不能按照大洋国统治者的意愿而肆意妄为。然而，国家对日常生活的影响力是显而易见的。卡贝试图将书中的乌托邦计划转变为实际存在的社会，并在美国

❶ Zygmunt Bauman. Memories of Class. The Pre – History and After – Life of Class [M]. London: Routledge and Kegan Paul, 1982: 40 – 41.

❷ Norbert Elias. The Civilizing Process [M]. Translated by Edmund Jephcott. Oxford: Blackwell, 1994 [1939].

❸ Etienne Cabet. Voyage en Icarie [M]. 5ème. édition. Paris: Bureau du Populaire, 1848: 56.

❹ Pierre Bourdieu. Distinction. A Social Critique of the Judgement of Taste [M]. Translated by Richard Nice. London: Routledge and Kegan Paul, 1984 [1979].

创立了伊卡利亚社团。但这并不是一个成功的案例：库马尔评论道，“在大部分时间，他们都过着一种绝非乌托邦式的生活，以纠纷、疾病、物质和财政上的困难为特征”❶。关于服装的伟大计划落空了，事实上每个人都继续穿着他们原来随身携带的衣服，随着时间的流逝，他们把旧衣服修补好。❷ 凯特·拉克（Kate Luck）认为，19 世纪美国许多乌托邦社会主义社群正是如此，在社区成立之初流行的风格，后来变得过时了，最终成为社区可供辨识的标记。❸ 因此，随着时间的推移，这种服装可以被视为制订与实施当地乌托邦计划的证明。

随着反对工业社会中的浪漫主义者的势力逐渐扩大，人们越来越难以简单而平静地接受让国民定居于乌托邦的想法。科林·坎贝尔（Colin Campbell）认为浪漫主义赋予个人新思想，取代了旧观念。❹ 前浪漫主义时期的个人主义“强调了人类的共性，即所有人都享有同等的地位，从而拥有公共权利”❺。浪漫主义者将个人视为一种独立自主的存在，因此个人的独特性大于其普遍性，成为构成个体的主流观点。如果在前浪漫主义

❶ Krishan Kumar. Utopianism [M]. Milton Keynes: Open University Press, 1991: 70.

❷ Jean – Christian Petitfils. La vie quotidienne des communautés utopistes au XIXe siècle [M]. Paris: Hachette, 1982: 181 – 182.

❸ Kate Luck. Trouble in Eden, Trouble with Eve. Women, Trousers & Utopian Socialism in Nineteenth – Century America [M]//Juliet Ash, Elizabeth Wilson. Chic Thrills. A Fashion Reader. Berkeley and Los Angeles, CA: University of California Press, 1992: 202.

❹ Colin Campbell. Romanticism and The Consumer Ethic: Intimations of a Weber – style Thesis [J]. Sociological Analysis, 1983; Colin Campbell. The Romantic Ethic and the Spirit of Modern Consumerism [M]. Oxford: Basil Blackwell, 1987.

❺ Colin Campbell. Romanticism and The Consumer Ethic: Intimations of a Weber – style Thesis [J]. Sociological Analysis, 1983: 285.

时期，个人被视为以正式的方式与社会联系在一起，也许只有通过这些联系才能成为个人，浪漫主义者看到的是个人与社会之间的对立，而不是连贯的整体：个人和外部的低俗社会被理解为对立的概念，而非互补的概念。个人看似脱离社会而存在，而他的职责就变成了发展其独特性。这已然成为一种责任。在19世纪末20世纪初社会主义者写就的乌托邦著作中，我们可以清楚地看到个人地位的转变：政府或君主曾经规定了人们的着装，现在人们则认为这是行使公共权力的不合法领域。贝拉米的利特（Leete）博士从2000年的视角去看待，“一个政府，或者说大多数人，他们应该吃什么、喝什么或穿什么，恰如我相信美国政府在你们那个时代所做的，确实被视为一件不合时宜的事情”❶，然而莫里斯明确区分了影响社会福利的事项和个人自由不受管制的事项，后者回应并补充了贝拉米的列表：“一个人应该如何穿衣打扮，应该吃什么喝什么，应该写什么读什么，等等”❷。这种把人与社会区分开来的做法，不可能表现在卡贝的理想社会中，甚至不会出现在任何早期的乌托邦作品中。威尔斯明确反对卡贝的模式，即“除非获得共和国专家的同意，每个人都不能擅自行事，无论是在饮食、穿衣或住宿方面”❸，反之他提出诸如服装之类的物品是个性的延伸和表现，因此是不可剥夺的私有财产。一个人有权利穿红着绿或不

---

❶ Edward Bellamy. Looking Backward 2000－1887［M］. Edited with an Introduction by Cecelia Tichi. London：Penguin，1986［1888］：141.

❷ William Morris. News from Nowhere［C］//The Collected Works of William Morris. Vol. XVI. London：Longmans Green and Company，1912［1890］：87.

❸ H. G. Wells. A Modern Utopia［M］. Lincoln，NE and London：University of Nebraska Press，1967［1905］：67，92－93.

修边幅❶，而在伊卡利亚则是不可能之事，因为那里只存在一种共和国式的风格。但正如乌托邦文学中常有的事例，作家可能一直在反抗“现实世界”中发生的事情。伊丽莎白·威尔逊（Elizabeth Wilson）写道，“在19世纪，制服发展势如破竹，同时促进了福柯所分析的规训的‘建制’”❷，我们可能怀疑乌托邦主义者也觉察到了这一点。

乌托邦中存在一个私有空间的概念，似乎与资本主义工业社会中私有空间的概念同时产生，并且标志着国家完全管制的理想社会的终结。伴随着消费层面的（如果不是生产上的）个体特征和私有财产，乌托邦主义转变为资产阶级浪漫主义。

二、权力与性别

关于服装、权力和性别之间关系的详细讨论是非常少的，而且似乎只出现在论述妇女权利的政治议题时期所编写的乌托邦文本中。

克里奇采用一种简单的手法，即在一个虚构的社会中颠覆传统的性别角色❸，以此来说明美学（在华丽的装束下）和政治是互相排斥的特定性别领域：一般而言，服装让一种性别适合于公职和公共生活，但是公职和公共生活之间互不兼容且互相排斥。女人主宰这个社会，她们朴素、厚重和宽松的长袍被

---

❶ H. G. Wells. A Modern Utopia [M]. Lincoln, NE and London: University of Nebraska Press, 1967 [1905]: 227.

❷ Elizabeth Wilson. Fashion and the Postmodern Body [M]//Juliet Ash, Elizabeth Wilson. Chic Thrills. A Fashion Reader. Berkeley, CA and Los Angeles: University of California Press, 1992: 10.

❸ Annie Denton Cridge. Man's Rights; or, How Would You Like it? [M]// Kessler, q. v. 1984 [1870].

视为尊贵的标志……（在原书第84～92页曾3次提到这一点）。仅对于妇女来说，这种服装赋予妇女在公众场合享有尊荣和合法的地位：

> 当我看到大学里的女人，作为学生或者教授、律师、法官、陪审员，当我在教室和讲坛、众议院和参议院（是的，在任何地方），我看到她们文静而端庄，穿着素净而宽松的长袍；我几乎相信这是大自然的意旨，至少在这个地方，应该仅由女人来立法和统治，并且在这里（倘若没有其他地方），女人应该比男人优越。❶

男人缺乏这类服装所赋予的尊贵，因此他们不适合政治生活。他们特别在意自己戴上漂亮的帽子，身穿轻薄的外套时的样貌，一位年长的女士说："一群男人穿着俗丽而廉价的裤子和宽松的燕尾服，上面缀满俗艳浮华的装饰物，装模作样地发表演讲，这看上去会是什么样子呢？"❷而另一位妇女在评论男人的衣着时这样说道："他们穿着那种样式的服装在参议院会议厅里会是什么样子，如此不庄重？哎呀，我们很快就会看到他们争吵起来然后拉扯头发！……不，不，先生们！你们可以讨论时尚和消费的事情，远比讨论国家事务好得多"。❸ 威尔斯有类似的评论，在他看来，女士"粗制滥造的饰品、（帽子的）

❶ Annie Denton Cridge. Man's Rights; or, How Would You Like it? [M]// Kessler, q. v. 1984 [1870]: 84.

❷ Annie Denton Cridge. Man's Rights; or, How Would You Like it? [M]// Kessler, q. v. 1984 [1870]: 89.

❸ Annie Denton Cridge. Man's Rights; or, How Would You Like it? [M]// Kessler, q. v. 1984 [1870]: 93.

羽饰、串珠、花边和装饰品”阻止其穿戴者参与“男人的决策和智力发展过程”。❶那么，对于这些作家而言，并不是说衣着光鲜的外表在政治和公共生活中不重要或者不应该受到重视，反之它们确实非常重要。打造一个高贵的外表对于合乎常规地加入到这些领域是至关重要的，而使得整个阶层的人“不庄重的”的穿戴，起到将其排除在政治之外的作用。“尊贵”似乎需要不引人注目的服装，所以克里奇的华丽服装和皱襞裙饰，以及威尔斯的羽饰和串珠都是政治不平等的性别歧视中的基本要素。

权力关系的另一个标志是处于主导地位的一方（女性）告诉被支配的一方（男性）他们看起来相貌堂堂，而“愚昧无知的男性”却乐在其中。❷ 恭维作为一种修辞手法，赋予情境一种特定的含义，被支配者通过愉快地接受它来表明默许了这种不平等的关系。在此，恭维的相互性或许是不可能的，因为回应类似的恭维，就等于宣称一种平等的关系。的确，洛德·利顿（Lord Lytton）在他描述的维利亚地下世界中，这样评论被恭维的男人的窘迫不安：“在我所来自的世界里，当一个漂亮的女人称赞我红光满面，另一个称赞我的衣服的颜色选择……那么这个男人会认为自己受到了委屈，被嘲讽和戏弄……”❸如果这种未得到回应的恭维方式表明人与人之间普遍存在的不平等（或不同类别的人之间的不平等，如果一类人如“女人”作

---

❶ H. G. Wells. A Modern Utopia [M]. Lincoln, NE and London: University of Nebraska Press, 1967 [1905]: 204.

❷ Annie Denton Cridge. Man's Rights; or, How Would You Like it? [M]// Kessler, q. v. 1984 [1870]: 85.

❸ Lord Lytton. The Coming Race [M]. London: George Routledge and Sons, no date [probably 1871]: 235.

为一种常见的称谓……而另一类人则经常被称作“男人”)，恭维的内容则暗示了被恭维者非常突出的优点。在上述克里奇的例子中，男人的领域仅限于个人形象的美化，不可能包括参议院会议厅。正是恭维的内容确保了这种不平等现象得以维护，即使双方能够进行交换。举例而言，如果在克里奇的书中，一个女人告诉一个男人，他的套装很漂亮，而这个男人作为回应，称赞对方是一个出色的参议员，那么双方的恭维是恰如其分的。如果这个男人回答这个女人说，她也很漂亮，那么这个女人的反应就如利顿书中那个受委屈的男人一样。于是这种不得体的恭维就成为两者不平等的一个因素。

在拉斯的威尔勒威（Whileaway)❶ 或吉尔哈特漫游之地(Wanderground)❷ 的女人都生活在一个全是女人的领域，并且关于服装的权力元素的讨论局限于记述乌托邦女性所逃脱的旧世界。拉斯呈现了克里奇世界的镜像，因为这里的“漂亮衣服”被认为是女性的专属区域,❸ 随之排除女性参加被视为极具阳刚之气的世界性的活动：“你可以穿着漂亮的衣服而不需要做任何事情；男人会为你做这些事情”，“漂亮的衣服……我的王子会为我攀登珠穆朗玛峰，而我只需听着收音机吃着糖果”。❹ 在拉斯的乌托邦之外，身为女性意味着要穿“漂亮的衣

❶ Joanna Russ. The Female Man [M]. London: The Women's Press, 1985 [1975].

❷ Sally Miller Gearhart. The Wanderground. Stories of the Hill Women [M]. London: The Women's Press, 1985 [1979].

❸ Joanna Russ. The Female Man [M]. London: The Women's Press, 1985 [1975]: 65, 67, 135, 151.

❹ Joanna Russ. The Female Man [M]. London: The Women's Press, 1985 [1975]: 65, 151.

服”，因此不能走进更广阔的世界。克里奇和拉斯的作品相距一个多世纪，两个人都认为“漂亮的衣服”是不受欢迎的标志。

拉斯和吉尔哈特指出，在威尔勒威或漫游之地等虚构的世界之外，女人还会遭遇到一个更深层次的权力维度，即女为悦己者容——吉尔哈特的事例是基于一个非常明确的统计数据。拉斯在第29页列举了女人为男人做的10件不同的事情，第一件是“为男人而装扮”；在第66页，她列出的第二份清单有17条，其中包括“永远在意你在男人眼中的形象”。吉尔哈特描述了男性心目中的女性形象，严格符合男人对女性曲线条的要求规格，她的身形保证是控制在一定限度的、具有依赖性，并且唾手可得。[1] 这种女性身体的特定状态是通过特定形式的服装获得的：“她的身体包裹在一件低胸紧身的连衣裙中，裙子下摆到大腿中部；穿着超薄的长袜，而鞋子……她如何穿着那些细长的东西走路呢？并用纤细的带子系在脚踝上？”着装规定禁止女人穿长裤：“任何穿长裤的女子被抓到，都要送到行为矫正中心；然后她穿着裙子出来，脸上露出恐惧而空洞的微笑”。[2]

因此，服饰似乎是创造和维护男女不平等的两极世界的一个重要因素。拉斯和吉尔哈特在只有女性组成的社会中找到了解决这一问题的办法，这显然与20世纪后期的妇女运动中的分离主义者的立场一致。

---

❶ Sally Miller Gearhart. The Wanderground. Stories of the Hill Women [M]. London: The Women's Press, 1985 [1979]: 67-68.

❷ Sally Miller Gearhart. The Wanderground. Stories of the Hill Women [M]. London: The Women's Press, 1985 [1979]: 165.

三、建立和解除权力关系：流通与交换

熟悉有关礼物关系的人类学文献[1]的读者（随后在下一章节中被详细阐述），将会知道权力关系可以通过商品流通的方式建立。比如说，假设 A 赠予 B 一件礼物，而 B 不能给予回报，那么 A 就建立了一种高于 B 的权力关系。但是，如果 B 可以回赠一份价值更高的礼物，那么情况就会发生逆转。在这个体系中，凡是“欠着”什么的地方，都存在一种权力关系。

早期乌托邦作品利用礼物关系的强大力量来巩固对公民、臣民或儿子的统治权力。在伊卡利亚，共和国设计、制造并向其公民分发服装；[2] 在 2440 年的巴黎（有的英文译本莫名其妙地把这个年代定为 2500 年），国王特此同意授予那些精通其手艺的人一顶特别绣制的“荣誉帽”，从而确定臣民的卓越标志是取决于君主的认可。但是在新亚特兰蒂斯，一位父亲可能会赠予功德显赫的儿子一颗“麦穗形状的宝石，戴在头巾或帽子前侧”。[3] 这些案例中似乎没有提到回报，所以这里建立的是单向的权力关系。很久以后，皮厄斯展示了如何用同样的技巧来

---

[1] David Cheal. The Gift Economy [M]. London: Routledge, 1988; Helen Codere. Exchange and Display [M]//International Encyclopaedia of the Social Sciences. Volume 5. London: Macmillan and Co, 1968; Alvin Gouldner. The Norm of Reciprocity [J]. American Sociological Review, 1960; Chris Gregory. Gifts and Commodities [M]. London: Academic Press, 1982; Marcel Mauss. The Gift [M]. Translated by Ian Cunnison. London: Routledge and Kegan Paul, 1969 [1925]; Barry Schwartz. The Social Psychology of the Gift [J]. American Journal of Sociology, 1967.

[2] Etienne Cabet. Voyage en Icarie [M]. 5ème. édition. Paris: Bureau du Populaire, 1848: 56.

[3] Francis Bacon. New Atlantis [M]. Edited, with an Introduction and Notes, by Alfred B. Gough, Oxford: Clarendon Press, 1924 [1627]: 30.

象征阶级统治："阿黛尔（Adele）回赠给她一件洗涤后缩水的刺绣米色羊毛衫，一双裤袜和几本过刊，诸如《时尚》（*Vogues*）和《纽约人》（*New Yorkers*）。这让她想起一件事：当你为别人打扫完卫生后，别人会赠予你这些东西。"❶因此，为别人打扫卫生并不是市场上规范的等价物之间纯粹的金钱交易，而是被输入了一种远早于资本主义的权力关系：打扫者被塑造成一个屈从的个体，而非一个客观的经商者，通过提供服务来获得市场回报。我们应该参见下文，皮厄斯扩大了礼物无法回报的原则，从而超越个人层面，扩展到了制度层面。

上文提及的19世纪个人领域的发展，淡化了流通中的权力因素，并且强调了物品作为表达情人之间以及家庭成员之间的情感纽带。举例而言，在巴特勒的《埃瑞璜》（*Erewhon*）中，主人公将他外套上的两个扣子给予伊兰（Yram），并擅自拿走他儿子的靴子存放起来作为纪念品。❷ 一个世纪之后，勒古恩的《一无所有》（*The Dispossessed*）不断地与安纳瑞斯行星和乌拉斯行星❸进行对比：前者中的手工制品如围巾、帽子或衬衫是给予爱人的，然而乌拉斯行星完全建立在资本主义经济的基础上，这种个性化的前资本主义关系似乎并不存在。❹ 礼物通过不平等建立起人与人之间的联系，然而巴特勒和勒古恩似乎

---

❶ Marge Piercy. Woman on the Edge of Time [M]. London: The Women's Press, 1979 [1976]: 364.

❷ Samuel Butler. Erewhon [M]//Erewhon. Erewhon Revisited. London: J. M. Dent, 1932a [1872]: 55; Samuel Butler. Erewhon Revisited [M]//Erewhon. Erewhon Revisited. London: J. M. Dent, 1932 [1901]: 204, 321, 353, 364.

❸ 安纳瑞斯行星和乌拉斯行星是《一无所有》中人类定居的两颗行星，处于同一个恒星系。——译者注

❹ Ursula K. Le Guin. The Dispossessed [M]. London: Grafton Books, 1975 [1974]: 161, 212, 216.

只看到了这种联系，而没有看到不平等。在后续章节中，我们将看到礼物如何在真实的家庭关系以及虚拟的互联网中运作。

正如勒古恩对比行星一样，皮厄斯发表于1976年的《时空边缘的女人》（*Woman on the Edge of Time*）在当代纽约和未来马特波伊西特镇（Mattapoisett）的乌托邦社会之间来回转换。小说中的大部分当代内容是以一家精神病院为背景，在以医院配给的服装为代表的制度支配，和以个人所拥有的服装为代表的个人自由之间，存在一种张力。对于那些自主登记的人和中产阶级白人来说，自主权是得到认可的，❶ 因为这类人可以保留自己的服装。但是也有一些人，通过强加的医院着装，成为这个机构里穿着规定服装的人。宰制体现于机构的服装与穿戴者的身体特征不相符，“他们给她一件大了三码的蓝色睡衣”；“外衣太长以至于垂到小腿上，袖子遮住了她的双手，但她知道这样总比抱怨好”。❷ 此处个人在机构的标志被消除了，这一现象在“我不要见到一群穿着脏兮兮的疯人院衣服的陌生人，我不要！”的叫喊声中得到了很好的体现❸，这是主人公康妮将要会见马特波伊西特镇的镇民时所说的话。康妮的恐惧似乎是，陌生人只能看到“疯人院”，而非具体的人。即使是身穿自己的衣服，该机构也会有一些限制：“她当然有自己的衣服。有些医护人员让她用错误的彩线在衣服前面缝了几英寸，然而这

❶ Marge Piercy. Woman on the Edge of Time [M]. London: The Women's Press, 1979 [1976]: 21, 340.

❷ Marge Piercy. Woman on the Edge of Time [M]. London: The Women's Press, 1979 [1976]: 21, 142.

❸ Marge Piercy. Woman on the Edge of Time [M]. London: The Women's Press, 1979 [1976]: 21, 71.

件衣服还是比周围的任何衣服短小而贴身”。[1]在此，尽管由于错误彩线的缝补导致了细微的差别，但是适宜的搭配和（据推测）当前的流行款式确保了个性化特征。即使康妮取回自己的衣服，她也瘦削了很多，以至于那些衣服都不合身了，因此她仍然不能表现得像一个完全自主的女性。[2]

在马特波伊西特镇，服装流通中的权力因素是完全不同的。这里似乎有三类服装：(1) 日常着装，如“温暖的外套和质量好的雨衣，耐穿的工作服”[3]；(2) 在聚会类节日里只穿一次的“轻纱薄衣”；(3) 适用于特殊场合，如生日、命名日或祭日所需的耐穿的“服装”。任何人都可以为自己设计一件如轻纱薄翼般的衣服，它们用来表达一个人在特定时间的所有感受。因此，它们是服饰中个人表现的最高形式，表明当时的情绪和欲望。康妮在精神病院不可能有这样的自主权，甚至那些穿着自己的合身且时尚的衣服的人亦是如此：尽管这显示出对一个人的约束，但它们无法与注定只能持续一个晚上的薄纱那种转瞬即逝的性质相媲美，并且受到社会时尚的束缚，而无法以轻纱薄衣般的物质形式，任凭想象力自由驰骋。一个人可以为自己设计一件轻纱薄衣，这似乎可以避免一些和他人的交流问题。然而一个人仍然和他人保有联系，只是展示瞬间的自我而非物

[1] Marge Piercy. Woman on the Edge of Time [M]. London: The Women's Press, 1979 [1976]: 145.

[2] Marge Piercy. Woman on the Edge of Time [M]. London: The Women's Press, 1979 [1976]: 218.

[3] Marge Piercy. Woman on the Edge of Time [M]. London: The Women's Press, 1979 [1976]: 248.

质的交换："在节日里，为何不引人注目呢？"❶

不同于轻纱薄翼，服装被束缚在交换关系中，但这些关系又与那些非乌托邦世界大不相同。"服装是人们想让布料变得漂亮时，给予社会的爱心成果"。❷ 在上述实例中，我们可以看到乌托邦社会把着装要求施加于人们，但在此处这种关系颠倒了：人们通过个性化着装影响着社会。然后这些服装就开始流通了："你从图书馆登记借出一次或一个月的衣服，紧接着返还给图书馆以供下一个人使用"。❸ 皮厄斯的乌托邦村庄也是通过流通联系在一起的："每个村庄的图书馆都流通着奢侈品……有些村庄贷款给我们村。一代代流传下去"。❹ 村庄之间似乎没有"赊欠"的不平衡，因此不存在不平等关系，然而对于借款人（当然是在借贷期间有"赊欠"），交换关系中的权力因素就被租赁图书馆降至民主水平。

第三节　身体和服装的关系

在乌托邦文本中，有两个主题涉及身体和服装的关系：裸体和舒适。

---

❶ Marge Piercy. Woman on the Edge of Time [M]. London: The Women's Press, 1979 [1976]: 171.

❷ Marge Piercy. Woman on the Edge of Time [M]. London: The Women's Press, 1979 [1976]: 248.

❸ Marge Piercy. Woman on the Edge of Time [M]. London: The Women's Press, 1979 [1976]: 171.

❹ Marge Piercy. Woman on the Edge of Time [M]. London: The Women's Press, 1979 [1976]: 175.

一、裸　体

在乌托邦作品中，裸体作为常态的情况并不常见。这也许是因为服装在显示不同阶级的社会地位或其他社会差异上的巨大优势，从而限制了乌托邦作家的想象力。对基督徒而言，裸体既表明了堕落前的优雅和纯洁，也说明堕落后的罪恶：在命名恰当的《基督城》一书中，他们“害怕裸体的诱惑”，而身体被描述为“多么不洁、多么污秽、多么潮湿、多么汗臭、多么腐朽、多么肮脏！然而，它却取悦灵魂、支配它、耗尽它、最后摧毁它！”❶ 在《诺瓦·索莱玛》［副标题：《收复的耶路撒冷》（*Jerusalem Regained*）］中，睡梦中卧室的墙壁上有“赤裸男女的彩色淫秽图案”，诱使参观者落入一个陷阱，在这里只有囚禁或死亡等待着他们。因此，许多乌托邦文本中的裸体带有强烈的伊甸园色彩也就不足为奇了。即使在 20 世纪 70 年代不那么明显的基督教女性主义科幻小说中，我们也发现，乌托邦单纯无邪的裸体，与当代社会中以裸体为特征的欲望和支配（罪恶）之间的复杂情况形成了对比。

基督教传统的作家很难提出有关裸体的乌托邦的设想，因为向读者展示完美的裸体社会是毫无意义的，而那些读者知道，只有清白无瑕的人才能到达完美之境。作为当代社会改革的一种模式，这是在要求回到堕落前的状态，然而绝不可能发生这种情况。譬如亚当派（Adamites）或再洗礼派（Anabaptists）等

❶ Johann Valentin Andreae. Christianopolis. An Ideal State of the Seventeenth Century［M］. Translated from the Latin by Felix Emil Held. New York：Oxford University Press，1916［1619］：270.

基督教教派试图回到这样的状态，就被视为异教。❶由于欧洲殖民主义者的扩张，人们进而接触不同的文化，然而在这些文化中，人们对裸体的理解是不尽相同的。显然，在现实社会中，人们并不是每天都把自己包裹起来。殖民者对此的一个反应是强迫他们穿上欧式服装，从而使他们看起来像欧洲基督教徒一样有原罪［同时也为服装制造商提供了巨额利润，如佩罗特（Perrot）指出的法国人在非洲的事例❷］。然而，我们也可以说，这里的人们生活在一种尊重裸体的纯真状态中，没有欧洲社会所特有的腐化。因此，人们也可以反过来批判欧洲社会："赤裸裸的野蛮人"变成了"高尚的野蛮人"。在这种情况下，塔希提人的自然纯真和欧洲人的堕落风气的主题，在狄德罗写于1771年并最终于1796年出版的《布干维尔游记补篇》（*Supplément au voyage de Bougainville*）一书中表现得尤为明显。书中的人物B表示，塔希提人"关系到世界的起源，欧洲人关系到它的晚年"❸，同时老塔希提人的演讲❹是对欧洲人破坏他的家乡的自然纯真状态的批评，在那里生命的意义在于繁衍后代，而那些能够生育的人可以赤身裸体。但是在狄德罗写作的塔希提岛（Tahiti）中，并非每个人都赤身裸体，因为有一个基于性状态的服装体系，我们将在后续章节中讨论。

---

❶ Magnus Clarke. Nudism in Australia. A First Study［M］. Waurn Ponds：Deakin University Press，1982：47.

❷ Philippe Perrot. Aspects socio – culturels des débuts de la confection parisienne au XIXe siècle［J］. Revue de l'Institut de Sociologie，1977（2）：193.

❸ Denis Diderot. Supplément au voyage de Bougainville，ou dialogue entre A et B［M］//Le Neveu de Rameau. Paris：Livre de Poche，1966［1796］：421.

❹ Denis Diderot. Supplément au voyage de Bougainville，ou dialogue entre A et B［M］//Le Neveu de Rameau. Paris：Livre de Poche，1966［1796］：422 –428.

加布里埃尔·德·富瓦尼（Gabriel de Foigny）于1676年创作的《我们所知的南半球》（*La Terre Australe Connue*），是殖民扩张时期的一部具有伊甸园色彩的著作，书中提到人们不需要穿任何服饰。此处服装被认为是与大自然相悖的，并且与理性背道而驰。

富瓦尼的乌托邦是一个没有蛇的地方，居住着赤身裸体的澳大利亚阴阳人。这表明如果没有蛇，就没有任何东西能以熟知的方式诱使澳大利亚的夏娃或亚当堕落，而论及阴阳人大概是为了使读者联想起柏拉图《会饮篇》（*Symposium*）里提到的性别一分为二之前的状态。所以富瓦尼创造了一个双重的纯真乌托邦世界，时间早于犹太基督落难和古希腊分裂之前。为避免我们对澳大利亚人的纯真产生任何怀疑，叙述者萨德尔（Sadeur）是唯一显示出性冲动生理迹象的人，他从未发现澳大利亚人是如何繁殖的。刚好萨德尔也变成了阴阳人，这就排除了由不同性别的人而引起性冲动的可能性，并且人们对不同文化层面的裸体研究有不同的注解：相同的身体，不同的代码。在1990年再版的第102～106页，我们可以发现萨德尔欧洲家乡的裸体和特雷澳洲（Terre Australe）的裸体之间有着鲜明的对比。萨德尔通过援引风俗、气候和谦逊来解释欧洲的着装，但是他的（?）澳大利亚的对话者很难接受这一点，他想知道整个民族怎么可能接受这样一种与自然背道而驰的做法："我们生来如此，如果我们不自信被人欣赏，我们就无法以衣蔽体"。[1] 从澳大利亚人的角度来看，如果欧洲人无法看见对方的

---

[1] Gabriel de Foigny. La Terre Australe Connue [M]. Edition établie, présentée et annotée par Pierre Ronzeaud. Paris: Société des Textes Français Modernes, 1990 [1676]: 102.

裸体而没有引起性冲动，他们会把自己看得比野兽还低等；如果他们不能“看见”衣服背后隐藏着什么，他们就会表现出较低的推理能力：“如果衣服能够让他们不冲动，那么他们就像幼儿一样，一旦一个物体被遮盖，他们就不能认出那是什么”。❶ 萨德尔完全相信这种说法，将衣服视为罪恶的象征。但是看看澳大利亚人，“人们会轻易地说他们当中的亚当没有犯罪，如果没有那种致命的堕落，他们就是我们本来要成为的样子”。❷ 那么伊甸园存在于地球上，居住着澳大利亚人。殖民主义者的扩张，让伊甸园前所未有地近在咫尺、触手可及。然而在下一个世纪，人们付诸实践行动，试图在“新世界”的各个地方建立乌托邦社区。❸

法国作家对乔纳森·斯威夫特（Jonathan Swift）的《格列佛游记》（*Gulliver's Travels*）也作出了一些回应。第四部分的“慧骃国之旅”最具乌托邦色彩。格列佛以气候和“得体”为例，向他的马主人提供了一个关于服装的富瓦尼式的解释，主人回应了和澳大利亚人相同的困惑：“他不明白为什么大自然应该教导我们隐藏它给予我们的东西……他本人及其家人都不对他们身体的任何部位感到羞耻。”❹ 居于支配地位的慧骃

❶ Gabriel de Foigny. La Terre Australe Connue [M]. Edition établie, présentée et annotée par Pierre Ronzeaud. Paris: Société des Textes Français Modernes, 1990 [1676]: 104.

❷ Gabriel de Foigny. La Terre Australe Connue [M]. Edition établie, présentée et annotée par Pierre Ronzeaud. Paris: Société des Textes Français Modernes, 1990 [1676]: 105.

❸ Krishan Kumar. Utopianism [M]. Milton Keynes: Open University Press, 1991: 73 – 76.

❹ Jonathan Swift. Gulliver's Travels [M]. Edited by Peter Dixon and John Chalker, with an Introduction by Michael Foot. Harmondsworth: Penguin, 1967 [1726]: 283.

（马）和被支配地位的雅虎（人）都赤身裸体，但是格列佛花了很长时间试图保留他的衣服，因为这是唯一能够避免暴露他是雅虎的物品。斯威夫特也许是在讽刺试图回到伊甸园的纯真状态，暗示没有衣服的人类如同禽兽，而且确实可能被其他动物所支配。格列佛之所以能逃脱这样的命运，是因为一捆布料和主人的宽容。

有两个更重要的论述出现在19世纪和20世纪早期，即自然科学和人的平等。这些论述汇集在威尔斯1923年出版的《神一般的人》（*Men Like Gods*）一书中，其中乌托邦由科学家和实验者组成，他们将“化学和裸体”结合起来，被描述为生活在“奥林匹斯山的裸体”世界中的“赤裸裸的阿波罗”。❶ 自然科学的身体就是赤裸的身体，因此这种乌托邦裸体实践是完全合乎逻辑的。乌托邦的科学创举似乎杜绝回到伊甸园（无科学实践的地方），因此参照古希腊的世界（科学已经建立），堪为典范。无论如何，裸体与希腊文化有关，马格努斯·克拉克（Magnus Clarke）断言，“20世纪欧洲社会的裸体主义，几乎所有的起源都归因于19世纪对希腊文化的‘发现’”❷。如果古希腊文明把裸体作为其本质的一部分，那么裸体就特别适于实验主义者的乌托邦。着装与乌托邦作家所处的混乱时代联系在一起，逼真地再现了小说创作时期的社会现实。❸ 服装与社会差异和非科学的宗教道德密切相关，这一点可以明显地从那些

❶ H. G. Wells. Men Like Gods [M]. London: Sphere Books, 1976 [1923]: 30, 31, 51.

❷ Magnus Clarke. Nudism in Australia. A First Study [M]. Waurn Ponds: Deakin University Press, 1982: 45 – 46.

❸ H. G. Wells. Men Like Gods [M]. London: Sphere Books, 1976 [1923]: 55.

发现自己身处新世界的凡人身上看出来：大礼帽、男式礼服大衣、牧师领、司机的职业制服、“穿着沉闷的”美国人和“穿着靓丽的”法国人。[1] 在此，威尔斯似乎对裸体主义者提出的论点提供了一个小说版本：“普遍而广泛的裸体实践，将在很大程度上消除阶级和种姓制度的差异”。[2] 梭罗（Thoreau）在《瓦尔登湖》（*Walden*）中提出了同样的观点[3]，而克拉克在他对澳大利亚裸体主义的实证研究中说，这种“裸体主义者平等主义”构成了裸体主义意识形态的核心部分。[4] 那么，对于身体的自然科学态度，似乎可以通过裸体来保证更大的社会平等。当然，这假设了所有的裸体都被认为是同样完美的，正如第二章标题所示，这在威尔斯的“美丽的人类”中确实如此。显而易见，这种完美起源于基于优生学原理的选择性繁殖。[5] 20 世纪 20 年代的裸体乌托邦之所以成为可能，是因为它将自然科学的一个分支（优生学）应用于人类社会，而这一分支在随后十年的法西斯主义运动中被采用，很快就名誉扫地。如果裸体乌托邦的代价需要用优生学来报偿/补偿，那么它可能会突然开始看起来不是乌托邦，而是反面乌托邦。

斯金纳在 1948 年优生学的政治名声败坏之后，继续用一种

---

[1] H. G. Wells. Men Like Gods [M]. London: Sphere Books, 1976 [1923]: 27, 33, 39, 100.

[2] Maurice Parmelee. Nudity in Modern Life; the New Gymnosophy [M]. London: Noel Douglas, 1929: 13.

[3] Henry David Thoreau. Walden [M]. London: The Folio Society, 1980 [1854]: 33.

[4] Magnus Clarke. Nudism in Australia. A First Study [M]. Waurn Ponds: Deakin University Press, 1982: 12, 13, 18, 50.

[5] H. G. Wells. Men Like Gods [M]. London: Sphere Books, 1976 [1923]: 64, 74.

“科学”的方法研究身体，但在《瓦尔登湖第二》（*Walden Two*）一书中，似乎局限于3～4岁以下的婴儿和儿童日常生活中的裸体现象。这些解释是依据舒适度、效率和对环境的控制：

> “但是为什么你不给他们［宝宝］穿衣服呢?”芭芭拉说。
>
> “为什么要这样做呢？那就意味着我们要洗衣服，而小孩子会感到不舒服。床单和毯子也需要洗。我们的宝宝躺在一块长长的塑料布上，它不会吸收湿气而且可以立刻被擦干净……衣服和毛毯真是个大麻烦，”纳什太太说。“它们使宝宝无法活动，并迫使宝宝保持一种不舒服的姿势。”❶

温度和湿度“被控制，所以就不需要衣服或床上用品”❷，直到孩子进入一个正规的学生宿舍。据推测，到了一定年龄的儿童可以结束裸体的生活，不再因为对身体的控制力较弱，而给成年人带来同样的效率问题，也因为在《瓦尔登湖第二》中，控制整个区域的温度和湿度的做法是不切实际的——除非有一个残余的伊甸园神话发挥作用，在那里裸体的纯真状态仅授予年幼的儿童。也许斯金纳不允许他的乌托邦技术水平控制整个环境的温度和湿度，这样才能避免成人裸体的问题。然而，这一点没有明确的讨论。

❶ B. F. Skinner. Walden Two［M］. With a new Introduction by the author，New York：Macmillan，1976［1948］：88.

❷ B. F. Skinner. Walden Two［M］. With a new Introduction by the author，New York：Macmillan，1976［1948］：91.

在19世纪和20世纪早期，女性书写的乌托邦作品中似乎没有裸体的迹象，尽管如此，正如我们在后序章节中所看到的，在19世纪七八十年代，服装与女性身体之间的关系是服装改革者们经常讨论的一个话题。他们关注的是合身的衣服，而非不穿衣服：正如弗雷德里克·特里夫斯（Frederick Treves）所言，改革者在“最严格的端庄要求”下工作。❶ 但20世纪70年代的女性主义者认为，裸体依靠环境可能有不同的意义。在威尔勒威❷的女性乌托邦世界，室内工作都是在裸体状态下进行的，“直到你的身体和她们的身体处于一个共同的媒介中，而且没有拍摄任何人和环境的照片”。❸ 身体可以被直观地看到，而且受到不公正的评判，该书中不存在这种观点，取而代之的是将身体视为一种相聚的媒介。在这里，裸体是社会团结的一部分，而不是社会差异的一部分。但是世俗中展示肉体可能是危险的，因为两性和性别是不平等的：“她的裙子太短，从而激起了他的欲望”。❹ 在马特波伊西特镇，在节日里、游泳时和分娩时部分或全部展示身体似乎是一件非常轻松的事情有望给男人和女人带来愉悦或仪式感，而非一方对另一方的主导权。与美国20世纪70年代所形成鲜明的对比表现在，对一位售票员正在阅读一本书的评论：“封面上两个裸体的女人互相拥抱，而一个8英

❶ Frederick Treves. The Influence of Dress on Health [M]//Malcolm Morris. The Book of Health. London：Cassell & Co，1883：499.

❷ 威尔勒威（Whileaway）是拉斯《女身男人》（*The Female Man*）中的一个只有女性的乌托邦世界。——译者注

❸ Joanna Russ. The Female Man [M]. London：The Women's Press，1985 [1975]：95.

❹ Joanna Russ. The Female Man [M]. London：The Women's Press，1985 [1975]：193.

尺高的身穿黑色皮衣的男人，用一根鞭子抽打她们”。❶ 只有女人是赤身裸体的，显然，她们在这里被塑造成受男性支配的形象。因而对拉斯和皮厄斯而言，乌托邦中的裸体意味着一种轻松的相处方式，但是在尘世间，女性的肉体展示被卷入宰制和屈从的性别关系之中。

二、舒 适

服装的一个独特之处在于，当一个特定的人穿着它的时候，通常暗示了这个人的社会地位。然而这两个方面完全有可能是矛盾的，并非彼此协调一致。通常人们为了展示社会地位，而不考虑身体的舒适度。诚然，在凡勃伦（Veblen）的一个熟知的观点❷中，对于“休闲阶层”而言，服装表明不能从事任何体力劳动，因此这种服装在某种程度上必然会让人感到不舒服。一件允许身体自由活动的衣服，将会把穿戴者标定为下层阶级。很可能社会地位的显示会比身体因素更重要，因为社会地位主动将穿戴者置于社交圈，如果仅仅为了身体舒适而穿衣打扮，那么会将穿戴者降格至物质身体的范围之内。他们不以社交界为导向，很容易被认为不重要：物质的身体并非适宜的社会行动者。但是我们都拥有自己的身体，而服装在一定程度上似乎是可以定位的，作为地位展示和身体限制之间的紧张关系走向平衡的结果。

乌托邦文学中频繁出现关于身体的要求，这似乎表明在著

---

❶ Marge Piercy. Woman on the Edge of Time [M]. London：The Women's Press，1979 [1976]：256.

❷ Thorstein Veblen. The Theory of the Leisure Class [M]. New York：Augustus M. Kelly，1975 [1899]：167ff.

作者生活的社会，人们穿的衣服已经远远偏离了身体的舒适范围，反之人们只单纯考虑阶级的暗示。在莫尔的《乌托邦》中，服装是“便于身体运动，适合在炎热和寒冷的时候穿”❶，太阳城（The City of the Sun）的服装格外合身，依照体形和尺码调整❷，而弹性原则允许相对少量的标准尺寸，适合伊卡利亚人的尺码和体形。在马特波伊西特镇，衣服的尺寸是可以调整的，所以“如果一个女人增加或减少了20磅，她也不会把这件衣服穿破”。❸ 路易斯－塞巴斯蒂安·梅西埃（Louis－Sébastien Mercier）将法国大革命前的服装与2440年巴黎的服装做了明确的对比。一位未来巴黎的市民对讲述者所穿的笨拙而邋遢的18世纪的服装大为震惊：双臂和肩膀被束缚了，胸部被饰带束紧而削弱了呼吸，双腿一年四季都暴露出来。❹ 叙述者观察到公民：

> 脖子没有用棉布紧紧地裹着，而是根据季节围着厚薄不同的领巾。他的胳膊在适度宽松的袖子里可以自由地伸展；他穿着一件合体的背心，披着一件形似长袍的斗篷，适合在寒冷的天气和雨季中使用。他的腰间系着一条长长的腰带，

---

❶ Thomas More. Utopia [M]//The Complete Works of St. Thomas More. Volume 4. Revised version of 1923 translation by G. C. Richards. Edited by Edward Surtz and J. H. Hexter. New Haven, CT and London: Yale University Press, 1965 [1516]: 127.

❷ Tommasso Campanella. The City of the Sun. A Poetic Dialogue [M]. Translated by Daniel J. Donno. Berkeley: University of California Press, 1981 [1602]: 51.

❸ Marge Piercy. Woman on the Edge of Time [M]. London: The Women's Press, 1979 [1976]: 72.

❹ Louis－Sébastien Mercier. Memoirs of the Year Two Thousand Five Hundred [M]. Translated by W. Hooper in two volumes. London: Printed for G. Robinson in Pater－noster－Row, 1772. Facsimile reprint, New York and London: Garland Publishing, 1974 [1771]: Vol. I: 21.

外观优雅，保持着同样的温度。他没有那种能束缚臀部和抑制循环的袜带（用以系袜的）。他穿着一条从腰到脚的长筒袜，脚上穿着一双便鞋，像高筒靴一样包裹着双脚。❶

显然，不注重身体舒适度的衣服，是梅西埃时代服装的一个主要问题。40 年后，我们在《奈尔斯帝国》（*The Empire of the Nairs*）中发现了同样的怨言：

男人和女人都享受四肢的运用自如。无论是从职业还是他们的生活习惯方面，都没有束缚感；同样的自由精神，激发了他们的法律和习俗，似乎也出现在奈尔斯的厕所里——没有不自然的绷带抑制男人的敏捷性；没有鲸须制品（如旧时妇女用的鲸须紧衣褡等）束缚女人的体形，没有箍环妨碍她们运动，没有高跟鞋使她们步履蹒跚——她们行动自如，恰如大自然原本为她们设计的样子。❷

此后不到半个世纪，贝拉米把裙撑视为非人性化的形式❸，

---

❶ Louis - Sébastien Mercier. Memoirs of the Year Two Thousand Five Hundred [M]. Translated by W. Hooper in two volumes. London: Printed for G. Robinson in Pater - noster - Row, 1772. Facsimile reprint, New York and London: Garland Publishing, 1974 [1771]: Vol. I: 22 - 23.

❷ James Lawrence. The Empire of the Nairs; or the Rights of Women. An Utopian Romance [M]. Four volumes. London: T. Hookham, Jun. and E. T. Hookham, 1981 [1811]: 36. Quoted in: Lyman Tower Sargent. An Ambiguous Legacy: The Role and Position of Women in the English Eutopia [M]. Marleen S. Barr. Future Females: A Critical Anthology, Bowling Green, OH: Bowling Green State University Popular Press, 1981: 91.

❸ Edward Bellamy. Looking Backward 2000 - 1887 [M]. Edited with an Introduction by Cecelia Tichi. London: Penguin, 1986 [1888]: 41.

而莫里斯描述他的乌托邦作品中的女人“蒙上雅观的纺织面纱，不用女帽捆扎起来……他们穿得像女人，但是不像我们这个时代的大多数女人那样，打扮得像装着垫子的扶手椅”❶。在20世纪，威尔斯的巴恩斯特普尔先生（Mr. Barnstaple），因为被强迫舍弃他舒适的乌托邦式凉鞋和轻长袍，回到他将“挣扎着穿上袜子、靴子、长裤，戴上领圈的家乡而感到痛苦。他觉得那将会使他窒息”。❷

但是，从1915年夏洛特·帕金斯·吉尔曼（Charlotte Perkins Gilman）的《她乡》（*Herland*）开始，20世纪的女性主义作家最为关注的是衣服和身体之间的关系。《她乡》描述了一个全是女人的世界，其中有三个男人在里面游荡。如果周围没有男人，这里的服装显然是女人为自己而设计的，其主旨就是舒适。这个词反复出现在男人们对唯一可用的衣服的反应中：“毫无疑问是舒适的”“绝对是舒适的”“它们和我们自己的衣服一样舒适——某些方面更舒适”，“我感到非常舒适。当我取回我自己的加垫衣服和上浆花边时，我深刻地意识到她乡的衣服是多么舒适，我后悔莫及”。❸

拉斯和吉尔哈特指责非乌托邦的女性服装特别不舒服，因为它是为了展示给男人而设计的，并不是为了女人身体的舒适。这个主题在拉斯的作品中多次出现，穿着紧小胸衣、妨碍聚会的礼服、变形的内衣、无法将她们紧紧裹住的冬衣、会钩住东

❶ William Morris. News from Nowhere [M]//The Collected Works of William Morris, Vol. XVI. London: Longmans Green and Company, 1912 [1890]: 14.

❷ H. G. Wells. Men Like Gods [M]. London: Sphere Books, 1976 [1923]: 217.

❸ Charlotte Perkins Gilman. Herland [M]. London: The Women's Press, 1979 [1915]: 25, 26, 73, 84.

西的胸针等。❶ 吉尔哈特对女性的“穿给男人看”也有类似的评论。❷ 对于这些女作家而言，为男人而装扮自己的目的是在男性的注视下，展示出“得体女性”的风貌，并非为了穿着舒适。而这个问题在全部都是女性的社会里不复存在。那么，乌托邦作品中的一贯原则，关注的是通过服装来显示社会地位的问题，而不是对身体舒适的欲求：如果要表明社会地位，就不应该以牺牲身体为代价。

第四节　美　　学

如果我们看看早期的乌托邦文本，会发现很少有人对服装的美学元素发表评论。这不足为奇，因为服装的一个主要功能是暗示等级或社会地位，那么有关美学的问题就不是很重要了。然而，到了19世纪和20世纪早期，美学显然已经成为一个主要的关注点。尤其是“优美”一词的变化，在这一时期的文本中有着显著的规律性，如阿普尔顿❸、贝拉米❹、卡贝❺、库利❻、格里

❶ Joanna Russ. The Female Man [M]. London: The Women's Press, 1975: 33-34, 39, 40, 63, 83-84.

❷ Sally Miller Gearhart. The Wanderground. Stories of the Hill Women [M]. London: The Women's Press, 1979: 67, 94, 152, 158.

❸ Jane Sophia Appleton. Sequel to "The Vision of Bangor in the Twentieth Century" [M]// Kessler. q. v. 1984 [1848]: 53.

❹ Edward Bellamy. Looking Backward 2000-1887 [M]. Edited with an Introduction by Cecelia Tichi. London: Penguin, 1986 [1888]: 41.

❺ Etienne Cabet. Voyage en Icarie [M]. 5ème. édition. Paris: Bureau du Populaire, 1848: 57.

❻ Winnifred Harper Cooley. A Dream of the Twenty-First Century [M]//Kessler. q. v. 1984 [1902]: 207.

菲斯❶、霍尔丹❷、利顿❸、莫里斯❹和威尔斯❺的文本。莫里斯特别纳入“华丽的”衣装概念❻，在莫里斯❼和威尔斯❽的作品中也能够发现对“和谐”的不同解读。这里不是提出“美是什么”等哲学问题的地方，因此我们转而提出一个更普通的社会学问题：美学元素在乌托邦的服装描述中有什么目的？有一些证据表明，它们是对当时盛行的以阶级为基础的美的本质的批评。事实上，凡勃伦认为，我们认为美的事物，在某种程度上暗示了它的拥有者/穿戴者的财富。❾ 按照这种观点，财富是美的保证，而贫穷是丑的写照。但是在威尔斯的作品中，美可以属于所有的阶级：“服装是多样的、优雅的……即使是最贫穷的人穿的衣服，也非常合身……一个阶级和另一个阶级在举止

❶ Mary Griffith. Three Hundred Years Hence [M]//Kessler. q. v. 1984 [1836]: 33.

❷ Charlotte Haldane. Man's World [M]. London: Chatto and Windus, 1926: 39.

❸ Lord Lytton. The Coming Race [M]. London: George Routledge and Sons, no date [probably 1871]: 96, 163.

❹ William Morris. News from Nowhere [C]//The Collected Works of William Morris, Vol. XVI. London: Longmans Green and Company, 1912 [1890]: 143.

❺ H. G. Wells. A Modern Utopia [M]. Lincoln, NE and London: University of Nebraska Press, 1967 [1905]: 52, 109, 226, 228, 316; H. G. Wells. Men Like Gods [M]. London: Sphere Books, 1976 [1923]: 39.

❻ William Morris. News from Nowhere [C]//The Collected Works of William Morris . Vol. XVI. London: Longmans Green and Company, 1912 [1890]: 23, 24, 34, 138, 180, 200, 208.

❼ William Morris. News from Nowhere, in The Collected Works of William Morris [C]. Vol. XVI. London: Longmans Green and Company, 1912 [1890]: 138.

❽ H. G. Wells. A Modern Utopia [M]. Lincoln, NE and London: University of Nebraska Press, 1967 [1905]: 227, 228; H. G. Wells. Men Like Gods [M]. London: Sphere Books, 1976 [1923]: 39.

❾ Thorstein Veblen. The Theory of the Leisure Class [M]. New York: Augustus M. Kelly, 1975 [1899].

上没有什么区别；他们都很优雅，而且举止端庄”。[1] 莫里斯主动地将美与财富和阶级分开：在他遇到的所有人中，清洁工伯菲（Boffin）是其中穿着华丽而优雅的人之一，那些人在草田里工作，依然显得很优雅，而叙述者对于每个人都能买得起漂亮的衣服感到疑惑不解。[2] 美学从财富中解放出来，最明显的体现就是，他对走进市场的着装优雅的一群人进行评论：“‘优雅’，我的意思是波斯人的图案是优雅的；而非一个富有的‘优雅’女士为了早晨的一通电话而出门。我宁愿称其为附庸风雅。”[3] 这里的美学是自主的，而我们错把财富与优雅混为一谈。工艺类型的艺术美渗透到莫里斯的乌托邦中，这是他反对大众工业社会和“降低生产成本”的部分体现。[4]

一些人这样认为，19 世纪的美学对人们有直接的道德影响，这些美学观念塑造着人们的行为，并将人们的行为导向美学理想的方向。大众艺术不是纯粹为了艺术，而是要履行社会责任。阿德里安·福蒂（Adrian Forty）引用记者洛夫蒂（Loftie）于 1879 年写的话：“在我看来，几面光秃秃的墙壁上挂着一些照片，窗边有一些花，壁炉搁架上有精美的瓷砖，比起图书馆的宣传册和讲台上宣扬节欲的演讲者，它们更能促使男人

---

[1] H. G. Wells. A Modern Utopia [M]. Lincoln, NE and London: University of Nebraska Press, 1967 [1905]: 226.

[2] William Morris. News from Nowhere [C]//The Collected Works of William Morris. Vol. XVI. London: Longmans Green and Company, 1912 [1890]: 20-21, 138-139, 143, 154, 162.

[3] William Morris. News from Nowhere [C]//The Collected Works of William Morris. Vol. XVI. London: Longmans Green and Company, 1912 [1890]: 100.

[4] William Morris. News from Nowhere [C]//The Collected Works of William Morris. Vol. XVI. London: Longmans Green and Company, 1912 [1890]: 93.

和女人待在家里，增进家庭成员之间的感情。”❶所以在这里，美丽的房子造就了幸福之家，使人们远离可能引发各种麻烦的街道。请注意，在这篇文章中也提出了一个假设，即屋子里的美对人们产生更强大的道德影响力，胜于道德改革者更传统的武器，譬如用传单和演说抨击恶魔饮料❷。审美在这里有一个道德目的：墙上的画不仅是为了给人们带来一种懒散的快乐，它们更大的意义在于实现家庭团结，以及在私人领域生活而不是在公共街道上生活。福蒂也指出，在同一时期道德是如何建立在家具中的。❸所以有可能表明，19 世纪和 20 世纪早期，乌托邦作品中强烈的审美元素，来源于由于当时社会动荡而产生的对资本主义威胁的广泛关注。那么，那个时代乌托邦的社会秩序，至少在一定程度上取决于审美应用于大众服饰而产生的文明影响。如果美只“属于”某一特定的阶层，那么从本质上说，就有根深蒂固的阶级分层，但是优雅、和谐和美是属于所有阶层的，就会呈现出明显的和谐统一的景象。经由乌托邦大众的审美价值，克服了真实存在的社会分化问题。这是对尊重社会关系的艺术自主权的信念，从莫里斯到马尔库塞（Marcuse）❹ 等都有这种信念，从而使得这种思考方式成为可能。今天，在布尔迪厄❺之后，我们可能主张不同的阶级对美持有完

❶ Adrian Forty. Objects of Desire. Design and Society since 1750 [M]. London: Thames and Hudson, 1986: 109.

❷ 恶魔饮料为毒品或损害人的精神的东西。——译者注

❸ Adrian Forty. Objects of Desire. Design and Society since 1750 [M]. London: Thames and Hudson, 1986: 110 - 112.

❹ Herbert Marcuse. The Aesthetic Dimension. Towards a Critique of Marxist Aesthetics [M]. London: Macmillan, 1979 [1977].

❺ Pierre Bourdieu. Distinction. A Social Critique of the Judgement of Taste [M]. Translated by Richard Nice. London: Routledge and Kegan Paul, 1984 [1979].

全不同的观点，任何仅仅以某种版本为标志的社会，要么处于一个阶级的意识形态霸权之下，要么根本没有阶级。在任何一种情况下，社会在美学层面上都会达成共识。在乌托邦中，谁的“优美”“雅致”和“和谐”获得胜利？空想家会回答艺术本身为这些事物提供法则，但是这种观点也许对于一个特定阶级是非常典型的。有清晰的研究范畴，这种研究将19世纪和20世纪早期的审美观点归类为社会阶层。

第五节　性别分工

社会学的学生将会熟悉大变革（the Great Transformation）的概念，即伴随着19世纪欧洲资本主义工业化的进程，引发了大量的经济、政治和社会变革。在大变革之前，许多生产活动在家里进行：人们在家里从事手工艺或贸易，商人在家里进行买卖交易。资本主义工业化把有偿劳动集中在工厂，而在现行的家庭中的劳动不复存在。在过去，家庭也是生产活动的场所，现在许多活动被移出家庭，被安置在工厂里，家庭劳动不再被视为工作方式。曾经被视为对经济至关重要的家庭活动荡然无存，而曾经被高度重视的妇女工作转变成廉价的家庭杂务。

在乌托邦文本中，这种降级表现在对与服装相关的性别分工的价值转移中。在17世纪的两部作品中，与服装相关的工作不仅构成了女性世界的一部分，而且被认为是经济不可分割的部分。安德里亚把一般的人类工业和特定的女性艺术，直接联系在一起：

> 因为无论人类工业是通过使用丝绸、羊毛或是亚麻来

> 完成的，这些材料都是女人的艺术，而且供女人使用。所以她们可以学习缝纫、纺织、刺绣、编织，以及用各种方式装饰她们的作品。织锦是她们的手工艺品，制衣是她们的常规工作，洗涤是她们的职责。❶

女人特有的工作以一种非常积极而活跃的状态表现出来，如技艺娴熟、广受认可。对于费尼龙来说，妇女的工作是泰尔市（the city of Tyre）巨大商业中一个不可缺少的组成部分，而贝提克（Bétique）地区妇女纺织的毛料衣服既可满足家庭需要，又得到全世界的赞赏。❷ 与女性服装相关的工作对全球经济和国内经济都作出了贡献，而且对此类工作没有消极的评价。显然存在性别分工，但这不一定与不平等或与更广阔的社会经济世界的疏远相一致。

到1836年，格里菲斯的乌托邦作品已经降至特定的贫困妇女阶层“这种工作有很多好处……她们可以裁剪布料，并为自己的丈夫和孩子做衣服”。❸ 在伊卡利亚，修补衣服是女人可以在家做的工作——但这并不十分麻烦，而且洗衣服是一件全民性的事情。❹ 从社会角度来看，女人承担缝缝补补的劳动的范围与重要性变得越来越小。至1970年，我们见到克里奇的乌托

❶ Johann Valentin Andreae. Christianopolis：An Ideal State of the Seventeenth Century［M］. New York：Oxford University Press，1916［1619］：260.

❷ François de Fénelon. Telemachus，Son of Ulysses［M］. Edited and translated by Patrick Riley. Cambridge：Cambridge University Press，1994［1699］：36，109－110.

❸ Mary Griffith. Three Hundred Years Hence［M］//Kessler. q. v. 1984［1836］：44－45.

❹ Etienne Cabet. Voyage en Icarie［M］. 5ème. édition. Paris：Bureau du Populaire，1848：60.

邦时，所有与服装相关的积极意义全都消失了，除了繁重的家务劳动，什么也没有留下。克里奇的角色互换，即在乌托邦中由男人承担家务劳动，或许让那些习惯于将男性与英勇的、令人满意的和重要事迹联系起来的读者，更清楚地看到了消极的一面。我们没有看到积极的殖民地工业家的得胜场面，相反，我们看到的是漫漫长夜里令人倍感压抑的工作：

> 今天是洗衣日，而我看到他度过了漫长而疲劳的一天。在宝宝睡着的时候，先到洗衣盆边；然后一边摇着摇篮一边洗衣服；接着准备晚饭，在屋里跑来跑去，忙里忙外：他可怜的脑袋颇感混乱而又反复思考着应该完成针线活，而且只能由他亲身去做。
>
> 到了晚上：桌子上的灯亮了，我所描述的那个可怜的丈夫坐在摇椅上，在一天辛苦的洗衣工作后，他正在缝补袜子和孩子们的衣服。我看到下雨了；晾衣绳断了，衣服掉到肮脏的院子里；这个可怜的男人不得不花费一些不愉快的时间清洗这些衣服，又要洗干净其他衣服；最后把衣服放进洗衣盆里，并倒满了他从远处的广场上取回来的水。❶

即使在刺绣或花式针织等工作中有一些积极作用的暗示，这些也就像是“无关紧要的精致物件”，被人们舍弃。

无独有偶，在多德里奇角色互换的乌托邦中，服装方面的

❶ Annie Denton Cridge. Man's Rights; or, How Would You Like it? [M]. Kessler. q. v. 1984 [1870]: 74–94.

劳动再次被描述为令人沮丧且永无止境的任务。[1] 在威尔勒威之外，珍妮（Jeannine）离开房子的简单意图，就是她对无穷无尽的服装家务感到厌倦和沮丧，她感到被迫承担一部分性别分工。[2]

因此，乌托邦文本追溯了女性在性别分工中所占的份额，从公认的对国内外经济的积极贡献，转变为一系列压抑的、无止境的、令人不满意的和令人沮丧的工作，这些工作把女人禁锢在家中。工厂里的异化和家庭里的异化相伴而生，至少对于女人来说，尤其如此。

第六节　服装中的性别差异和性别特征

在乌托邦文本中，服装往往更具有性别特性。与上文所述的性别分工的意义转变相似，早期的文本提到男女服装之间的差异，但并不一定暗示着任何不平等，然而后期的作品将服装的性别特征，视为内在地表达了社会的非平等主义性质。较小的区别或没有区别有时被认为是一种解决方案。

对于安德里亚[3]、康帕内拉[4]和莫尔[5]而言，性别暗示是服

[1] Esmé Dodderidge. The New Gulliver; or, The Adventures of Lemuel Gulliver Jr in Capovolta [M]. London: The Women's Press, 1988: 171 - 172.

[2] Joanna Russ. The Female Man [M]. London: The Women's Press, 1975: 105 - 107.

[3] Johann Valentin Andreae. Christianopolis. An Ideal State of the Seventeenth Century [M]. Translated from the Latin by Felix Emil Held. New York: Oxford University Press, 1916 [1619]: 171.

[4] Tommasso Campanella. The City of the Sun. A Poetic Dialogue [M]. Translated by Daniel J. Donno. Berkeley: University of California Press, 1981 [1602]: 41.

[5] Thomas More. Utopia [C]//The Complete Works of St. Thomas More. Volume 4. Revised version of 1923 translation by G. C. Richards. Edited by Edward Surtz and J. H. Hexter. New Haven, CT and London: Yale University Press, 1965 [1516]: 127.

装的一个功能。这一点没有专门的论述，我们可以假定性别只是另一种重要的社会地位，需要被清楚地展现出来，似乎是有道理的。从戈特❶开始，可能产生了对乌托邦社会的非议，戈特评论道《诺瓦·索莱玛》**严格**执行了“区分性别的服装”(作者的强调)，并且在费奈隆的长篇小说❷中非常明显地反对他所说的“女人气”。例如，门特实际上是智慧女神密涅瓦(Minerva)乔装成的一位老人，警告说：“一个年轻人喜欢佩戴华丽的装饰品，看起来像一个软弱的女人，不值得拥有智慧和荣耀”，而忒勒玛科斯宣称：“尤利西斯之子永远不会被底层女性生活的诱惑所征服”。❸ 在萨伦特岛，“禁止所有可能带来奢侈和女人气的外国商品”。❹在16世纪和17世纪的非乌托邦作品中，着装性别界限模糊是一个常见的主题：例如，对于菲利普·斯塔布斯（Philip Stubbes）而言，“我们的服装被赋予了一种独特的符号，用来区分不同的性别；因此，穿上其他性别服装的人就参与那种性别的人所从事的活动，但是又掺杂着自身的性别特征”，❺ 而约翰·伊夫林（John Evelyn）抱怨法国服装带来的性别混乱：“瞧，我们的飞狮丝绸（Silke Camelions）

❶ Samuel Gott. Nova Solyma. The Ideal City; or, Jerusalem Regained [M]. Two Volumes. With Introduction, Translation, Literary Essays and a Bibliography by The Rev. Walter Begley. London: John Murray, 1902 [1648]: 106.

❷ François de Fénelon. Telemachus, Son of Ulysses [M]. Edited and translated by Patrick Riley. Cambridge: Cambridge University Press, 1994 [1699]: 6, 41, 50, 162, 332.

❸ François de Fénelon. Telemachus, Son of Ulysses [M]. Edited and translated by Patrick Riley. Cambridge: Cambridge University Press, 1994 [1699]: 6.

❹ François de Fénelon. Telemachus, Son of Ulysses [M]. Edited and translated by Patrick Riley. Cambridge: Cambridge University Press, 1994 [1699]: 162.

❺ Philip Stubbes. The Anatomie of Abuses [M]. London: W. Pickering, Edinburgh: W. & D. Laing, 1836 [1585]: 68.

和梦幻般的华贵服饰（aery Gallants），向他的情人示爱，你有时会认为自己在亚马逊帝国，因为无法区分两个穿外套的萨尔丹那帕勒斯（Sardanapalus，即国王或君主），哪一个更有女子气”。❶

某种类型的男子气概似乎受到了男性作家的威胁，因为他们对女性的服装感兴趣。但是至少在费尼龙的乌托邦中仍然可以发现“合适的”类型。无论是在富有魅力的衣柜中抑或在迷人的镜子中，都无法找到智慧和荣耀并存的男子气概。

在20世纪70年代的女权主义科幻小说中，服装的性别差异投射到更大的性别不平等领域去探讨显得尤为明显，而且已经涉及权利的领域：对于拉斯❷和吉尔哈特❸而言，非乌托邦的女装是专门为取悦男人而设计的，对拉斯来说尤其如此，对这些喜欢“漂亮衣服”的男人的热切关注几乎构成了整个非乌托邦女人的全部。相比之下，男士西装“旨在激发自信，即使男人还没有充满信心❹，并允许人们认真对待各种事件。皮厄斯在引述其主人公康妮的医学报告时指出：“卡马乔先生［康妮的弟弟］是一个穿着讲究的男人（灰色商业西装），看起来有四十多岁。他经营着一家批发零售商店，态度自信、开朗，我

❶ John Evelyn. Tyrannus; or, The Mode［M］. Edited by J. L. Nevison, Oxford: Blackwell, 1951［1661］: 24-25.

❷ Joanna Russ. The Female Man［M］. London: The Women's Press, 1985［1975］: 29.

❸ Sally Miller Gearhart. The Wanderground. Stories of the Hill Women［M］. London: The Women's Press, 1985［1979］: 68, 91.

❹ Joanna Russ. The Female Man［M］. London: The Women's Press, 1985［1975］: 138.

认为他是个可靠的信息提供者……"❶ 当然，具有明显性别特征的着装方式，更容易伪装成功：在《诺瓦·索莱玛》中，菲利普娜（Phillipina）通过她的男性化着装，成功地伪装成一个花花公子❷，而吉尔哈特的作品《艾吉米》（*Ijeme*）采用同样的手段，被一个女人误认为是男人。

在乌托邦作品中，欠缺性别区分的服装似乎在儿童身上比在成人身上更为常见：摩莱里描述5岁儿童的服装、食物和第一堂课都是完全相同的，❸ 在威尔斯的乌托邦中，"男孩和女孩都穿着大致相同的衣服"❹，帕森斯（Parsons）托儿所的男孩和女孩被描述为"穿着蓝色短裤和灰色衬衫，戴着红领巾，这是斯皮斯（Spies）的制服"。❺ 在皮厄斯的马特波伊西特镇，成人似乎不知道服装呈现出的性别差异，但是在这里，男人完全可以给孩子喂奶，而生育不在身体内发生。这似乎表明乌托邦文本中的性欲特征（以下简称性征）是服装性别差异的一个重要因素：儿童没有明显的性征，马特波伊西特镇有一种半共有的性征。在吉尔哈特的小说中，不具有性威胁的"绅士们"都

❶ Marge Piercy. Woman on the Edge of Time [M]. London: The Women's Press, 1979 [1976]: 381.

❷ Samuel Gott. Nova Solyma. The Ideal City; or, Jerusalem Regained [M]. Two Volumes. With Introduction, Translation, Literary Essays and a Bibliography by The Rev. Walter Begley. London: John Murray, 1902 [1648], Vol. II: 48, 91.

❸ Morelly. Code de la nature, ou le véritable esprit de ses lois, de tout temps négligé ou méconnu [M]. Paris: Editions Sociales, 1970 [1755]: 147.

❹ H. G. Wells. A Modern Utopia [M]. Lincoln, NE and London: University of Nebraska Press, 1967 [1905]: 226 - 227.

❺ George Orwell. Nineteen Eighty - Four [M]. Harmondsworth: Penguin, 1984 [1949]: 24.

“穿得很像山中的女人，穿着柔软的衬衫、工作裤和靴子”。[1]而在狄德罗鼓励生育而又充满欢乐的塔希提岛，整个服装体系似乎与一个精确的性征表达联系在一起：男孩身穿束腰外衣，戴着一条项链，一直到22岁为止，那是他们表现出频繁渗出液体的和高质量的精子，而婚前的女孩戴着白色面纱。黑色面纱象征不孕，灰色面纱象征经期。[2]在赫胥黎的《美丽新世界》中，性是被鼓励的，其中“每个人都属于其他人”[3]，但在实验室进行生育，少数不受孕的妇女戴着装满避孕用品的“马尔萨斯腰带”。[4]

威尔斯倾向于从一个完全负面的角度，看待他那个时代女性的性征表达，他抱怨道：

> 一个白人或亚洲女人的教育、心理倾向，所散发着性的气息；她的谦虚、端庄不是淡化性别，而是对性别特征的提炼和强调：她的服装体现了其体形的独特性。
>
> 当代的时尚女性，设定了西方性交的基调，这对男人来说是刺激物，而非伴侣。她通常是一种不健康的刺激物，使男人从智慧转向外表，从美丽转向享乐，从形体转向色彩，从坚持不懈的目标转向短暂而激动人心的胜利。穿着她称为独特的“衣服”，那是散发着香味、精心装扮的衣

---

[1] Sally Miller Gearhart. The Wanderground. Stories of the Hill Women [M]. London：The Women's Press，1985 [1979]：183.

[2] Denis Diderot. Supplément au voyage de Bougainville，ou dialogue entre A et B [M]//Le Neveu de Rameau. Paris：Livre de Poche，1966 [1796]：444，452，456.

[3] Aldous Huxley. Brave New World [M]. London：Flamingo，1994 [1932]：38.

[4] Aldous Huxley. Brave New World [M]. London：Flamingo，1994 [1932]：45－47，49，69，107，175，178.

> 服，显得光彩照人。她通过技巧实现了一种比任何其他脊椎动物更深刻的性别差异。[1]

因此，在他的现代乌托邦中，他建议“性关系隶属于友谊和伴侣”，确保“女性的服装至少［比当代欧洲］更严肃而且更实用，与男性的服装差异并不明显”。[2]

但在这里，成年之间的着装差异程度降低，与其说是一种降低性吸引的行之有效的方式，不如说是一种性压抑的方式。正如在《一九八四》中，党员的工作制服和青年反性联盟的红饰带，以期认为性区别既是一种性自我的特有表达方式，又是一种颠覆性的政治行为，甚至比简单地脱掉工作服更具颠覆性，“似乎要毁灭整个文化，整个思想体系，好像通过一次光荣的军事运动就可以扫净老大哥[3]、政党和思想警察[4]”。[5] 单独和温斯顿（Winston）在一起时，留着短发，穿着“孩子气的工作服”的茱莉亚（Julia）通过化妆来实现一个“更令人惊讶”的转变：“只要在右脸上搽一点点的颜色，她不仅变得更漂亮了，

---

[1] H. G. Wells. A Modern Utopia［M］. Lincoln, NE and London: University of Nebraska Press, 1967［1905］: 202.

[2] H. G. Wells. A Modern Utopia［M］. Lincoln, NE and London: University of Nebraska Press, 1967［1905］: 204, 227.

[3] 老大哥（Big Brother）是奥威尔的反乌托邦小说《一九八四》中大洋国的名义领袖，但书中自始至终没有真正出现这个人物，他的存在始终是作为权力的象征和人们膜拜的对象。书中每一个故事情节都与这位“老大哥”息息相关。他用所谓的理论控制着大洋国民众的思想，使大洋国的每一个人都彻彻底底地臣服于他。——译者注

[4] 思想警察（Thought Police）是奥威尔的反乌托邦小说《一九八四》中大洋国的秘密警察的名称。——译者注

[5] George Orwell. Nineteen Eighty - Four［M］. Harmondsworth: Penguin, 1984［1949］: 31.

最重要的是，变得更有女人味儿了”。但是茱莉亚想要转变得更多：“你知道我接下来要做什么吗？我要从某个地方弄到一件真正的女式礼服，穿上它，取代这些令人讨厌的长裤。我将穿丝袜和高跟鞋！在这个房间里我要成为一个女人，而不是一名党员。”❶

拉斯对男性的性征、服装和权力之间的联系进行了简短的讨论，多德里奇则对其进行了更深入的探讨。在男人占主导地位的地方，外表和权力之间有一个简单的联系：“……他的深红色肩章，他的神奇般的靴子，他剃的光头，他的天蓝色的头巾，他那镶着钻石方格图案的衣服企图痛击整个世界，想要征服整个世界。而她在他旁边看起来如此朴素。”❷

但在女性总体上占主导地位的情况下，正如多德里奇角色颠倒的乌托邦，通过着装展现男性魅力，意味着非常不同的见解。在此，女人毫无特色地穿着“一件不合身的筒状衣服，完全隐藏了一部分女性体形，那部分正是男人最渴望以最大的乐趣看到的”❸，而男人有权利观看、审视和评论。

第七节　昂贵的服装：从奢侈的危害到必要的消费

在 17 世纪和 18 世纪的非乌托邦世界中，华贵的服装给那些居住在法国以外的欧洲人带来了相当严重的国民经济问题，

❶ George Orwell. Nineteen Eighty – Four [M]. Harmondsworth：Penguin，1984 [1949]：126，127.

❷ Joanna Russ. The Female Man [M]. London：The Women's Press，1985 [1975]：168.

❸ Esmé Dodderidge. The New Gulliver；or，The Adventures of Lemuel Gulliver Jr in Capovolta [M]. London：The Women's Press，1988 [1979]：41.

这是法国时尚创新的主要来源。约翰·伊夫林抱怨道，进口法国服装使英国人付出了代价，而促进了法国经济的发展❶，1715 年的一篇匿名的英文文本旨在说明：

> 劝阻本国人不要穿法国的时装，不要在这类事情上向外国人求助，我们有权利、有能力、有才华自给自足。如果我能说服他们那样做，其结果将会是贸易繁荣，国内消费资金充足，而这些资金正被输往法国，用来购买法国的商品；永久的自由、富足、优雅和礼貌不会从外国获得，而是我们本国独有的产物。❷

瑞典的古斯塔夫三世（Gustav Ⅲ）得出这样的结论❸，他为他的臣民依次介绍了一种民族服装，以避免进口法国服装带来的高额成本和进口风险，希望以此终止国家收入和个人收入的外流。因此，服装成本是乌托邦作家涉及的一个主题也就不足为奇了。诚如下文所示，从注重奢华所引发的问题，到将其限制在可接受价位的范围之内，甚至将奢华作为经济不可或缺的一部分，这将是一个漫长的过渡期。

梅西埃回应了上文提到的奢侈的经济风险，其中“印度的华而不实的物品”等具有破坏性的进口奢侈品，在未来巴黎的

---

❶ John Evelyn. Tyrannus; or, The Mode [M]. Edited by J. L. Nevison, Oxford: Blackwell, 1951 [1661]: 6 -7.

❷ Anonymous. A Treatise upon the Modes; or a Farewell to French Kicks [M]. London: Printed for J. Roberts, at the Oxford Arms in Warwick Lane, 1715: 3.

❸ Gustav III. Réflexions [M]. La Haye: Detune. Exemplar B i Kongliga Biblioteket, Stockholm, 1778.

对外贸易中将被废除，❶ 而对摩莱里而言，服装则是“不过度的奢华”（sans luxe extraordinaire），并且国民能买得起。❷ 在萨伦特，门特减少了处理外国物资的商人数量，并教导萨伦特人“轻视财富……它使国家精疲力竭”。❸ 对这种财富的热爱不仅危害到国民经济，而且对整个社会秩序构成威胁：

> 奢侈毒害着整个国家……它逐步达到了将奢侈品当作生活必需品的程度，而且每天生产这些必需品；所以他们不能摒弃三十年前就被当作奢侈品的东西。这种奢侈被称为良好的品位、艺术的完美和国民的素养。无数人追随这种不良习气，人们把它誉为一种美德，以至于延伸到社会底层。国王的近亲想要模仿他的豪华；大公想要模仿王室成员；生活在中层阶级的人想要模仿大公；那么谁还留在自己的领域呢？而那些社会底层人士则冒充时尚人士……整个国家走向毁灭，各阶层都混乱不堪。❹

迷恋奢侈品对国家、社会阶层和个人意味着毁灭。在封建制度的区别仍占主导地位的时代，一个乌托邦的解决办法是通

---

❶ Louis - Sébastien Mercier. Memoirs of the Year Two Thousand Five Hundred [M]. Translated by W. Hooper in two volumes. London: Printed for G. Robinson in Pater - noster - Row, 1772. Facsimile reprint, New York and London: Garland Publishing, 1974 [1771], Vol. II: 188.

❷ Morelly. Code de la nature, ou le véritable esprit de ses lois, de tout temps négligé ou méconnu [M]. Paris: Editions Sociales, 1970 [1755]: 137 - 138.

❸ François de Fénelon. Telemachus, Son of Ulysses [M]. Edited and translated by Patrick Riley. Cambridge: Cambridge University Press, 1994 [1699]: 165.

❹ François de Fénelon. Telemachus, Son of Ulysses [M]. Edited and translated by Patrick Riley. Cambridge: Cambridge University Press, 1994 [1699]: 297.

过昂贵的服装等物品，来切断社会等级与财富炫耀之间的联系。例如，在诺瓦·索莱玛，“奢华受到公众的谴责”，“尊贵等级的主要标志，不在于华丽而昂贵的长袍，而在于普通衣服的颜色和长度，法律规定每个人的服装根据其等级和官阶而有所不同”❶，而在萨伦特，“你的子民中，不同阶层可以用不同的颜色加以区分，而不必使用金、银或宝石”。❷ 无论如何，更激进的乌托邦主义者似乎都要废除社会等级，所以这种凡勃伦式的展现财富的方法毫无意义。莫尔的乌托邦主义者身穿质朴无华的衣服，相同的款式和颜色，并且他们对昂贵的衣服不屑一顾❸；在基督城的居民“只有两套衣服，一套是工作穿的，另一套是度假穿的，所有阶级的衣服都是一样的……没有人有花哨的定制商品”❹，摩莱里认为刻意穿着端庄的服装，不会引人注目，❺ 而在未来的巴黎“每个人都穿着朴素的衣服；一路走来，我既没有看到金色的衣服，也没有看到褶裥饰边……‘当一个人以擅长艺术而闻名时，他不需要穿华丽的衣服……博得

---

❶ Samuel Gott. Nova Solyma. The Ideal City; or, Jerusalem Regained [M]. Two Volumes. With Introduction, Translation, Literary Essays and a Bibliography by The Rev. Walter Begley. London: John Murray, 1902 [1648], Vol. II: 133, Vol. I: 106.

❷ François de Fénelon. Telemachus, Son of Ulysses [M]. Edited and translated by Patrick Riley. Cambridge: Cambridge University Press, 1994 [1699]: 162.

❸ Thomas More. ‘Utopia’, in The Complete Works of St. Thomas More [M]. Volume 4. Revised version of 1923 translation by G. C. Richards. Edited by Edward Surtz and J. H. Hexter. New Haven, CT and London: Yale University Press, 1965 [1516]: 133 - 135, 153 - 155.

❹ Johann Valentin Andreae. Christianopolis. An Ideal State of the Seventeenth Century [M]. Translated from the Latin by Felix Emil Held. New York: Oxford University Press, 1916 [1619]: 171.

❺ Morelly. Code de la nature, ou le véritable esprit de ses lois, de tout temps négligé ou méconnu [M]. Paris: Editions Sociales, 1970 [1755]: 138.

人们的青睐'"。❶ 等级保守主义者和等级废除主义者同样对奢侈品的不良影响表示担忧。

随着资本主义向消费主义方向的扩张，市场上出现了大量的新产品，与此同时，越来越多各阶层人士，拥有了部分可支配收入。对于19世纪后期英国和法国的中产阶级而言，消费社会已然来临。也许正是这种发展，使人们不再考虑诸如被迫在美食或漂亮的衣服之间作出选择这样的问题。此外，随着商品的日益丰富，服装的奢华与曾经对整体经济相对重要的时期相比，似乎不再是一个经济问题。如今，服装的消费对于个人或国家已经无足轻重。莫里斯表明，从许多人仍然面临的贫困社会到越来越多人能达到的富裕社会的过渡期间，会产生一些紧张关系。❷ 他的叙述者对每个人都能买得起昂贵的服装而感到困惑，并愤愤不平地回答：

> 我们当然负担得起，否则我们不应该这样做。我们可以轻易地说，我们只会把精力花在舒适的衣服上：但我们不会停滞不前。你为什么对我们吹毛求疵？你觉得我们是为了使自己穿上漂亮的衣服而把自己饿得够呛吗？或者你乐意看到我们身体的覆盖物和我们的身体一样漂亮，这难

❶ Louis – Sébastien Mercier. Memoirs of the Year Two Thousand Five Hundred [M]. Translated by W. Hooper in two volumes. London: Printed for G. Robinson in Pater – noster – Row, 1772. Facsimile reprint, New York and London: Garland Publishing, 1974 [1771], Vol. I: 32.

❷ William Morris. News from Nowhere [C]//The Collected Works of William Morris. Vol. XVI. London: Longmans Green and Company, 1912 [1890].

道有什么不对吗？[1]

因此，费用的问题在两个层面上被消除了：既没有实际的经济问题，也没有超越舒适感的“昂贵的”审美问题。在莫里斯的唯美主义世界里，每个人都可以成为唯美主义的一员。他可能更希望看到一个以手艺为基础的社会，使其得以实现，但是崇尚消费的资本主义可能已经（而且仍然）为这样一个未来社会奠定了坚实的基础。

但是谁来控制消费呢？对于莫里斯来说，这看起来应该是一个具有审美水平的民众。然而，在真实的资本主义世界中，我们或多或少地受到经济压力的影响，致力于促进消费，而我们对广告的角色非常熟悉，它从不同层面促使我们的消费欲望膨胀。这种消费主义形式的典范是赫胥黎的《美丽新世界》。然而与广告相比，我们有更有效的方法：通过睡眠教学的催眠技术，直接教育年轻人消费。持续不断的低语萦绕耳际，一遍又一遍地灌输给我们同样的讯息：“旧衣服是令人厌恶的”。“我们总是丢掉旧衣服。丢掉总比缝补好，丢掉总比缝补好，丢掉总比缝补好……缝得越多，财富就越少；缝得越多……我喜欢新衣服，我喜欢新衣服，我喜欢……”[2] 消费不再导致严重的问题，而是使人们变得更富有。

[1] William Morris. News from Nowhere [C]//The Collected Works of William Morris. Vol. XVI. London: Longmans Green and Company, 1912 [1890]: 139.

[2] Aldous Huxley. Brave New World [M]. London: Flamingo, 1994 [1932]: 43, 46.

本章小结

我们对乌托邦文学的分析表明：

• 社会结构通过衣服的装扮表现出来，而这种装扮将穿戴者嵌入社会结构。

• 权力关系可以通过服装的外观和流通来表达。

• 服装美学元素的功能是将穿戴者纳入或排除在公众生活和政治职责之外。

• 在 19 世纪，美学也被视为一种消除阶级差异的方法。

• 赞美一个人的着装，可能和建立与维持以及从属与支配的关系有关。

• 对裸体的叙述表明，即使在女性主义文本中，伊甸园神话的影响仍在继续。

• 裸体扮演一种自相矛盾的角色：一方面表示社会团结和平等主义；另一方面表示以性别为基础的不平等关系。

• 这里一直存在一个悖论，一方面把它看作肉体，另一方面把它作为展现社会地位的基础。

• 通过乌托邦文本，我们能以历史的角度追溯与妇女着装有关的劳动价值不断降低的原因。

• 分不清性别的着装可能破坏社会秩序，或者社会秩序似乎使用无差别的服装不仅要排除性征的表达，而且要破坏高度区分的社会关系，有性别区分的服装是值得人们期待的。

• 在早期的经济模式中，服装的价格高到了危险的地步，到了后期这种现象转变为一种以消费主体为导向的经济结构，刺激人们积累财富后再去购买。

乌托邦文本提出了其作者所处时代的社会问题，因此为社会中服装的社会历史角色提供了一个具有优势的重要资源。正如我们所见，这些角色对于理解社会的内涵及其运作方式至关重要。

注释：

当塔希提人立即认出布甘维尔岛的一名船员是女性时，狄德罗也提出了相似的观点。[1] 尽管在漫长的海上岁月里，她设法把这件事完全瞒过所有人。这或许并不稀奇，因为在近代早期的欧洲，女性异装癖有着相当悠久的传统，正如德克尔（Dekker）和范德波尔（van de Pol）就此问题在他们的著作中所展示的那样。在急需战士和水手的国家里，贫困女性要么成为妓女，要么像男人一样当士兵或水手，而她们毫不犹豫地选择成为后者。这些企业屡获成功似乎证实了贸然相信装扮的倾向：如果衣服上写着“男士”，那么穿这件衣服的人就被认为是男性。富瓦尼和狄德罗无疑是在讽刺欧洲人有以貌取人的倾向，但是如果这种立场应该受到人们的嘲讽，说明当时这种现象是普遍存在的。

[1] Denis Diderot. Supplément au voyage de Bougainville, ou dialogue entre A et B［M］//Le Neveu de Rameau. Paris：Livre de Poche，1966［1796］：430.

第二章　超越我们生活的时代：服装与时间性

引　言

本书的其他主要章节是关于有限的经验主义资料的分析，本章则有所不同。经验主义的章节试图得出一些结论，从而结束分析，而本章尝试从总体上来探索服装时间性的一些概念。其他章节条分缕析，而本章节的分析是探索性和理论性的，因此在以服装为中介的时间性背景下，涵盖各式各样的文本和作品，以期提出可供思考的诸种可能性。尽管我们可以通过阅读乌托邦文本来谈论乌托邦，通过对家庭的抽样调查来谈论家庭情况，通过对实际网络新闻组的抽样调查来了解网络新闻组，但是当我们想要稍微深入地论述关于时间的问题时，却没有明确的解决方法。正如我们将看到的，对广泛散播的网络内容的检查，导致了对服装时间性的两个不同方面的描述：所涉及的时间单位和特定时间方面的塑造者。前者由年、季、周、日和现在构成；后者由身体、政治、统治阶级和主流文化构成。然而，我们从一些普遍性的思考展开论述。

时间并不总是伴随着我们——至少不是以我们熟悉的协调一致的时序形式存在的，这种熟悉的形式能调节工业社会中大部分民众的生活。换言之，时间是有历史的。对于诺贝特·埃利亚斯[1]而言，我们现在的计时观念是一个漫长的文明进程的结果，既不存在于经验之前，也不存在于自然之中。反之，由于人类居住区日益都市化和机械化的需求，加之自然节奏（如季节或潮汐），在实现调节一致的过程中效率不断下降，这就需要在更高的层次上进行调和。计时时间是高度抽象和高度社会化的，虽然在埃利亚斯文明进程的一个典型事例[2]中，我们已经将其内化为复杂社会中完全“自然”的现象。显然，某些时间的形式与自然节奏有关，其他则要求对自然有更多的自主权，前者在较小的范围内呈现逐渐扩大的趋势，后者在较大的范围内占主导地位。本章的大部分内容通过对服装的分析，揭示出自然和社会时代的复杂性。

为了理解时间的复杂性，我们必须忽视埃利亚斯的怨言：“我们目前的思维模式，即我们的类别结构，与相对较短的时间距离相适应”[3]——如大卫·哈维（David Harvey）在后现代性中所描述的[4]，就像商品驱动的瞬时性一样短暂。然而，这不仅仅是一个在费尔南·布罗代尔（Fernand Braudel）的长时段（*longue durée*）理论和历史事件（*histoire événementielle*）之间[5]；或是在安东尼·吉登斯（Anthony Giddens）重新阐述的日常生活的交织中（交错持续时间）、个体的生命跨度和机构

---

[1] Norbert Elias. Time. An Essay [M]. Translated in part from the German version by Edmund Jephcott. Oxford: Blackwell, 1993 [1987].

[2] Norbert Elias. The Civilizing Process [M]. Translated by Edmund Jephcott. Oxford: Blackwell, 1994 [1939].

[3] Norbert Elias. The Symbol Theory [M]. Edited with an introduction by Richard Kilminster. London: Sage, 1991: 30.

[4] David Harvey. The Condition of Postmodernity [M]. Cambridge, MA: Blackwell, 1990.

[5] Fernand Braudel. La longue durée [J]. Annales, 1958.

的时间历程[1]；亦不是在斯科特·拉什（Scott Lash）和约翰·厄里（John Urry）所辨别的瞬时和冰期之间作出选择的问题。[2]芭芭拉·亚当（Barbara Adam）指出了工作中的复杂性，她写道："它不是冬天或12月，不是乌龟冬眠的时间，不是指一点钟，亦不是圣诞晚餐的时间。而是全球的时间、生物时间、时钟和日历时间、自然时间和社会时间同时存在。"[3] 即使是一个如一天般简单而明确的时间单位，也能够变得非常复杂：比如在印度尼西亚周历中，每一天都归属于9个周期循环，根据它循环到特定周期中的位置，"相同的"一天可以有9种不同的名称。在同一个机构中，一天开始的时间也会有所不同：伊维塔·泽鲁巴维尔（Eviatar Zerubavel）在他实习的医院里发现，"相同的"一天可以从午夜、早上6点、7点、8点，或是11点开始，这取决于人们所考虑的机构活动。[4] 此外，医院里的每个社会群体（如护士和医生）都有其特定长度的轮换周期，通常与其他群体的周期既不匹配也不一致。[5] 相比于这些例子的分析，泽鲁巴维尔的分析则更为复杂，但是总体的观点应该很明确：假设每个社会机构本身只有一种时间是错误的。正如医院的事例所示，在同一个机构中有多样性的时间在运作，所以

---

[1] Anthony Giddens. Time and Social Organization [M]//Social Theory and Modern Sociology. Oxford and Cambridge: Polity Press, 1987: 144-145.

[2] Scott Lash, John Urry. Economies of Signs and Space [M]. London: Sage, 1994: 242.

[3] Barbara Adam. Time and Social Theory [M]. Cambridge: Polity Press, 1990: 16.

[4] Eviatar Zerubavel. Patterns of Time in Hospital Life. A Sociological Perspective [M]. Chicago, IL and London: The University of Chicago Press, 1979: 31.

[5] Eviatar Zerubavel. Patterns of Time in Hospital Life. A Sociological Perspective [M]. Chicago, IL and London: The University of Chicago Press, 1979: 14-15.

即使像“一天”或“机构的时间”这样看似简单而一致的概念，检验起来也是出人意料的复杂。

亚当对比了社会科学和物理科学领域对时间的理解，认为前者将“事件中的时间”与传统社会联系起来，将“时间中的事件”与工业社会联系起来，而后者似乎是朝着相反的方向发展：“时间中的事件”与经典物理学相关，“事件中的时间”则与现代物理学相关。❶ 同样，海德格尔（Heidegger）认为实体不仅存在于时间中，而且时间体现了物体的性质。❷ 如果我们用“物体”代替“事件”，采取现代物理学、传统社会和海德格尔的立场，而且接受也许仅适用于我们生活中有限部分的工业资本主义线性时间❸，那么我们将会看到一个相关的问题：物体中的时间是什么？以及它们之间是如何（如果有的话）产生联系的？这个问题显然是针对世界上的任何一个物体提出的，但在这里只讨论服装。泽鲁巴维尔试图确认医院的社会－时间结构❹，所以此处我们尝试确认服装的社会－时间结构。我们首先要考虑清楚时间概念，例如一年中的时间和周期、季节、一周和一天，以及“现在”的概念，然后根据身体时间和年龄、政治时间、主流文化与主流阶级的时间来审视服装。

---

❶ Barbara Adam. Time and Social Theory［M］. Cambridge：Polity Press，1990：67－68.

❷ Anthony Giddens. Time and Social Organization［M］//Social Theory and Modern Sociology. Oxford and Cambridge：Polity Press，1987：141.

❸ E. P. Thompson. Time，Work－Discipline，and Industrial Capitalism［J］. Past and Present，1967（38）：56－97.

❹ Eviatar Zerubavel. Patterns of Time in Hospital Life. A Sociological Perspective［M］. Chicago，IL and London：The University of Chicago Press，1979.

第一节　年：编年时间和周期

一、年　限

我们对时间的某种划分建立在以十年为单位的趋向上：我们说一件特定的服装是“非常50年代”的，而另一个人可能坚持说80年代才是一个完整的十年，尽管它也许只在那几年里才引人注目。愈来愈多的十年，例如几个世纪和半个世纪，构成了特定服装历史的组织模式的基础。❶这是一个占主导地位的数字系统的产物，并试图将社会意义赋予数学分支：如果可以根据数字对这个世界进行排序，那么这种异化思维的一个典范就是世界一定要遵循数字的逻辑。即使这种批评在许多时装史上也适用，克里斯托弗·布里渥（Christopher Breward）认为，这种陌生的计数方式，已经被近代时装销售商转变为有利因素，他们刻意使用十年的时间概念作为一种促销手段。❷幸而有计数系统，“60年代”或“90年代”这类术语已成为文化现实，因此计数系统推动“现实”，而不是被现实所推动。

一般而言，十年、半个世纪或一个世纪与特定事件之间的

❶ Max von Boehn. Modes and Manners [M]. Translated in two volumes by Joan Joshua. New York: Benjamin Blom, 1971 [1932]; C. Willett Cunnington, Phillis Cunnington. Handbook of English Medieval Costume [M]. London: Faber and Faber, 1952; Phillis Cunnington. Costume in Pictures [M]. Revised edition. London: The Herbert Press, 1981; James Laver. Costume through the Ages [M]. London: Thames and Hudson, 1964.

❷ Christopher Breward. The Culture of Fashion. A New History of Fashionable Dress [M]. Manchester: Manchester University Press, 1995: 184–185.

随意性关系，不适用于年的概念，因为年与地球和太阳有着明确的关系。这将在“季节性时间”一节中再次提到，但年可能会在短于几十年（“……的那一年”）的时间段内投入使用。或是不连续的年份可以累积在一起，用来阐述任一机构的历史。以澳大利亚服装设计师品牌佳格（Jag）和时尚品牌巴黎世家（Balenciaga）在1992年9月版的《澳洲时尚》为例：佳格的广告是由17张以相册的形式组成的穿着佳格服装的模特的黑白照片，每一张都有一句话和一个年份（从“这一切都始于不平凡的牛仔裤……1972”到“庆祝20周年，1992”），而巴黎世家的专题文章包括巴黎世家潮流服饰的照片和素描，每一张都附有说明文字和日期。这种日期和事件的历史风格，意味着事件通过被指定一个日期而变得有意义，而日期通过被指定给它们的事件而富有意义，每一个事件都使另一个事件合法化，从而创造出一种简单的“历史”意义。收集不同日期/事件的分布图，为各种机构提供了合法性。因此，佳格和巴黎世家都认为它们的产品在服装历史上有一席之地。在注明日期的家庭相册中，我们可以看出是同一个原理在起作用——这是家庭为自己建构历史的一种方式。

二、时尚年

许多年并不总是以特定的方式集中在一起，而是可以独自成为一个单位。如果要确定时尚的系统性特征——“此处”和“现在性”，这对于罗兰·巴特（Roland Barthes）而言是至关重要的。[1]

---

[1] Roland Barthes. The Fashion System [M]. Translated by Matthew Ward and Richard Howard. New York: Hill and Wang, 1983 [1967].

一年的时间都是系统化的，然而排除了所有的历时分析。“今年”的服装充满了时尚气息，尽管看起来未必每件衣服都带有时尚的内涵：某类服装可能因此而具有优势，而其他则无足轻重，但是在某一特定年份，确定哪些款式的服装出类拔萃，是一个有待进一步研究的问题。结构主义者采取了一个幼稚的方法，包含所有的物品，但此处并不适用：“年度”的物品可以从其他物品相对中性的（未必像二元思维所想象的那样过时）背景中分离出来。例如，从威尼斯的蕾丝制造商角度来看，蕾丝作为一种经久耐用的装饰物，在变幻莫测的服装款式中立于不败之地。[1]时尚杂志对某些服装款式的偏好，是罗兰·巴特研究的主题，他的方法就是把“所有元素”都考虑在内，但是（通常来说），也许除了那些每天着装都不同的人，事实上人们的着装并非全年都一成不变。这个款式在年底销声匿迹，取而代之的是一个新的款式。在此意义上，时尚是一系列的从年初到年底的同步性。然而，想要保持在该年的时尚水平，将会错失更大时间范围内的规律性运作。

三、长周期和短周期

即使我们的研究不及罗兰·巴特称作“值得纪念的时期”[2]更深入，也就是说，我们每个人都可以通过自己的生活经验来感悟时间，我们可能会注意到一个循环周期的趋势：20 世纪 60

[1] Lidia D. Sciama. Lacemaking in Venetian Culture ［M］//Ruth Barnes, Joanne B. Eicher. Dress and Gender. Making and Meaning in Cultural Contexts. New York and Oxford: Berg Publishers, 1992: 122.

[2] Roland Barthes. The Fashion System ［M］. Translated by Matthew Ward and Richard Howard. New York: Hill and Wang, 1983 ［1967］: 295.

年代的迷你裙似乎每隔一段时间会重新流行起来，即使不是同样的外观；喇叭裤在70年代重新流行起来，因场合不同而略微改变了样式。如果我们把自己当成过去几个世纪的调查员，那么在正式的晚礼服❶和比较有代表性的日常着装❷中，我们看到流行期会持续得更长一些。阿加莎·杨（Agatha Young）在研究1760～1937年的女性街头和日间服装的实例❸时指出，裙子的外形有规律地经过三个互斥的周期：后身首先是宽松型（如裙撑），其次是钟形，最后是直筒形，每种类型大约流行了三分之一个世纪。这一基本周期被视为完全独立于政治、经济和文化事件，从其他方面来看，这些事件亦是对服装产生影响的因素。的确，后面的类别在不同的时间层面和服装的其他维度上发挥作用，这一点将在下文予以说明。这一特定的周期似乎是绝对自主的，而非相对自主的，但我们并非主张所有的服装周期都具有相同的自主性。有些细节，如颜色、材料的类型或各种配件和附件可能更新得很快，而不会对裙子样式的改变速度产生任何影响，而这些方面更直接地受到政治、经济和文化的影响。这种快捷的更新速度似乎是一种表征时尚的方式，而非长时间的时尚变化，但更新速度并非涵盖一切因素：赫伯特·布鲁默（Herbert Blumer）指出，“时尚没有历史的连续性，都

❶ A. L. Kroeber. On the Principle of Order in Civilization as Exemplified by Changes of Fashion [J]. American Anthropologist, 1919, 21 (3): 235－263; Jane Richardson, A. L. Kroeber. Three Centuries of Women's Dress Fashions: A Quantitative Analysis [J]. Anthropological Records, 1940, 5 (Part 2): 111－153.

❷ Agatha (Agnes) Brooks Young. Recurring Cycles of Fashion 1760—1937 [M]. New York: Cooper Square Publishers, 1966 [1937].

❸ Agatha (Agnes) Brooks Young. Recurring Cycles of Fashion 1760—1937 [M]. New York: Cooper Square Publishers, 1966 [1937].

是空前绝后的”❶。因此，服装在某些层面上特别开放，可以承载相对短暂的政治、经济和文化意义，而其他方面则不受快速更迭的影响。

日常穿的裙子长度周期变化得更快，正式晚礼服则保持着一个较慢的周期，正如简·理查森（Jane Richardson）和 A. L. 克罗伯（A. L. Kroeber）所指出的，“已经完成了几个世纪以来的颇为稳定的功能”❷。他们的研究涵盖 1787～1936 年女性晚礼服的时尚版面，结果表明裙长周期为 144 年（最大到最大）、53 年（最小到最小）、109 年（最大到最大）和 94 年（最小到最小），平均值是 100 年。裙宽的平均周期也是 100 年，而同一时期的腰部和领口的长度是 71 年，腰宽是 93 年，领口的宽度是 154 年。这就提出了一种可能性，即同一物品的不同部分有不同的循环时间，乃至处于“自身的”最大值和最小值的不同层面。如果只有一件物品符合这种情况，那么一套特定的服装就有越来越多的循环时间，这就超乎了人们的想象。我们倾向于把一件套装或一件物品看作一个整体、一个格式塔（Gestalt），通过扫视街上的某个人而得到同步快照，与此同时，我们并没有怀疑工作中的时间尺度是截然不同的。然而，在我们的新观点中，一件特定的服装开始不作为此时此地的实体产品出现，而是作为诸多不同的历史事件而出现。

弗雷德·戴维斯（Fred Davis）认为，现在的服装是在微观周期而不是传统的宏观周期中运行的，没有单一的整体外观，

❶ Herbert G. Blumer. Fashion [M]//International Encyclopedia of the Social Sciences. Volume 5. New York: Macmillan and The Free Press, 1968: 344.

❷ Jane Richardson, A. L. Kroeber. Three Centuries of Women's Dress Fashions: A Quantitative Analysis [J]. Anthropological Records, 1940, 5 (Part 2): 111.

但是有消费者文化所鼓励的与不同身份相关的各式各样的外观。[1] 然而，对于一个生活在这种环境中的人来说，觉察出一个长期的循环并非易事，而似乎某些职业装和正式服装，通常比休闲装或非正式服装的变化速度更慢。我们作为生产者的工作身份，通常保持在消费者多重身份变化的严格界限内，而后者日益重要的地位使得我们对经典时尚独领风骚的这种看法，已经不合时宜了。换言之：长周期与作为生产文化的公共参与者自身有关，短周期则与作为消费文化的个人参与者自身有关。然而，最近华尔街“休闲星期五”[2] 的习俗，可能预示着这些不同的身份开始相互瓦解。[3] 如果工作被理解为一种生活方式的选择，就像任何消费品一样（在先进的消费社会中的一种可能性），那么宏观周期可能确实会让位于被齐格蒙特·鲍曼视为典型的后现代性中的短期的、偶然的和零碎的时间。[4]

上述研究表明，裙子长度的变化比裙子形状的变化更重要。这是因为现在的女性身体不同于其他世纪的女性身体。19 世纪的服装改革者（将在第三章中详细论述），是第一个主张身体的自然形状应该通过服装来展现，而不是束缚于服装的形状。如果这一点被普遍接受，那么服装的形状就不会有太大的变化，因为这样做会违反“自然的”体形的理念——然而一旦双腿裸

---

[1] Fred Davis. Fashion, Culture, and Identity [M]. Chicago, IL and London: The University of Chicago Press, 1992: 157ff.

[2] “休闲星期五”（casual Fridays）是由美国众多公司自发组织并最终形成大范围参与的职场活动，为了更好地提高职场人士的能力和增进职场人际关系，许多公司开始组织每周一天的便装日。——译者注

[3] Sylvie Kauffmann. Wall Street accepte les hommes sans cravate mais pas les femmes en caleçon [N]. Le Monde Sélection Hebdomadaire, 2000 - 05 - 06.

[4] Zygmunt Bauman. Life in Fragments. Essays in Postmodern Morality [C]. Oxford: Blackwell, 1995: 91.

露出来，这对于长度的变化几乎没有影响。换言之，服装改革者的传统理念抑制了服装形状的变化，但对于裙子的长度几乎没有影响，它可以根据其他各种标准而有所不同。20世纪，妇女与劳动力市场的关系发生了巨大变化，并且工作场所的功利主义价值观，也可能对裙子形状的周期性改变产生一定的影响。

第二节　季节性时间

一、时尚杂志的时间

时尚年可以分为一连串的时刻，每一个时刻都是一年整体“外观”的不同变化，正如巴特在分析20世纪50年代时尚杂志时谈道：“每个季节都有自己的时尚。”❶ 如我们将在第三章中看到的，季节性在20世纪90年代的杂志中依然很重要。

因此，在时尚杂志总体“现在性”背景下，又出现一种关于季节的太阳论述。如果我们将时尚杂志的时间与乌托邦文本的时间进行对比，这一点可能会更清楚。举例而言，安德里亚在他的基督城里，可以看出夏天和冬天的简单区别❷，而在太阳之城，“一年四次，当太阳进入巨蟹座、摩羯座、白羊座和天秤座时，人们会换上其他的服装”❸。在时尚界，每年的风格

❶ Roland Barthes. The Fashion System [M]. Translated by Matthew Ward and Richard Howard. New York: Hill and Wang, 1983 [1967]: 250.

❷ Johann Valentin Andreae. Christianopolis. An Ideal State of the Seventeenth Century [M]. Translated from the Latin by Felix Emil Held. New York: Oxford University Press, 1916 [1619]: 171.

❸ Tommasso Campanella. The City of the Sun. A Poetic Dialogue [M]. Translated by Daniel J. Donno. Berkeley: University of California Press, 1981 [1602]: 51.

都不同于下一年（今年春天与去年春天不同，但与今年其他季节有相似之处），空想主义者则并不一定认为每年的风格与下一年不同（今年春天与去年春天相同，但不同于今年的其他季节）。这种变化将威胁到乌托邦社会的稳定性，它需要在连续的年层次上不受时间的影响（或连续的统治者，正如我们在“绪论”中所见的），但是与季节相关的“自然的”变化，只能确定社会的“自然性”。时尚社会中的“春天”是一个不断变化的常数，因为它设法将周期性循环（常数）与连续多年的线性位移（变量）恰当地结合在一起。在我们的乌托邦例子中，“春天”只是一个循环往复的常数，而没有线性变化。

二、时令着装和反季着装

我们习惯于季节与时尚之间的和谐关系理念，但是在瑞典的古斯塔夫三世于1778年服装改革之前的辩论中，时尚与季节的明显对立关系得以确认。一场新的设计竞赛在1774年开始了，人们考虑的重点是，改革后的服装既要适合瑞典的气候，又要结束持续不断的时尚变迁，而这是造成重大经济损失的原因。[1] 阿道夫·莫迪尔（Adolph Modéer）等受访者抱怨说，在气候较为温暖的南欧地区设计出的时尚服饰，似乎优于寒冷的北欧地区在健康和季节性需求条件下设计而成的服饰[2]，但也许J. B. 梅恩（J. B. Méan）对于时尚和季节之间存在近乎讽刺意味的联系，也有了真知灼见，他写道：“这种频繁改变潮流

[1] Eva Bergman. Nationella Dräkten. En studie kring Gustav III：s dräktreform 1778［M］. Stockholm：Nordiska Museets Handlingar，1938：15.

[2] Adolph Modéer. Svar på Samma Fråga［M］//Kongl. Svenska Sällskapets Handlingar. Ⅲ stycket. Stockholm：Joh. Georg Lange，1774：65.

服饰的癖好甚至影响到男人；因此，一年四季的袖口之间就有了细微的差别：冬季用金色刺绣和镶边，夏季选择银色，好像其中一种颜色比另一种更热或更冷……"❶ 此处，时尚的确显示出各个季节的不同特征，但是采用这种方法并没有切实注意到气温正在发生变化：袖口上的颜色可以从金色换成银色，但使身体保暖或凉爽并不是重点。在此，时尚表现出了季节的特征，它们再现了服饰所表现的时尚话语的内涵，而没有显示出独立的现实状况。这种18世纪后现代主义立场，使梅恩和其他人惊骇反感，他们认为季节是服装应该遵从的现实状况，而非相反的情况。那么季节性着装的原则，也可能与时尚着装的原则背道而驰，未来亦是如此。但是处于同一个社会，线性和季节性服装时间可以共存吗？

在农业社会的案例中，已经记录了季节性变化与服装变化之间的联系❷，但工业社会似乎更加复杂，这一点不足为奇。性别在这里似乎是一个重要的可变因素，多丽丝·兰利·穆尔（Doris Langley Moore）写道："举一个恰当的例子，男人对自身的舒适感到出奇的冷漠，在一年四季穿着几乎一样的衣服（至少在市里），这是非常荒谬的事。"❸ 而弗吉尼亚·伍尔夫（Vir-

❶ J. B. Méan. Mémoire, sur la Question suivante, proposée par la Société Royale Patriotique de Stockholm. Scavoir, si afin d'éviter les variations multiplies des Modes et empêcher le Commerce des Marchandises prohibées, il seroit avantageux à la Suède, d'y introduire une façon d'Habillement National, proportionné au Climat et différent des vêtemens d'autres Nations &c [M]//Kongl. Svenska Sällskapets Handlingar. III stycket. Stockholm: Joh. Georg Lange, 1774: 117.

❷ Gali Semeonovna Maslova. Narodnaya odezhda v vostochnoslavyanskikh traditsionnikh obichayakh i obryadakh XIX – nachala XX v [M]. Moskva: Nauka, 1984: 110 – 125.

❸ Doris Langley Moore. Pandora's Letter Box, being a Discourse on Fashionable Life [M]. London: Gerald Howe, 1929: 217 – 218.

ginia Woolf）曾评论道：“男人全身上下在夏天和冬天都穿得一样——这是一种奇怪的性别特征，即根据季节改变着装”。[1]工业社会不仅见证了工业生产的线性时间精细化和农业生产的更传统的周期性时间，而且见证了将这些千差万别的时间分别映射到男人和女人的衣服上。尽管这一点最近已经被分别映射到女性和男性的工装和休闲装上（这并不是说早期的映射已经完全消失），穆尔和伍尔夫不是“二战”前仅有的两位从性别角度来看待此问题的作家。弗罗格尔（J. C. Flügel）列举了多达13个理由，用来解释1930年的女装“几乎在所有方面都优于男装”，其中之一就是“对不同的季节有更大的适应性”。[2] 这可能会导致一些仍在形成中的实际问题。第一，通过随着季节变化的女装和随着“男人”制造的线性时间的结合，似乎可以加强穿搭自然的女人和穿衣讲究的男人之间二分法的联系。第二，线性和季节性之间的分化，必然不会影响女性的有偿劳动走向边缘化：从工业化角度来看，她们的着装表明她们还生活在另一个时代（农业社会），还是生活在她们自己的领域（私人领域）。承认从农业的女性私人领域周期性发展进入工业的男性公共领域的线性发展之中，这将是对后者的颠覆，甚至比其自身的经济繁荣与萧条的周期更长，这使它受到非理性主义的指控。选用职业制服是其中一个解决之策，值得一提的是，某些职业（如银行业）的女性有时需要穿特定机构的制服，而男性则不需要，他们已经穿上了国际工作制服，即西装。女性似乎仍需穿上标志着在公司上班时间的服装，而男性则自发地

[1] Virginia Woolf. Three Guineas [M]. London: Hogarth Press, 1938: 36.

[2] John Carl Flügel. The Psychology of Clothes [M]. London: Hogarth Press, 1930: 204.

穿上工业社会线性时间的着装，以此证明他们的凝聚力。有人认为，担任行政职务的女性所面临的问题是，缺乏一套公认的相当于男性西装的衣服，而约翰·莫洛伊（John Molloy）等“服装工程师”推荐穿“裙装”作为解决方案。❶“时间着装”也许比“权力着装”更重要，缘于在这里呈现出男性化的线性时间。然而，我们可以推测出，在人与“自然”和谐共存的生态神话的广泛影响下，最终可能会导致许多地区的人口更普遍地接受季节性服装，无论他们是处于工作状态或非工作状态。此外，最近消费重新成为主流，鼓励人们对商品和标志进行比生产伦理更有趣的定位，并可能开始削弱线性时间。季节性的时间不再是农业社会的，而是后工业社会和“生态的”，它似乎以一种巧妙的方式，束缚着后现代社会所展示出的服装符号。生态理念与消费的结合，似乎不太可能使旧有的奢侈消费模式出现，在这种消费过程中，“衣衫褴褛的人们是为了在恶劣的气候条件下显得穿着得体，这是一件不可思议的事情”。❷事实上，如果个人“把所有显示自己品位的物品都看作道德地位的象征”，正如科林·坎贝尔所评论的清教徒阶层的传统消费❸一样，那么季节性服装可能成为生态消费者特有的标志，体现出美的消费理念。

三、一周的时间

虽然在不同文化背景下，过滤出多样化的层级，但年份或

❶ John T. Molloy. Women. Dress for Success［M］. London：Foulsham，1980.

❷ Thorstein Veblen. The Theory of the Leisure Class［M］. New York：Augustus M. Kelly，1975［1899］：168.

❸ Colin Campbell. The Romantic Ethic and the Spirit of Modern Consumerism［M］. Oxford：Basil Blackwell，1987：153.

季节等单位显然来源于自然现象。关于年份起始的决定，可以完全根据社会标准来确定（欧洲文化通常使用1月1日，但法国共和历选择了9月22日）❶，但一年的实际持续时间与太阳系有关。尽管季节的开始和结束时间尚不清楚，而且与几个不同的话语领域有关，比如，澳大利亚人可能决定夏季从12月1日（公历时间）、12月21日（夏至时间）开始，当轻薄的棉质服装首次出现在商店的时候（时尚的时间），当穿着短裤的男人在周六早上逛超市的比例超过50%的时候（实证主义社会学家的时间），或者当赤脚走过厨房瓷砖而感到舒服的时候（以身体为中心的时间），努尔人（非洲古老人种）通过社会空间概念来决定季节，即他们是住在村庄还是营地❷，然而，这与太阳和地球的相对位置有关。一周的概念与此完全不同。人们熟悉的7天周期似乎是起源于犹太-基督教的创世神话：上帝在6天内创造了世界，而在第7天休息。法国共和党人和约瑟夫·斯大林（Joseph Stalin）都承认这种类型的一周本质上是宗教性质的，他们试图分别采用10天和5天作为一周，以此消除教会的影响，但均以失败告终。❸ 其他的一周时间是根据当地市场的节奏来设定的。

> 市场周（market week）在全球的发展中国家仍然很盛行。古哥伦比亚（ancient Colombia）和新几内亚（New

❶ Eviatar Zerubavel. The French Republican Calendar. A Case Study in the Sociology of Time [J]. American Sociological Review, 1977 (42): 870.

❷ E. E. Evans－Pritchard. The Nuer. A Description of the Modes of Livelihood and Political Institutions of a Nilotic People [M]. Oxford: Clarendon Press, 1940: 95－96.

❸ Eviatar Zerubavel. The French Republican Calendar. A Case Study in the Sociology of Time [J]. American Sociological Review, 1977 (42): 870－871.

> Guinea）的 3 天市场周，古中美洲（ancient Mesoamerica）和印度支那（Indochina）的 5 天市场周，以及古秘鲁（ancient Peru）的 10 天市场周，都提醒我们这种每周的市场周期并非总是 7 天。❶

那么，一周的概念与“自然的”事物无关。但是在服装上是否能找到一周的节奏呢？有证据表明确实存在，尽管它可能正处于转型之中。19 世纪，在家庭中引入工厂时间的概念，对家务时间有了更严格的管理，这就意味着一周中特定的日子与家庭事务有关。根据安妮·马丁 – 菲吉耶（Anne Martin – Fugier）❷ 和奥迪尔·阿诺德（Odile Arnold）❸ 的研究，阿兰·科尔班（Alain Corbin）撰写了一个法国的案例：

> 1896 年出版的《家庭佣工手册》（*Manuel des domestiques*），建议在星期三洗涤衣服，星期四熨烫衣服，星期五缝补衣服。然而，下层阶级的家庭主妇在星期日和星期一察看亚麻。在星期六的妇女集会中，分发本周干净的亚麻。❹

---

❶ Eviatar Zerubavel. The Seven Day Circle. The History and Meaning of the Week [M]. Chicago, IL and London：The University of Chicago Press, 1989 [1985]：45.

❷ Anne Martin – Fugier. La place des bonnes. La Domesticité féminine à Paris en 1900 [M]. Paris：Grasset, 1979.

❸ Odile Arnold. La Vie corporelle dans les couvents de femmes en France au XIXe siècle [D]. Thèse de 3e cycle, EHESS, 1982.

❹ Alain Corbin. Time, Desire and Horror. Towards a History of the Senses [M]. Translated by Jean Birrell. Cambridge：Polity Press, 1995 [1991]：20.

在英语国家，星期一和洗衣日的关联由来已久，但很可能许多社会阶层都使用自动洗衣机，加之妇女参加劳动的数量与日俱增，这一传统联系已被削弱：20 世纪 50 年代，邻居去郊外晾衣服而碰面的概率很高，但目前国内技术和劳动力市场的变化促进私有化的发展，并使人们认为任何一天都可以洗衣服，从而消除了社会协调（人们在同一时间晾衣服）的优势。然而，晾衣绳继续存在，罗纳德·克里奇（Ronald Klietsch）对晾衣绳行为的研究中所称的“独立的集体展示”❶，在这个展示中，服装的定位被有意设计成传达对其所有者的某些印象。我们或许再也不会在不协调的洗衣日与邻居碰面了，但是作为城郊符号学家，他们给予我们足够的阅读材料，我们偷看了他们的后院。我们的家庭可能会有所不同：让－克洛德·考夫曼（Jean－Claude Kaufmann）提到没有伴侣的男性，倾向于在周末把要洗的衣服带回家给母亲。❷ 每周的洗衣可以巩固某种类型的母子关系。即使男人有了伴侣亦是如此，直到他们有了自己的洗衣机，“这对夫妇”才可能成为考夫曼的 20 个法国异性伴侣的实例之一。从与母亲一起洗衣服的一周时间，到夫妻分散的日常时间，这台机器似乎是这一转变的核心。

如果每逢星期一洗衣服，那么在基督教的世界里，星期日是盛装打扮的日子。博加特廖夫指的是斯洛伐克一个山谷中的教堂礼服，“那里的妇女有多达 52 条不同的围裙，她们根据牧

---

❶ Ronald G. Klietsch. Clothesline Patterns and Covert Behavior [J]. Journal of Marriage and the Family, 1965 (2): 78.

❷ Jean－Claude Kaufmann. La trame conjugale. Analyse du couple par son linge [M]. Paris: Nathan, 1992: 54.

师在某个特定的星期日穿的法衣来选择穿哪一条围裙。”[1]显然，这里的服装与宗教日历有着密切而详细的联系，但其他的文化也将礼拜服与其他服装区分开来，即使不是在每个星期日都有一件特殊的围裙。威尔弗雷德·韦伯（Wilfred Webb）注意到英国农业劳动者的服装，在周日或工作日之间简单的区别，[2]而罗斯玛丽·哈里斯（Rosemary Harris）在她于20世纪50年代对阿尔斯特（Ulster）农业家庭进行的研究中发现了男性的工作服和周日服之间的差异，以及女性工作服、周日服和逛街穿的衣服之间的差异。[3] 孩子们的新西装和礼服，是留在星期日去教堂做礼拜时穿的。在都柏林家庭服装的民族志研究中，笔者发现，爱尔兰都市女性谈论自己在20世纪50年代的成长经历时，也会提及相似的区别，但现在的情况已有改观。[4]随着科技的进步，人们能够买到更多更廉价的衣服，而对于星期日的服装的认同似乎有所减弱。但也有可能宗教的“星期日”已经被世俗的“周末”所取代：如果特定的休闲活动已经取代去教堂做礼拜，成为主要的星期日活动，那么“星期日”的服装也许依然存在，但是它们可能与通常理解的宗教几乎没有关系了。

---

[1] Petr Bogatyrev. The Functions of Folk Costume in Moravian Slovakia [M]. Translated by Richard G. Crum. The Hague: Mouton, 1971 [1937]: 36.

[2] Wilfred Mark Webb. The Heritage of Dress [M]. New and revised edition. London: The Times Book Club, 1912: 154.

[3] Rosemary Harris. Prejudice and Tolerance in Ulster [M]. Manchester: Manchester University Press, 1972: 26.

[4] Peter Corrigan. Backstage Dressing. Clothing and the Urban Family, With Special Reference to Mother/Daughter Relations [D]. Unpublished PhD dissertation, Department of Sociology, Trinity College, Dublin, 1988.

诚然，巴特将周末视为时尚话语中具有优势的时刻之一。[1]那么周循环仍然存在，然而它是以当代消费社会中的不同原则为基础，而被重新制定出来的。正如基督教社会采用非基督教节日并改变其意义一样，消费社会也吸收了基督教节日并改变其意义，以适应先进的工业标准，圣诞节及其相关的礼物赠送就是一个很好的例子。此外，在名义上是基督教国家的许多大城市中，人们对周日购物的容忍度有所提高：在这两个事例中，我们与商品的关系，从对基督教的关注转变为其他东西。这种将7天的宗教周期纳入商品话语中的做法，显示出比法国共和党人或斯大林主义者试图通过改变周期来消除宗教影响的做法更有效：商品有可能在政治失败之地获得胜利。

四、白天的时间

与年一样，一天被理解为地球绕地轴转动一周的时间，被太阳和地球的关系束缚，但它也像年一样，在这一年里，一天被划分成不同的时期，有着广泛的文化差异。即使是我们认为的“自然的”界限，即明显的白天/夜晚或黎明/黄昏的区别，在人类居住地并不总是通用的。举例而言，北极地区的夏天，社会活动缺少“自然的”昼夜标志：

> 人们一天中来去匆匆。男人通常一次捕猎海豹20小时、30小时或更长时间；妇女为饥肠辘辘的家人准备食物，每个人在疲倦时酣然入睡。小孩子凌晨4点就在外面

[1] Roland Barthes. The Fashion System [M]. Translated by Matthew Ward and Richard Howard. New York: Hill and Wang, 1983 [1967]: 250.

快乐地玩耍，而青少年可以持续一个星期玩垒球游戏。[1]

北极地区的昼夜差异确实是季节性的，马塞尔·莫斯（Marcel Mauss）展示了冬季（黑暗）的社会活动几乎在所有方面都与夏季（光明）的社会活动存在差异。[2] 在较不极端的气候条件下，一天中的某些时刻比其他时刻有更细微的差别。埃文斯－普里查德（E. E. Evans－Pritchard）评论努尔人的计时使得“在凌晨4点到6点之间，几乎有着和当天中一样多的参照点”[3]，主要通过以下事实来解释这一点：社会活动在这些特定的时间段内比其他时间段都多。皮特里姆·索罗金（Pitirim Sorokin）和罗伯特·默顿（Robert Merton）通常认为这是正确的：“社会现象常被作为一种参照标准，所以时间单位往往由集体生活的节奏所决定”[4]，埃米尔·涂尔干也认为社会生活的节奏是基于时间差异。[5] 因此，时间区分似乎与社会活动关系更为密切，优于“自然”分支或数学分支。

那么服装、社交活动和一天中的时间之间是否有关系呢？显然是有的。维多利亚时期和20世纪早期的上流社会的服饰

[1] Brian Goehring，John K. Stager. The Intrusion of Industrial Time and Space into the Inuit Lifeworld. Changing Perceptions and Behavior［J］. Environment and Behavior，1991，23（6）：667.

[2] Marcel Mauss. Essai sur les variations saisonnières des societies eskimos［M］// Sociologie et anthropologie. Sixième édition. Paris：Presses Universitaires de France，1978［1905］.

[3] E. E. Evans－Pritchard. The Nuer. A Description of the Modes of Livelihood and Political Institutions of a Nilotic People［M］. Oxford：Clarendon Press，1940：101.

[4] Pitirim A. Sorokin，Robert K. Merton. Social Time. A Methodological and Functional Analysis［J］. American Journal of Sociology，1937，42（5）：615.

[5] Emile Durkheim. The Elementary Forms of the Religious Life［M］. Translated by Joseph Ward Swain. London：George Allen and Unwin，1915［1912］：440.

似乎是当时最前沿的服饰标识。对于男人而言，佩内洛普·伯德（Penelope Byrde）写道："维多利亚时代的人在不同的场合穿不同的衣服的想法，几乎达到了前所未有的程度，一个男人可能被迫一天内换几次衣服"❶，而玛格丽特·欧丽梵（Margaret Oliphant）则尖刻地评论道：

> 这对男人来说简直是无稽之谈，他每天要换6次衣服，每一项活动都要穿不同的衣服，而男人的另一半（女人）则浪费时间，把心思放在着装上。❷

但是，女性的服装以同样复杂的方式划分了一天的时间，正如我们所看到的，穆尔引用了一份未提及名字的时尚期刊上的话：

> 有清晨穿的衣服、购物穿的衣服、各种午宴穿的衣服、午后穿的衣服、下午在家接待客人穿的衣服、出门喝茶穿的衣服，还有那件特别的外套；鸡尾酒会上穿的礼服、小晚宴礼服、大晚宴礼服、看戏穿的衣服，他们都有特制的外衣；舒适的晚礼服、舞衣、舞会礼服，还有一套华丽的晚礼服，他们都有独特的装扮。除了这些，可能代表了漂亮而富有的都市女性的节日，另有各种各样完美且独特的运动、户外和乡村服装，以及运动、白天和晚上穿的毛皮大衣。❸

---

❶ Penelope Byrde. The Male Image. Men's Fashions in Britain, 1300 – 1700 [M]. London: B. T. Batsford, 1979: 142.

❷ Margaret Oliphant. Dress [M]. London: Macmillan, 1878: 45.

❸ Doris Langley Moore. Pandora's Letter Box, being a Discourse on Fashionable Life [M]. London: Gerald Howe, 1929: 242 – 243.

到了20世纪50年代，情况愈益复杂，至少在时尚杂志界如此：时尚有“一个非常完整的时刻表，每天都有重要的时刻(9点、正午、4点、6点、8点、午夜)”。❶ 此处巴特认为时钟时间似乎是决定因素，但与这段时期相关的社会活动更有可能是重心：一个人不是为了在8点钟穿特定的衣服，而是因为在8点钟将要参加特别的活动。在科里根（Corrigan）的民族志研究❷中，工人阶级受访者所描述的区别颇为简单：一位母亲(家庭主妇）区分了家庭工作服、白天购物服和夜晚的外出服，而她的女儿则主要对照了白天的衣服、晚上外出时穿的衣服和工作服。活动、一天中的时间和服装之间的联系原则在数个阶级和历史时期似乎都很常见，但复杂程度各不相同。当然，同一件衣服可能象征着一天中的不同时段，这取决于它在其特有的生命历程中的地位：“当你看到一件在下午的社交活动中大受欢迎的礼服，曾经在上午的工作时间里出现过，难道你不觉得有些难过吗?”❸ 然而，我们需要大量的深入研究来提供一个精确的描述，包括当今的不同阶级、性别、年龄和种族特点的日间着装习惯的变化，以及服装从新到旧的过程中开始象征不同的时间。

---

❶ Roland Barthes. The Fashion System [M]. Translated by Matthew Ward and Richard Howard. New York: Hill and Wang, 1983 [1967]: 250.

❷ Peter Corrigan. Backstage Dressing. Clothing and the Urban Family, With Special Reference to Mother/Daughter Relations [D]. Unpublished PhD dissertation, Department of Sociology, Trinity College, Dublin, 1988.

❸ Eileen Concannon. Our Dress Problem. A Proposed Solution [J]. Catholic Bulletin 1, 1911 (2): 67.

五、现在性

“现在”或“当下”的概念很难界定：正如让-弗朗索瓦·利奥塔（Jean-François Lyotard）参照亚里士多德（Aristotle）的话来表述：

> 要理解任何诸如“现在”这样的概念依然是不可能的，因为它被我们所说的意识流、生命历程、事物、事件等拖曳——它永远不会停止消退。因此，以一种可资识别的方式理解“现在”这样的概念，总是为时过早或错失良机。[1]

这种哲学上的小困难并不能阻止“现在”在所有的叙述话语中频繁出现。显然，我们将利用语境线索来理解这个索引概念。那么，“现在性”是如何通过服装的语境来建构的呢？它可能通过相对快速的时尚变化，也可能通过缓慢的变化以至于几乎无人察觉。我们首先考虑的是：我们已经看到时尚杂志界中的现在性超出了一年的时间[2]，当我们从风格转向流行一时的风尚时，风格、时尚和一时的风尚中的“现在性”所代表的时期越来越短。[3]此外，描述特殊时间场合中的特殊服装，使维

---

[1] Jean-François Lyotard. The Inhuman. Reflections on Time [M]. Translated by Geoffrey Bennington and Rachel Bowlby. Oxford and Cambridge: Polity Press, 1991 [1988]: 24-25.

[2] Roland Barthes. The Fashion System [M]. Translated by Matthew Ward and Richard Howard. New York: Hill and Wang, 1983 [1967].

[3] René König. The Restless Image. A Sociology of Fashion [M]. London: George Allan and Unwin Ltd, 1973 [1971].

多利亚上流社会中的男人和女人每天都要换几次衣服。对于格奥尔格·齐美尔[1]、吉勒·利波维茨基[2]和迈克·费瑟斯通(Mike Featherstone)[3] 等论者而言，相比于大多数其他现象，时尚的变化为我们提供了更多的当下的感觉，因为它通过我们自己的服装，展示我们正处于某个地方而不是我们刚才去过的地方。当今的服装总是以某种方式显现出“正确性”，我们非常认同穆尔所写的“每个时代都有其完美无瑕的品位，它终于发现形式、颜色和布料达到了真正的和谐，它对合身和舒适有了全面的了解。但是每个时代都是下一个时代的笑柄!”[4] 穆尔指出，“一种风格被淘汰后，消失的时间越短，就越显得滑稽可笑”[5]。

詹姆斯·拉韦尔（James Laver）对这一立场做了最详尽的叙述[6]，他认为相同的服装在若干年后会有不同的认识（见表2.1）。

尽管人们可能对形容词的选择或确切的年数持有不同意见，但大多数读者可能会凭直觉感受到，拉韦尔确实掌握了一些关

[1] Georg Simmel. Fashion [J]. The American Journal of Sociology, 1957 [1904], 62 (6): 547.

[2] Gilles Lipovetsky. L’empire de l’éphémère. La mode et son destin dans les sociétés moderns [M]. Paris: Gallimard, 1987: passim.

[3] Mike Featherstone. Consumer Culture and Postmodernism [M]. London: Sage, 1991: 74.

[4] Doris Langley Moore. Pandora’s Letter Box, being a Discourse on Fashionable Life [M]. London: Gerald Howe, 1929: 212 – 213.

[5] Doris Langley Moore. Pandora’s Letter Box, being a Discourse on Fashionable Life [M]. London: Gerald Howe, 1929: 201.

[6] James Laver. Taste and Fashion. From the French Revolution until To – Day [M]. London: Harrap, 1937: 255.

表 2.1　若干年后对相同服装的认识

粗陋的	在这之前的十年
不雅的	在这之前的五年
古怪的	在这之前的一年
时髦的	—
寒酸的	在这之后的一年
丑陋的	在这之后的十年
可笑的	在这之后的二十年
有趣的	在这之后的三十年
雅致的	在这之后的五十年
迷人的	在这之后的七十年
浪漫的	在这之后的一百年
美丽的	在这之后的一百五十年

于时间和审美判断的基本知识。但为什么我们会这样想呢？去年的服装意味着不久前的过去，这是我们日常生活的一个版本，不再符合我们今天的生活和面貌。尽管外观如此，我们从去年的服装中看出日常性，这种日常性体现在它的任意性上，并被人们不假思索地接受；然而与此同时，我们追求一种“真实的”、内在的、不言而喻的、平淡无奇的日常性，穆尔在其观察中充分捕捉到这一点，即“绝大多数人……认为优雅与常识相结合达到了极致，我们仍然用传统的材质”❶。去年的衣服提醒我们，这只是一个乌托邦式的远大抱负。它们也许会使我们

❶ Doris Langley Moore. Pandora's Letter Box, being a Discourse on Fashionable Life [M]. London: Gerald Howe, 1929: 202.

回忆起一整套不复存在的关系，以及与整个世界的关系，尤其是与他人的关系。但是衣服离我们越久远，对我们的影响就越小，而作为衣服自身的存在就越强。当然，衣服使人回想起某些历史时期，但在不同时期，人们的参与度逐渐降低，从有到无，因此我们可以或多或少客观地评判这些服装，按照愈益纯粹的审美标准，臻于“美丽”之巅。

明年的服装也表明，借由时尚建构我们当下的生活，确实如昙花一现般短暂：我们知道将会改变外观，渴望有一个合适的真实身份，因而服装明显地帮助我们展示自我，如托马斯·卡莱尔（Thomas Carlyle）❶、琼安·芬克斯坦❷或亨利·大卫·梭罗（Henry David Thoreau）❸ 所期望的，然而在时尚界，这些是无法实现的。着装理念不断在变化，对某些人来说，也许看似不得体或伤风败俗，然而在其他人看来，这似乎就是他们生活的意义所在。戴维斯认为，在当今社会，我们的身份是模糊不清、不断变化的，因此需要这种持续不断的时尚变迁作为权宜之计，来确定自我的身份。❹ 然而，正是由于更多且更新的服装产品的出现，首先促成了这种不确定性。

❶ Thomas Carlyle. Sartor Resartus [M]. London: Dent, 1908 [1831]: 50.

❷ Joanne Finkelstein. The Fashioned Self [M]. Cambridge and Oxford: Polity Press in association with Basil Blackwell, 1991.

❸ Henry David Thoreau. Walden [M]. London: The Folio Society, 1980 [1854]: 34.

❹ Fred Davis. Fashion, Culture, and Identity [M]. Chicago, IL and London: The University of Chicago Press, 1992.

六、变革与商品社会

坎贝尔把对新奇的渴望置于追求时尚的中心，❶ 他将之视为一种消费主义者的伦理，是对韦伯新教生产伦理尤为重要的补充。消费者是社会各界的审美观中的主要角色，而社会各界的审美观依赖于即将到来的商品交易。这就是最先进版本的“现在性”关键所在，只有通过努力实现这一点，我们才能声称自己同消费者一样，与当今先进工业社会最基本的特征完全同步——下一个商品的生产。正如坎贝尔所认为的，这与人们对新事物的愉悦的心理欲求关系甚微，而更多的是与社会参与者处于所谓的“消费时间”有关系。

如果“当下感”可以通过持续的快速变化来获得，同样它可以通过根本不变化，或者只变化一次而获得，然而与时尚变化速度相比，它是缓慢的变化。前者适用于商品驱动的不断变化的社会，在这个社会里，“一切固体化为空气”❷，后者适用于非商品社会，以及商品社会中的某些机构，相比于逐渐消失的消费者现在性所提供的设想，这些机构更符合追求长久的设想。后者的例子包括教堂、军队、医院和校服。尽管这些机构的变化速度比时尚变化速度慢，但它们的变化速度不一定相同。例如，教会服装可能需要几个世纪才有所改变，因此会给相对短命的人留下一种毫无变化的印象，但是护士的制服可能会变化得更快一些［参见皮耶·雷特（Pierrette Lhez）关于法国护

---

❶ Colin Campbell. The Romantic Ethic and the Spirit of Modern Consumerism［M］. Oxford：Basil Blackwell，1987.

❷ Karl Marx，Frederick Engels. The Manifesto of the Communist Party［C］//Selected Works in One Volume. London：Lawrence andWishart，1968［1847］：38.

士制服的变化❶]。变化率是服务于公众（被理解为不断变化的消费者）和服务于永恒的理想（上帝、法律、医学等）之间张力的赝品。越是把公众视为消费者而提供周到的服务，并将服务公众作为首要任务，那么机构制服就会改变地越快。伊丽莎白·尤因（Elizabeth Ewing）指出，服务于商品消费家庭中的女仆服装随着时尚的变化而变化，而女乘务员的服装大约每七年更新一次——比时尚要慢，但仍然相对较快。❷ 后者是乘客的直接服务者，但也表明对航空公司的信赖感，她们训练有素，可以在紧急情况下派上用场。那么她们的制服更新率，可以理解为这些张力的产物。同样，护士不仅需要对公众作出回应，而且必须表现出一成不变的关怀理念，以及在社区中存在了很长时间的某个制度的持久特征。军装和警服也必须面向不同方面，并根据如何解决不同的需求而作出改变。甚至天主教会也承认，在20世纪60年代允许宗教服装改革时，它必须服务于不断变化的公众，同时（至少在原则上）必须服务于一个永恒的、超验的上帝。校服是对学校不变价值观的向往，然而学生们追求不断变化的时尚，两者之间产生持续的论争，学生们也以团体和个人的方式消费。然而，阿曼门诺派的服饰属于一种抵制消费主义的文化❸，它好像被冻结了一样——其时间不是现代商品社会的时间。

---

❶ Pierrette Lhez. De la robe de bure à la tunique pantalon. Etude sur la place du vêtement dans la pratique infirmière [M]. Paris: InterEditions, 1995.

❷ Elizabeth Ewing. Women in Uniform. Their Costume through the Centuries [M]. London: Batsford, 1975: 56, 135.

❸ Werner Enninger. Inferencing Social Structure and Social Processes from Nonverbal Behavior [J]. American Journal of Semiotics, 1984.

第三节　身体时间和年龄

一、源自身体的时间与时尚施加的时间

身体作为一个机器的概念是一种隐喻，目前在诸如节食❶、妇女身体的医学概念❷和体育科学等论述颇具影响力。这似乎是以一种现代的眼光看待身体的方式，在18世纪之前几乎不存在。在人体的“机械化”过程中，使用时间顺序的转换似乎很重要，但是在年表之前，时间是如何被测量的呢？汤普森（E. P. Thompson）在一篇著名的文章中写道：

> 17世纪，智利（Chile）的时间常常用“信条”（credos）来衡量：1647年的一次地震被描述为两个信条的持续时间；而鸡蛋的烹饪时间可以通过大声说一句“圣母玛利亚”（Ave Maria）来判断。最近在缅甸，僧侣们在黎明时分起床，“当时光线充足，可以看到手上的静脉”。《牛津英语词典》给我们举了一些英语例子——“念诵主祷文的时间”“恳求慈爱怜悯的祷告时间”（1450年），以及（在《新英语词典》中，而非在《牛津英语词典》）“撒尿时间”——一种有点随意的衡量标准。❸

---

❶ Bryan S. Turner. Regulating Bodies ［C］//Essays in Medical Sociology. London：Routledge，1992.

❷ Emily Martin. The Woman in the Body. A Cultural Analysis of Reproduction ［M］. Milton Keynes：Open University Press，1987.

❸ E. P. Thompson. Time，Work－Discipline，and Industrial Capitalism ［J］. Past and Present，1967（38）：58.

这里需要注意的一点是，时间与身体内的某些活动形式有关：祈祷的言论、手掌的能见度或小便的过程。换言之，时间感来自身体，而世界被包含在这些术语中。因此在这里，身体可以理解世界的时间性。随着年代学的出现，身体和世界之间的关系发生了逆转：身体不是一个测量世界的主体，编年时间用它的时钟和手表将身体转换成一个测量对象。然后就有可能将身体协调到同样“客观的”编年时间，显然这在工厂生产组织中大有裨益。这个客观协调的身体因此可以与客观协调的机器相匹配——机器时间接管了身体时间，或者更确切地说，身体时间隶属于机器时间。

在谈论服装时也有类似的紧张氛围：有时候服装是以身体的时间来理解的，但在其他时候则是相反的，时尚的时间支配着对身体的关注——我们成了讲究穿着的人，在风尚的指引下更换我们的服装。作为前者的一个例子，我们可以思考 19 世纪分娩和戴帽子之间的联系❶，以及怀孕期间经常穿的特殊衣服，或每月某些时间使用的卫生用品。人类学文献也为身体和着装之间的联系提供了证据。例如，在摩拉维亚 - 斯洛伐克（Moravian Slovakia），“我们发现区分儿童不同年龄阶段的标志在逐渐发展：最小的孩子、14 岁以下的女孩、然后是青春期少女”❷，并且类似的区分也适用于男孩。丹妮尔·盖尔纳特（Danielle Geirnaert）写道：“在东爪哇（East Java），对每一代女性来说，‘从适婚的女儿到过了生育年龄的祖母，都对应着一系列带有

❶ Alison Gernsheim. Fashion and Reality, 1840 – 1914 [M]. London: Faber and Faber, 1963: 29.

❷ Petr Bogatyrev. The Functions of Folk Costume in Moravian Slovakia [M]. Translated by Richard G. Crum. The Hague: Mouton, 1971 [1937]: 77.

特定颜色和图案的裙子和披肩布'❶"。❷ 其他案例包括印度东北部的纳加山区的居民，随着他们年龄的增加，服装也日益精细化；❸ 泰国的男人年龄越大，服装颜色就越暗淡；❹ 尼日利亚的卡拉巴里服装，当男人和女人的地位随着年龄（男人）的增长或身体和道德的成熟和生育（女人）而上升时，"越多的身体被包裹，布料和装饰就被添加得越多"。❺ 并非所有社群都有如此明显的区别：一些作家［阿里耶斯（Ariès）❻、杰克逊（Jackson）❼、拉韦尔（Laver）❽、穆尔（Moore）❾］注意到，17 世纪或 18 世纪之前，在欧洲社会，为儿童特制的服装还不为人所知，而穆

❶ R. Heringa. Textiles and Worldview in Tuban [M]//R. Schefold, V. Dekker, N. de Jonge. Indonesia in Focus. Ancient Traditions – Modern Times. Meppel: Edu'Actief. As quoted by Geirnaert (1992), q. v. 1988: 55 – 61.

❷ Danielle C. Geirnaert. Purse – Proud. Of Betel and Areca Nut Bags in Laboya (West Sumba, Eastern Indonesia) [M]//Ruth Barnes, Joanne B. Eicher. Dress and Gender. Making and Meaning in Cultural Contexts. New York and Oxford: Berg Publishers, 1992: 68.

❸ Ruth Barnes. Women as Headhunters. The Making and Meaning of Textiles in a Southeast Asian Context [M]//Ruth Barnes, Joanne B. Eicher. Dress and Gender. Making and Meaning in Cultural Contexts. New York and Oxford: Berg Publishers, 1992: 32.

❹ H. Leedom Jr Lefferts. Cut and Sewn. The Textiles of Social Organization in Thailand [M]//Ruth Barnes, Joanne B. Eicher. Dress and Gender. Making and Meaning in Cultural Contexts. New York and Oxford: Berg Publishers, 1992: 52.

❺ Susan O. Michelman, Tonye V. Ereksima. Kalabari Dress in Nigeria. Visual Analysis and Gender Implications [M]//Ruth Barnes, Joanne B. Eicher. Dress and Gender. Making and Meaning in Cultural Contexts. New York and Oxford: Berg Publishers, 1992: 180.

❻ Philippe Ariès. Centuries of Childhood [M]. Translated by Robert Baldick. London: Jonathan Cape, 1962 [1960]: 48.

❼ Margaret Jackson. What They Wore. A History of Children's Dress [M]. Woking: George Allen and Unwin, 1936: 16.

❽ James Laver. Children's Fashions in the Nineteenth Century [M]. London: Batsford, 1951: 1 – 2.

❾ Doris Langley Moore. The Child in Fashion [M]. London: Batsford, 1953: 11 – 12.

尔认为青少年服装始于19世纪60年代。[1] 很可能是工业社会的复杂性日益增加，以及在完全进入劳动力市场之前，组建其成员所需的时间也随之增加，这很可能导致通过学校的制度形式，创造出的诸如“儿童”或“青少年”等类别。如今，日益增加的消费品（包括服装），可以显示出一个人所属的社会阶层，这也使人们根据年龄进行更细微、更精确的区分，在后现代的浪潮中，每一个社会群体都有自身的固定特征。显然，针对特定性别、年龄和阶层的广告，将有助于形成这些特殊的组合。然而，这些观点必须在其他地方加以探讨。

在过去的一个世纪里，向更轻便的运动服，尤其是针对女性运动服的转变，似乎有利于身体发展。艾莉森·格伦海姆（Alison Gernsheim）认为，女人们过去常常穿着衬裙爬山，这种做法显然是重视穿着，而不重视身体。[2] 当特殊的身体状态被遮掩时，就可以转化为一种优势：“社会改革者反对穿衬裙，因为衬裙掩盖了怀孕的身体”。[3] 因此，孕妇装公开显示了女性身体在历史中的一个特定时期，而衬裙使旁观者看不出这一时期。同样，15世纪欧洲女性群体中流行的“时髦的腹部隆起”[4] 让每个人看起来都像是怀孕了，同样也不可能辨别出一个特定的身体是否怀孕。事实上，通过考虑流行的服装风格是否使怀孕的身体可见，还是使其无法与非怀孕的身体区分开来，或许

---

❶ Doris Langley Moore. The Child in Fashion [M]. London: Batsford, 1953: 55.

❷ Alison Gernsheim. Fashion and Reality, 1840－1914 [M]. London: Faber and Faber, 1963: 54.

❸ Alison Gernsheim. Fashion and Reality, 1840－1914 [M]. London: Faber and Faber, 1963: 47.

❹ Anne Hollander. Seeing through Clothes [M]. New York: The Viking Press, 1978: 109.

可以了解到女性身体在不同历史时期的一般状况。如果在任何时候都清楚地表明女性身体状态的变化，这是否意味着实际和潜在的生育者的权力受到社会的高度尊重，或仅仅通过检查使妇女更容易被控制，抑或两者兼而有之？如果所有女性总看似都怀孕了，这是一种无人知晓的控制自己身体状态的方法，还是一种暗示所有女人都被期待成为母亲，或两者皆然？还是女人们通过她们的穿着来讽刺她们预期的身体机能？显然，本章无法解答这些问题。

二、身体节奏与时尚节奏：同步与不同步

（女性）时尚的时间，已被理解为对身体不同部位的关注。弗罗格尔（Flügel）认为时尚是朴素与炫耀，或者是拘束与诱惑的产物，[1] 正如拉韦尔直率地讲——这种观点适用于身体的各个部位，[2] 举例而言，乳房在某个特定时刻可能被暴露，而腿部被保守地遮盖，但是随后腿部可能被看见，而乳房被遮挡。换言之，服装的时尚遵循着身体展示和隐藏的节奏——当然，它自身可以被理解为一种对身体进行操作的时尚。在这个例子中，服装中的时尚遮蔽了身体中的时尚：它们并非一回事。拉韦尔以一种非常相似的方式看待时尚：

> 性感地带总是在变化，追求它是时尚的职责，却从未真正赶得上它。显然，如果你真的赶上它了，你会因为有伤风化的暴露而立即被捕。如果你差不多赶上它了，你就

[1] John Carl Flügel. The Psychology of Clothes [M]. London: Hogarth Press, 1930.

[2] James Laver. Modesty in Dress [M]. London: Heinemann, 1969: 38.

会被誉为时尚的引领者。❶

因此，从定义上讲，服装中的时尚与身体各部位的魅力有些不一致，后者的变化被理解为“情欲资本积累”的耗竭。❷

服装史也可以根据人体的不同年龄来书写，虽然唯一的例子似乎记录在艾莉森·卢里（Alison Lurie）的书中❸。对她而言，时尚中的每个阶段都可以通过当代服装所塑造的“理想女性”（或男性）的年龄来区分。例如，“1810 年，理想的女性是一个蹒跚学步的孩子；1820 年，她已经长大成人了；到 19 世纪 30 年代中期，她变成了一个敏感的青少年……”❹ 然而，这也许是在卢里写书时，我们学会了如何区分幼儿、儿童、青少年和各式各样的成人服装的结果，而不是恰当地描述当时的人们对这些服装的看法。然而，如果政治、经济或文化的力量（如皮埃尔·布尔迪厄所描述的，这些力量并非同时产生❺）被特定的世代群体所掌握，那么这些群体的区别特征可能会被提升为标准和“正常”。例如，如果 X 到 Y 年龄段的人比 A 到 B 年龄段的人有更多的可支配收入，那么广告商很可能会推广与第一组年龄段相关的身体形象，而非第二组，因此前者似乎定义了理想的身体消费时间。

---

❶ James Laver. Taste and Fashion. From the French Revolution until To – Day [M]. London: Harrap, 1937: 254.

❷ James Laver. Modesty in Dress [M]. London: Heinemann, 1969: 97.

❸ Alison Lurie. The Language of Clothes [M]. New York: Random House, 1981.

❹ Alison Lurie. The Language of Clothes [M]. New York: Random House, 1981: 63.

❺ Pierre Bourdieu. Distinction. A Social Critique of the Judgement of Taste [M]. Translated by Richard Nice. London: Routledge and Kegan Paul, 1984 [1979].

三、政治时间

如上文所言，很多时尚的历史以几个世纪或半个世纪的维度来讲述它们的故事。然而，对于诸如利奥塔之类的论者而言，时期划分与这种时间的关系不大，而是与现代主义者追求具有明显起止点的精确时间单位有关。在利奥塔看来，“历时分析由循环的原则所决定……既然一个人正在开创一个被认为是全新的时代，那么把时钟调到新的时间是正确的，一切又从零开始”。[1] 这类革命也许是宗教的（基督教和伊斯兰教都有各自的年份）、政治的（法国共和历[2]），甚至是美学的——杰弗里·斯奎尔（Geoffrey Squire）将他的服装史编排成这些时期，如风格主义、巴洛克、洛可可、新古典主义和浪漫主义。[3] 许多时尚史都是根据政治时间的版本来编排的，也可以用这句话表述“国王死了，国王万岁！”这就是君主制的延续方式：英国的每一个统治时期都被认为是有自己的配套服装的。[4] 丹尼尔·罗什（Daniel Roche）指出，在稍显古老的法国时尚史上有一个相

---

[1] Jean – François Lyotard. The Inhuman. Reflections on Time [M]. Translated by Geoffrey Bennington and Rachel Bowlby. Oxford and Cambridge: Polity Press, 1991 [1988]: 25 –26.

[2] Eviatar Zerubavel. The French Republican Calendar. A Case Study in the Sociology of Time [J]. American Sociological Review, 1977 (42): 868 –877.

[3] Geoffrey Squire. Dress Art and Society 1560 – 1970 [M]. London: Studio Vista, 1974.

[4] Herbert Dennis Bradley. The Eternal Masquerade [M]. London: T. Werner Laurie Ltd, 1922; Iris Brooke. A History of English Costume [M]. London: Methuen, 1949; Dion Clayton Calthrop. English Dress from Victoria to George V [M]. London: Chapman and Hall, 1934; J. R. Planché. History of British Costume from the Earliest Period to the Close of the Eighteenth Century [M]. Third edition. London: George Bell, 1900.

似的倾向，[1] 他专门提到了基什拉（Quicherat）[2]。我们通常不再这样看待服装：谈到“伊丽莎白时代的服装”，可能会让人联想到16世纪后期的形象，但这个形容词不适用于描述1953年以后的服装。但是，20世纪80年代早期的“戴安娜的容貌”（Diana look）暗示了旧社会的生活，而2006年澳大利亚妇女杂志对丹麦塔斯马尼亚（Tasmanian）的玛丽公主的早期装扮非常感兴趣，暗示了这种光环尚未完全褪去。

然而，在其他体系中，政治与服装之间有着更直接的联系。正如约翰·伊夫林所言，“让我们考虑一下，那些很少改变国家模式的人，他们也很少改变对王子的爱慕之情。”[3] 那么，某种固定的服饰象征政治上的坚定性：以一种类似时尚年的方式，伴随着其一年中的同步性，时间在统治期间固定不变。但是如果存在政治竞争，不同的时代可能会发生冲突。现在让我们在伊斯兰服饰的背景下探讨这个问题。

自从1979年伊朗革命以来，西方人就一直关注伊朗妇女的面纱与伊斯兰服装的争论，尽管讨论的源头可以追溯到卡西姆·阿明[4]。我们在这些讨论中发现了何种版本的政治时间呢？

---

[1] Daniel Roche. La culture des apparences. Une histoire du vêtement XVIIe – XVIIIe siècle [M]. Paris: Seuil, collection ‘Points Histoire’, 1991 [1989]: 31 – 32.

[2] J. Quicherat. Histoire du costume en France depuis les temps les plus reculés jusqu'à la fin du XVIIIe siècle [M]. Paris: Hachette. Referenced by Roche (1991 [1989]), q. v.

[3] John Evelyn. Tyrannus; or, The Mode [M]. Edited by J. L. Nevison, Oxford: Blackwell, 1951 [1661]: 15.

[4] Qassim Amin. Tahrir Al – Mar'a, in Al – a'mal al – kamila li Qassim Amin. Beirut: Al – mu'assasa al – 'arabiyya lil – dirasat wa'l – nashr, 1976 [1899]. Quoted in: Ahmed, Leila. Women and Gender in Islam. Historical Roots of a Modern Debate [M]. New Haven, CT and London: Yale University Press, 1992.

如果我们考虑相关的英文文献[1]，一组非常有限的与时间相关的叙述术语出现了。诸如“前进”“现代”和“进步”等术语构成一组（发生在19世纪），而诸如“落后”“过时”和“传统”等术语构成对立的一组（发生在18世纪）。

对于殖民者和本土的西化派，如土耳其的阿塔土克（Ataturk）或伊朗的国王，伊斯兰服饰代表了所有传统的、落后的和过时的东西，这些都不利于了有效的工业化进程和西方人先进的做事方法。不戴面纱的妇女代表着进步和文明。反对者对此提出了异议，他们把西方人认为是落后的做法看作适宜的传统做法。

---

[1] A. Afetinan. The Emancipation of the Turkish Woman [M]. Paris: UNESCO, 1962; Qassim Amin. Tahrir Al – Mar'a, in Al – a'mal al – kamila li Qassim Amin. Beirut: Al – mu'assasa al – 'arabiyya lil – dirasat wa'l – nashr, 1976 [1899]. Quoted in: Ahmed, Leila. Women and Gender in Islam. Historical Roots of a Modern Debate [M]. New Haven, CT and London: Yale University Press, 1992; Anonymous. Hijab Unveils a New Future [C]//Kalim Siddiqui. Issues in the Islamic Movement 1981 – 1982 (1401 – 1402). London: The Open Press Limited, 1983 [1981]: 94; Farah Azari. Islam's Appeal to Women in Iran. Illusions and Reality [C]// Farah Azari. Women of Iran. The Conflict with Fundamentalist Islam. London: Ithaca Press, 1983: 43, 45, 51; Michael M. J. Fischer. Iran. From Religious Dispute to Revolution [M]. Cambridge, MA: Harvard University Press, 1980: 186; Ayatollah Ruhollah Khomeiny. A Warning to the Nation [C]//Islam and Revolution. Writings and Declarations. Translated and annotated by Hamid Algar. London: KPI, 1985 [1943]: 171 – 172; Syed Abul A'la Maududi. Purdah and the Status of Woman in Islam [M]. Third Edition translated and edited by Al – Ash'Ari. Delhi: Markazi Maktaba Islami, 1988 [1939]: 20, 178 – 179; Naila Minai. Women in Islam. Tradition and Transition in the Middle East [M]. London: John Murray, 1981: 64 – 65; Mohammed Reza Shah Pahlavi. Mission for My Country [M]. London: Hutchinson, 1961: 231; Azar Tabari. Islam and the Struggle for Emancipation of Iranian Women [M]//Azar Tabari, Nahid Yeganeh. In the Shadow of Islam. The Women's Movement in Iran. London: Zed Press, 1982: 13; Amir Taheri. The Spirit of Allah. Khomeini and the Islamic Revolution [M]. London: Hutchinson, 1985: 95; Ayatollah Taleghani. On Hejab [M]//Azar Tabari, Nahid Yeganeh. In the Shadow of Islam. The Women's Movement in Iran. London: Zed Press, 1982 [1979]: 104 – 105.

阿亚图拉·霍梅尼（Ayatollah Khomeiny）这样写道：

> 他们认为国家的文明和进步取决于女人赤身裸体地走在街上，或者引用他们自己愚蠢的话来说，揭去面纱就能把一半的人口变成了工人……我们对那些理解力有限的人无话可说，他们认为戴上欧洲的帽子，放出欧洲的野兽，就是国家进步的标志。❶

阿亚图拉·塔莱加尼（Ayatollah Taleghani）以相似的口吻描述了沙阿（Shah）❷ 在1935～1936年的改革：

> ［雷扎·沙阿（Reza Shah）］认为，如果他缩短了衣服的长度，如果人们穿着外套和长裤，并且戴上帽子，如果我们的女人出门不戴面纱，那么我们就会进步；他认为这些事是进步的条件。他认为，如果西方在科学、工业、权力、经济和政治方面较先进，那么这就是女人不戴面纱，男人则戴帽子和穿西装的结果，而伊朗人缺乏这些东西。❸

伊朗的西方化意味着一个专制国家和一个“严重而不成熟

❶ Ayatollah Ruhollah Khomeiny. A Warning to the Nation [M]//Islam and Revolution. Writings and Declarations. Translated and annotated by Hamid Algar. London: KPI, 1985 [1943]: 171－172.

❷ 沙阿（Shah）指的是旧时伊朗国王的称号。

❸ Ayatollah Taleghani. On Hejab [M]//Azar Tabari, Nahid Yeganeh. In the Shadow of Islam. The Women's Movement in Iran. London: Zed Press, 1982 [1979]: 104－105.

地依赖西方”的资产阶级，（他们）只是嘲笑头巾（伊斯兰端庄的服饰）的概念，以及它可能只是落后的标志的看法。[1] 因此，西化被视为“西毒”（Westoxication）也就不足为奇了，[2] 而戴上面纱成为拒绝这种生活方式的一种手段。[3] 进步与落后——一个属于殖民者和西化者的话语——被重新解释为衰落与传统的冲突：西装和头巾维持了它们对立的立场，但是它们的受重视程度不同。雷拉·阿海默德（Leila Ahmed）对埃及也提出了类似的观点。[4] 参见瓦哈达（Vahdat）对“西毒”的哲学基础的详细讨论。[5] 服装的政治时间不局限于广度的变化，比如君主政权的接替，或者是政治制度的改革，如伊朗发生的状况（或法国，参照早期描写服装的作家）。正如我们将看到的，服装也可能会陷入文化与阶层之间较低层次的矛盾中。

---

❶ Farah Azari. Islam's Appeal to Women in Iran. Illusions and Reality [M]// Farah Azari. Women of Iran. The Conflict with Fundamentalist Islam. London: Ithaca Press, 1983: 51.

❷ Fereshti Hashemi. Discrimination and the Imposition of the Veil [M]// Azar Tabari, Nahid Yeganeh. In the Shadow of Islam. The Women's Movement in Iran. London: Zed Press, 1982 [1980]: 193.

❸ Azar Tabari. Islam and the Struggle for Emancipation of Iranian Women [M]// Azar Tabari, Nahid Yeganeh. In the Shadow of Islam. The Women's Movement in Iran. London: Zed Press, 1982: 13.

❹ Leila Ahmed. Women and Gender in Islam. Historical Roots of a Modern Debate [M]. New Haven, CT and London: Yale University Press, 1992: 164.

❺ Farzin Vahdat. Post – Revolutionary Islamic Discourses on Modernity in Iran: Expansion and Contraction of Human Subjectivity [J]. International Journal of Middle – Eastern Studies, 2003 (35): 599 – 631.

第四节　主流文化和主流阶级的时代

一、对法国主流服装的一些看法

我们可以提出一个关于现在性的问题：到底是谁的现在性呢？到目前为止，我们已经含蓄地回答了机构和消费主体之间的张力问题。但是时尚服装的现在性可以“属于”特定的文化或阶级。17～18 世纪，英国和瑞典的作家都抱怨外国（尤其是法国）在他们的服装上占据主导地位，这似乎既威胁到了他们的国家认同，又破坏了他们的国民经济。例如，亨利·皮查姆（Henry Peacham）写道：

> 我很想知道，为什么我们英国人比其他国家的人会更沉溺于新时尚，而我更想知道，为什么我们越渴望智慧，我们越不能自己创造它们，但是当我们国家中的一个思想迂腐的国民马上跑到法国，以寻找新的时尚元素，使我们那个高尚而繁荣的王国成为愚人之地。❶

伊夫林还抱怨法国对英国外表的支配，暗示这会导致英国男人的娇气和软弱，同时“法兰西风尚是他们最佳反击手段之一，能让很多人吃饱喝足，就像穿衣服的人一样多”。❷ 古斯塔

---

❶ Henry Peacham. The Truth of Our Times [M]. New York: The Facsimile Text Society, Columbia University Press, 1942 [1638]: 73.

❷ John Evelyn. Tyrannus; or, The Mode [M]. Edited by J. L. Nevison, Oxford: Blackwell, 1951 [1661]: 6.

夫三世的改革，是想用瑞典的国家时间来取代法国的时间："成为瑞典人：成为你在古代国王统治时期的模样……一言以蔽之，让我们成为其他国民曾经的样子：呈现出民族精神，我敢说，民族服装对这一目标的巨大贡献是他人无法想象的"。❶20世纪初，法国服装在某些爱国德国青年群体中，被视为是有害的。❷

古斯塔夫三世主张，跟随不断变化的外国模式，会导致一个贫穷国家的毁灭，❸ 而莫迪尔认为，这将导致越来越多的盗用、欺诈、贪污、贫困和债台高筑。❹ 同样，英国人迷恋印度棉布，这种棉布也对羊毛贸易造成严重威胁，"根据重商主义者的信条，这意味着它们正在危及本国的全面发展"。❺ 当服装的现在性定义属于外国时，这就是危险所在。巴黎、米兰、纽约和伦敦等时尚之都可能继续制定议程，但它们不会威胁到当今更加多元化的国家经济。但是在工业社会，也许是主流阶级而非主流文化最先开始定义服装的概念。

二、在模仿中前行，创造特定阶层的着装时代

1883年，贵族莱蒂·佩吉特评论道："当今时尚变化如此

---

❶ Gustav III. Réflexions [M]. La Haye: Detune. Exemplar B i Kongliga Biblioteket, Stockholm, 1778: 27-28.

❷ Irene V. Guenther. Nazi "Chic"? German Politics and Women's Fashions, 1915-1945 [J]. Fashion Theory, 1997, 1 (1): 30.

❸ Gustav III. Réflexions [M]. La Haye: Detune. Exemplar B i Kongliga Biblioteket, Stockholm, 1778: 37.

❹ Adolph Modéer. Svar på Samma Fråga [M]//Kongl. Svenska Sällskapets Handlingar. III stycket. Stockholm: Joh. Georg Lange, 1774: 65.

❺ Chandra Mukerji. From Graven Images. Patterns of Modern Materialism [M]. New York: Columbia University Press, 1983: 169.

之快的原因，是因为它们立即在社会各阶层中传播，日渐通俗而平凡。”[1]一个经典的社会学理论在早期对商品社会中的时尚变迁作了如下陈述：先是对上层阶级的模仿，然后是下层阶级在超越上层阶级后所发生的变化——换言之，时尚时间是由于各阶级在外观方面的竞争而产生的。中世纪社会的节约法令指出了类似的问题，[2] 但现在有更多的人可以模仿更高的社会阶层的装扮。费瑟斯通在其著作中巧妙地表达了这一点，当他写到资本主义社会“不断供应新颖而时尚的理想商品，或由较低的群体篡夺现有的标志商品，就会产生一种追逐效应，即上述群体将不得不投资新的（信息性的）商品，来重建最初的社会距离”[3]。伯纳德·巴伯（Bernard Barber）和莱尔·洛贝尔（Lyle Lobel）[4]、昆汀·贝尔（Quentin Bell）[5]、埃德蒙·戈布洛[6]和齐美尔[7]都持有相同的观点，并且普遍认同应该模仿更高的社会阶层，他们认为此种观点很好地解释了这一现象。但是最近，商品社会在阶级体系上变得往往不那么组织有序，而更

[1] Lady W. Paget. Common Sense in Dress and Fashion [J]. The Nineteenth Century, 1883 (13): 463.

[2] Frances Elizabeth Baldwin. Sumptuary Legislation and Personal Regulation in England [M]. Baltimore, MD: Johns Hopkins, 1926.

[3] Mike Featherstone. Consumer Culture and Postmodernism [M]. London: Sage, 1991: 18.

[4] Bernard Barber, Lyle S. Lobel. Fashion in Women's Clothes and the American Social System [J]. Social Forces, 1952 (31): 124 - 131.

[5] Quentin Bell. On Human Finery [M]. New edition. London: The Hogarth Press, 1976.

[6] Edmond Goblot. La barrière et le niveau. Etude sociologique sur la bourgeoisie française modern [M]. Paris: Félix Alcan, 1925.

[7] Georg Simmel. Fashion [J]. The American Journal of Sociology, 1957 [1904].

像是马费索利所描述的“部落”那样的相对孤立的群体。[1]身份群体之间可能存在差异，但并不能理所当然地认为某一群体成员会视其他群体是“高等的”或“低等的”，或因此被他人模仿或与他人保持明显的距离——他们可能只是因（风格）不同而被他人接受（或拒绝）。消费品数量的大幅增加，使得一个身份群体能够创造出自己的存在意义：其商品与其他群体的商品与众不同，以确定自己的社会空间，但这并不意味着这些商品是“较好的”或“较差的”。当我们都想要同样类型的商品时，就存在竞争，但当我们不需要时，竞争就失去意义了。诚然，一个人在工作环境中完全有可能参与到一些竞争活动中，下班后就完全不同，毫无竞争力。这是因为在工作中，人们可能被迫处于一个固定的等级制度中，然而工作环境之外，人们有可能会自由地从属于无关联的身份群体中。进一步的研究需要探讨以阶级为基础的竞争和以身份群体为基础的差异之间的张力。戴维斯表述得很好：

> 一方面，我们看到非常强大、高度整合的企业单位的出现，而这些单位创造并推动了全球时尚商品市场的发展。另一方面，我们会遇到一种真正的与当地人不和谐的着装倾向和风格，有时也是非常短暂的，无论这种关系是否紧密，每一种都与其自身的特殊性相联系，如亚文化、年龄、政治信仰、民族认同等。[2]

---

[1] Michel Maffesoli. The Time of the Tribes. The Decline of Individualism in Mass Society [M]. Translated by Don Smith. London: Sage Publications, 1996 [1988].

[2] Fred Davis. Fashion, Culture, and Identity [M]. Chicago, IL and London: The University of Chicago Press, 1992: 206.

虽然尚未确定两者之间的关系，但是对现阶段先进（后）工业社会服装的研究是一个良好的开端。

本章小结

本章所明确的主要时间形式的意义可以概括如下。

世纪：（或者更好的说法是，诸世纪）对社会表象的分析者，比对实际穿这些衣服的人更有用，因为它们局限于个人寿命的时间界限，及其相关的有意义的变化。它使得长周期和连续性显而易见，否则这种持续性就会被长期快速变化的表象所掩盖，从而变得模糊不清，并使人们更容易从根本上辨识出它的不连续性。

十年：通过提高特定计数系统特性的重要性，不再强调身体时间或过程的重要性。这不是简单地使用计数系统来测量一种现象的持续时间，而是以十进制的方式来划分世界，从而使这种现象富有意义。在这里，我们对十年有限的社会文化知识的现在性进行建构和后续的识别。历史成为一系列的横截面，每一个横截面有十年的持续时间：十年期间的某些社会、政治、经济和文化的现象被拉伸和压缩，所以它们合在一起表达了这十年的意义。这种思考历史的方式，使我们相信它仅仅是由十年的概念拼凑在一起的一堆杂七杂八的事情。十年来任何无关紧要的现象和过程的特有时间性，都会变得难以预见和无法想象。十年成为历史的重要单位。尽管在分析上存在不足，但这十年为我们提供了一种便捷的方式，让我们看到我们的生活与历史交织在一起：如果我们以十年一次的典型方式消费，那么我们显然是更广阔的世界中的一个完整参与者，而不仅仅是单纯地生活在自己的世界里的个体。

一年：每年的时尚潮流，把每一次与太阳相关的自然循环转变为一种具有社会意义的现象。以任何方式参与时尚潮流，都会使身体从其局限中解放出来，从而成为更广泛社会主体中的一员；通过允许一个人在一段商定的时间内成为同一转变的现在性的一部分，那么年复一年就允许积累和探索不同的社会认可的身份。以年为基础的时尚时间有了现在性的概念：我们如今用的正是 12 个月。使用这种独特的现在性概念并不一定要改变整个衣柜：一个每年都被识别的便宜的小物件就能凸显出现在性。时尚年的时间强调的是同一性，而不是最广泛层面上的社会参与者的差异性，虽然现在性的参与程度将根据一个人所拥有的物品数量而明显不同。如果时尚时间是一个现在性的指数，那么我们可以单独对它进行高低排序。

季节：允许在一年的整体外观中有规律性的区别，并为模糊的自然界限提供了清晰的社会界限。的确，它允许人们在社会的支配下同时成为自然人和社会人，因为自然的时间给予我们不同的季节，但我们反过来通过服装来表现季节的实际状况。

一周：一周内的着装展示了工作日和非工作日的区别，以及特定社会中工作与非工作之间的分离程度。同样，外表也可以显示一天中不同的社会活动和事件的分化程度。这里的着装以事件或活动为中心，而非简单地以身体为中心。

现在：允许一个人处于不同时间长度的社会中，毫无疑问是属于“某一个人的时间”。

身体时间：通过着装来区分年龄阶层和不同身体状态的方式，表明身体时间的某些方面在特定的社会环境中是显著的。

政治时间：可以通过规定固定的服装来显示政权（或意识

形态）的连续性，将穿戴者象征性地嵌入政治上所定义的社会。它也可以通过外观的组织形式来区分特定政治形态及其他形态的价值。

主流文化的时间：建构了一个社会的主流文化和附属文化，其中边缘文化遵循中心文化的变化而变化，并假定两者之间存在一个时差，即边缘文化总是稍微落后于世界的核心文化。

统治阶级的时间：其在形式上是相似的，被统治阶级的时间试图随着统治阶级的时间变化而变化，同样存在一个时差。当然，这一时间与时尚改革的经典理论是相近的，在这一理论中，下层阶级模仿上层阶级，从而导致前者在实践中的变化，接下来是进一步的模仿，如此循环往复。近来随着消费的同一性向断裂性转变，而非生产的完整性，阶级可能已经被身份群体所取代，并且没有明显的支配和从属结构。

有人指出，“大量的社会学工作已经断然拒绝参与时间的概念化”，而且对时间性要求特别高的工作很少超出简单的线性时间，因为这是统计分析最擅长处理的时间类型。❶ 社会学似乎普遍受到迈克尔·赫兹菲尔德（Michael Herzfeld）所提到的过去复杂事情发生之前的一段时间的“结构性怀旧”❷ 之影响。本章已表明，即使是社会上一件最简单的物品（衣服）也会被卷入多重时间性的网络中。显然，对社会现象永无止境的分析是不可行的。迄今为止，哲学家和理论物理学家对待时间都非常认真，社会学家也应该像他们那样。

---

❶ David R. Maines. The Significance of Temporality for the Development of Sociological Theory [J]. Sociological Quarterly, 1987, 28 (3): 304 – 306.

❷ Michael Herzfeld. Pride and Perjury. Time and the Oath in the Mountain Villages of Crete [J]. Man (n. s.), 1990 (25): 305.

第三章　预制的身体：一段新的历史

引　言

近年来，人们对身体在社会学理论中的地位给予了更多的关注，特别是关于身体作为机器、工厂或信号系统、受约束的身体、宗教文化中的身体和消费文化中的身体等概念。[1] 然而，对于一门学科而言，“身体”还远不是一个连贯一致的对象，从一部三卷本合集的鸿篇巨制《人体历史的片段》（*Fragments for a History of the Human Body*）[2] 的标题中的第一个词，就能认识到这种情况。本章展示了更多的关于人体的片段，然而，除

---

[1] Peter Corrigan. The Sociology of Consumption. An Introduction [M]. London: Sage, 1997; Mike Featherstone. The Body in Consumer Culture [M]//Mike Featherstone, Mike Hepworth, Bryan S. Turner. The Body. Social Process and Cultural Theory. London: Sage, 1991 [1982]; Michel Foucault. Discipline and Punish. The Birth of the Prison [M]. Harmondsworth: Penguin, 1977 [1975]; Emily Martin. The Woman in the Body. A Cultural Analysis of Reproduction [M]. Milton Keynes: Open University Press, 1987; Philip A. Mellor, Chris Shilling. Re – forming the Body. Religion, Community and Modernity [M]. London: Sage, 1997; Chris Shilling. The Body and Social Theory [M]. London: Sage, 1993; Bryan S. Turner. The Body and Society. Explorations in Social Theory [M]. Oxford: Blackwell, 1984; Bryan S. Turner. Regulating Bodies. Essays in Medical Sociology [C]. London: Routledge, 1992.

[2] Michel Feher, Ramona Naddaff, Nadia Tazi. Fragments for a History of the Human Body [M]. Three volumes. New York: Urzone, 1989.

了短暂地将注意力转向解剖学和身体在马克思理论中的作用之外，这些片段至少是从同一幅拼图中分裂出来的：描述身体和外表之间的关系。首先，我们审视了18世纪和19世纪自然、美学和健康之间的关联，特别关注19世纪80年代的服装改革运动；其次，通过对20世纪早期苏联服装建构主义者的文本分析，来考察生产者的身体；最后，我们经由《澳洲时尚》杂志的发行样本，研究了20世纪90年代建构的身体观点。

一、“古典的”身体：自然、美学和健康

自从斯诺（C. P. Snow）关于两种文化的著名文章[1]发表以来，在英语国家有一种意识，即科学和艺术往往会分道扬镳，注定永远不会相遇。这种分离已经通过大学的组织而制度化，并在布尔迪厄所关注的中产阶级斗争中，由于“艺术家”和“科学家”互相贬低对方的文化资本这一倾向而得以加强。早些时候，科学和艺术彼此独立又相互联系，社会学家也不太确定他们应该站在艺术/科学分裂的双方中的哪一方，而我们应该对此表示欣赏。诚然，斯诺似乎确信社会学和相似的学科实际上可能形成一种“第三种文化”，能够与其他两种文化相互交流。[2] 尤其是人类的身体，迄今都是艺术和科学交汇的优势领域：肉体和骨骼给解剖学家和紧身衣制造商、外科医生和理发师（曾经是同一职业）、皮肤科医生和化妆师、生物学家和女装设计师提供了材料。布莱恩·特纳认为，笛卡尔主义（Carte-

[1] C. P. Snow. The Two Cultures and a Second Look [M]. London: Cambridge University Press, 1974 [1964].

[2] C. P. Snow. The Two Cultures and a Second Look [M]. London: Cambridge University Press, 1974 [1964]: 70－71.

sian）对社会科学的继承导致了“身体成为自然科学的主题……然而心灵或精神是人文学科的主题”❶，它可能暗示了身体只是自然科学的研究对象，但忽略了身体也是艺术家的研究对象这一事实。这一点在18世纪的解剖学和19世纪的服装改革运动中表现得尤为明显，两者都借鉴了古希腊和古罗马的美学模式，作为“科学”问题的解决方案。

二、美丽的骨骸：解剖学源于美学

人们可以想象，任何想创立解剖学的18世纪充满好奇心的公民，都会以归纳的方式进行研究，从真实的尸体中研究出大量的真实骨骼，并将这些观察转换成对我们以骨骼为基础的“典型”或“正常”模式的阐述。的确，这种情况越来越常见。❷然而，这里至少有两个问题：第一，我们永远无法完全确定这种归纳性跳跃的有效性；第二，一门新兴的科学是从尸体中创造出来的——象征死亡的恶臭徘徊在崭新的学科周围，而伯克（Burke）和赫尔（Hare）的鬼魂出没于解剖学实验室的后门。如果我们从归纳法转向演绎法，并且演绎的模型已经存在，而且承载着很高的文化价值，那么这两个问题就得以解决：我们替换了（夺取）18世纪罪犯和乞丐的尸首，以及古希腊或古罗马的大理石雕像，并且在僵化的贵族审美观而非腐朽的平民审美观中创建了我们的学科。

---

❶ Bryan S. Turner. Regulating Bodies. Essays in Medical Sociology [C]. London: Routledge, 1992: 32.

❷ Michel Foucault. The Birth of the Clinic. An Archaeology of Medical Perception [M]. Translated from the French version by A. M. Sheridan Smith. New York: Pantheon Books, 1973 [1963]: 125.

不管是有意的还是无意的，这种审美观确实存在。隆达·施宾格（Londa Schiebinger）在早期研究女性骨骼的插图时指出，17 世纪晚期的荷兰解剖学家戈德弗里德·比德罗（Godfried Bidloo）所绘制的人物画像“不是来自生活，而是来自古典雕像”；比德罗认为，这些人物画像展现了“古人心目中最美的人体比例标准”，而威廉·切斯尔登（William Cheselden）的“女性骨骼（1733 年）与‘梅第奇（Medicis）的维纳斯（Venus）由相同的比例’绘制而成；男性骨骼则与《贝尔维德尔的阿波罗》（*Belvedere Apollo*）的比例和姿态相同”。❶ 德国解剖学家塞缪尔·托马斯·冯·索默林（Samuel Thomas von Soemmerring）在 1796 年出版了一幅女性骨骼的插图，并“把他的图示与维纳斯·迪·梅第奇（Venus di Medici）和德累斯顿的维纳斯（Venus of Dresden）的古典雕像进行对比，从而形成了人们对女性身体结构的一种普遍性的认知”。❷ 正如拉科尔（Laqueur）评论道，“任何不符合最高审美标准的事物都被排除在索默林对身体的描绘之外。”❸ 身体的“普遍性”存在于一种特殊的享有声望的美丽身体的模式之中，排除那些没有审美价值的支离破碎的下层身体，因为这样的身体会给人带来不安的

---

❶ Londa Schiebinger. Skeletons in the Closet: The First Illustrations of the Female Skeleton in Eighteenth - Century Anatomy [M]//Catherine Gallagher, Thomas Laqueur. The Making of the Modern Body. Sexuality and Society in the Nineteenth Century. Berkeley, CA: University of California Press, 1987: 50, 58.

❷ Londa Schiebinger. Skeletons in the Closet: The First Illustrations of the Female Skeleton in Eighteenth - Century Anatomy [M]//Catherine Gallagher, Thomas Laqueur. The Making of the Modern Body. Sexuality and Society in the Nineteenth Century. Berkeley, CA: University of California Press, 1987: 58.

❸ Thomas Laqueur. Making Sex. Body and Gender from the Greeks to Freud [M]. Cambridge, MA: Harvard University Press, 1990: 167.

因素。

福柯认为上述说法具有历史误导性[1]，表明没有真正反对尸检。然而，在18世纪左右，至少可能有两种书写身体的历史。福柯似乎提供了一种官方的医学启蒙史，或者至少他认为这种“理性”的方法优于法国历史学家儒勒·米什莱（Jules Michelet）的神话倾向。但是，这是一种忽视大众想象力的热门观点，至少在英国，人们热衷于哥特式小说和其他类似的惊悚刊物。对于这些人来说，冷静的启蒙逻辑可能并没有那么令人信服；反之，令人毛骨悚然的尸体会吸引他们的注意力。根据备受推崇的艺术经典作品，身体的审美化使得骨骼变得“令人肃然起敬”，它很容易引起人们的反感，因为人们不喜欢那些诡异的东西。福柯的历史似乎不能解释我们所看到的审美化，但是“哥特式”的历史却可以。

三、美丽的身体：服饰改革源于美学

18世纪解剖学的美学基础，似乎被19世纪的服装改革者继承下来了。他们还需要一个绝对具有较高文化价值的身体模型，以反对他们想要批评的紧绷变形的身体，他们又在古代艺术作品中找到了他们的模型。中产阶级女士找不到可接受的身体模型，由于“正常的”中产阶级女性的身体被饰带紧绷着，因此在改革者的眼中是“变形的”。他们提出一种基于未受鲸须制品吸引的“下等”阶层中的没有穿紧身衣的女性作为替代模型，有可能是一种冒进的策略，所以，“古典的”身体——

[1] Michel Foucault. The Birth of the Clinic. An Archaeology of Medical Perception [M]. Translated from the French version by A. M. Sheridan Smith. New York: Pantheon Books, 1973 [1963]: 124-125.

作为一种模型触手可得，广为人知且无疑是文明的——被要求履行关键职责。早在 1834 年，库姆博士（Dr. Combe）就认识到：

> 维纳斯雕像展现了自然轮廓，被艺术家和有修养的人公认为最美丽的女性形象：因此，它被认为是古今最好的雕像之一。然而，被无知所误导的、有着错误和最怪诞品位的时尚女性，以及她们无数的模仿者，乃至生活中最底层的人，都逐渐把小蛮腰视为值得付出任何代价或作出牺牲而得到的美。❶

正如牛顿（Newton）所言，在 19 世纪后期，“作家们反复号召人们来鉴赏古希腊人的艺术，用来支持他们的美学和卫生理论”❷。在所有学者中，弗雷德里克·特里夫斯在其 1883 年发表的一篇关于服装对健康影响的文章中，或许最清楚地描述了古典和当代身体之间的对照：

> 现在，在艺术为表现女性的美丽所作出的所有最出色的尝试中，这个健康而完美的女性轮廓一直被虔诚地保存着……著名的维纳斯·迪·梅迪奇就恰如其分地勾勒出这一轮廓……有些人会说，维纳斯的轮廓粗糙而笨拙，而主

---

❶ Andrew Combe. The Principles of Physiology Applied to the Preservation of Health and to the Improvement of Physical and Mental Education [M]. Fourteenth edition. Edited by James Coxe. 1852 [1834]: 1820. London. Quoted in Newton q. v. 1974: 23.

❷ Stella Mary Newton. Health, Art and Reason. Dress Reformers of the Nineteenth Century [M]. London: John Murray, 1974.

> 张更现代的形象给人一种苗条的、令人赏心悦目的印象，并在整体上呈现出一种更令人愉悦的形态。关于此问题，我们不必赘述，就能指出维纳斯的雕像在解剖学意义上是完美的，发育健全、身体健康。如果这样的外形是粗糙且令人反感的，那么这也是自然状态下的粗糙，但是单纯地展现身体活力也会令人感到不适。在维纳斯身上，从肩膀到臀部有一个柔和的曲线，所有的部位都是成比例的，其身体的实际轮廓恰好符合美的原则。在现代的人体塑像中，腰部突然收缩；相比之下，肩膀和臀部则显得笨重，轮廓突出且缺乏适当的松弛，而且从解剖学的角度来看，身体的比例已经不复存在。❶

对于那些声称“自然”是不雅的人来说，特里夫斯指出，“自然”的维纳斯以其“柔和的曲线”“精确地符合美的原则”，而现代的身体既笨重又不合比例，所以，与古典的模型相比，它远非美丽之物。在艺术家中，奥斯卡·王尔德（Oscar Wilde）在其他服装改革时期也赞扬了希腊的比例，认为未来的服装将是来自“希腊美的原则与德国健康原则的一种延续”❷，然而画家瓦茨（G. F. Watts）在他的一篇关于着装风格的文章中称赞“古希腊人与生俱来的品位”，与“完美女士”扭曲的形体不同。❸ 在这种语境下，“自然”的身体在任何科学意义上是不

❶ Frederick Treves. The Influence of Dress on Health [M]//Malcolm Morris. The Book of Health. London: Cassell & Co, 1883: 499.

❷ Oscar Wilde. Woman's Dress [M]//Art and Decoration. Being Extracts from Reviews and Miscellanies. London: Methuen, 1920 [1884]: 64.

❸ G. F. Watts. On Taste in Dress [J]. The Nineteenth Century, 1883-02-13: 46-47.

“自然的”，而是对古希腊和古罗马艺术的建构。

一旦这个“自然”的身体通过美学成功地建构起来，我们就有可能转向科学和医学方法，以确保我们的身体能够与理想状态相适应。与特纳的观点一样，这不仅是因为自然科学对身体提出了不可置疑的要求，而且排除了人文科学和社会科学的影响，因为它们可能遵循了我们现在所看到的“美学－自然的”身体。随后他们可能在这个身体上建立起自己的技术理性主义帝国，最终抹去了美学元素，但这样的身体并没有消失。事实上，美容科学和整容手术是以人体的美学自然模式为基础的，在亚瑟·弗兰克（Arthur Frank）所称的“镜像身体”❶的消费主义时代，它们可能变得愈加重要。

四、诚实的美学

服装改革与19世纪的一些艺术作品一样，都热衷于重建诚实的道德美德。以艺术装饰为例，道德美德体现在家居用品的设计上。每样东西都必须更加简易、轻便，最重要的是要更加诚实。阿德里安·福蒂写道：“虚假和欺骗都是被禁止的：掩盖其制造方式或制造材料的家具，被认为是不诚实的，因此应当避免此种情况的发生。”❷ 但是，一件家具试图表现出它非本真的样子，这有什么问题吗？埃迪斯上校在1883年写道：

❶ Arthur W. Frank. For a Sociology of the Body: An Analytical Review [M]// Mike Featherstone, Mike Hepworth, Bryan S. Turner. The Body Social Process and Cultural Theory. London: Sage, 1991: 53.

❷ Adrian Forty. Objects of Desire. Design and Society since 1750 [M]. London: Thames and Hudson, 1986: 111－112.

> 如果你满足于在你的家什上造假，你就很难对其他欺骗手段感到惊讶……所有这些进入日常生活的“虚幻的阴影”，必然会对家庭中的年轻成员造成不良影响，他们在这种持续不断地涌现虚假和欺骗的环境中长大，反而看不出其中的问题所在。❶

如果你的家具是假的，你的孩子也会这样做。对济慈（John Keats）而言，“美就是真理，真理就是美”［《希腊古瓮颂》，（*Ode on a Grecian Urn*）］：真理和诚实似乎是同一回事，所以我们也可以说，美即诚实，诚实即美——而室内家具的设计则肩负着灌输家庭美德的道德使命。文明的秩序可以通过艺术来实现，这无疑可以节约一些代价更高的高压手段，令资本主义工业化所引起的社会巨变重返秩序。

艺术家具的诚实主题也可以在服装中发现。例如，戈奇（J. A. Gotch）“毫无例外地谴责用于装饰的人造花、填充或组装的玩具鸟以及假蝴蝶结这些装饰物”。他认为使用这些物件在艺术意义上是“邪恶的”，因为它们意在欺骗。❷ 而瓦茨主张，“艺术不可能使任何自然物体看起来都迥然不同，这不能称为良好的判断力和品位。良好的品位表现为充分利用大自然的意图，而非试图颠覆它”❸。但也许诚实美学的最佳代表之一是玛丽·费城·梅里菲尔德（Mary Philadelphia Merrifield）于1854

---

❶ Adrian Forty. Objects of Desire. Design and Society since 1750 [M]. London: Thames and Hudson, 1986: 113.

❷ Anonymous. Dress. An Article on a Paper by J. A. Gotch, read before the Architectural Association [J]. Hibernia, I (1882-06): 100.

❸ G. F. Watts. On Taste in Dress [J]. The Nineteenth Century, 1883-02-13: 48.

年创作的《作为精美艺术的服装》(*Dress as a Fine Art*)。对她而言，“作为一个普遍原则……每个人都可能努力建立或改善自己的个人形象，如果照这样做，人们就没有欺骗罪”。❶ 那么，服装可以美化我们本来的样子，但决不能引起误解。我们必须从“我们的个人比例、肤色、年龄和社会地位”开始，同时尽可能地将它们衬托出来。

> 目标之最完美的真实和诚恳将被察觉到。除了画家所运用的方法以外，没有任何骗术和诡计，画家把他的主题设置成最令人赏心悦目的形式，选择协调的颜色进行搭配；以及制造商研究线条和颜色的令人愉悦的组合。❷

对于梅里菲尔德来说，艺术的作用通常是以一种美学上令人愉悦的形式来展现实情，而不是将其隐藏在美学上令人愉悦的表象背后，而这种表象向观众承诺了一些全然不同的东西。我们的“社会地位”绝不能在视觉上被蒙蔽，因此我们的外表必须符合事实（特别是我们的社会地位），这种节约法令的旧观念在此得以延续。然而，我们有一种特定的美学标准，而不是粗暴的法律方法：美是加强真理，而不是支持谬误。例如，年龄不能通过使用彩妆或假发来掩饰：从道德层面来讲，这“比愚蠢更糟糕；人们认为采用一种欺骗的观点都是为了说谎，它应该和信口雌黄一样令人憎恶”。莱蒂·佩吉特（Lady

❶ Mary Philadelphia Merrifield. Dress as a Fine Art [M]. London: Arthur Hall, Virtue, and Co, 1854: 1.

❷ Mary Philadelphia Merrifield. Dress as a Fine Art [M]. London: Arthur Hall, Virtue, and Co, 1854: 2.

Paget）对颜料和化妆品也有类似的看法，她说："它们对健康和美丽是致命的，就像它们实际上是误导性的一样。"❶

但是，年龄和"社会地位"并非如实地呈现出独一无二的社会属性，"说谎"也不仅仅是违反了某些抽象的道德准则：

> 然而，如前所述，我们可以自由地通过适宜的穿着来改善我们的自然容貌，我们认为我们有责任大胆地说出来，以免被认为是以任何方式赞成欺骗。我们提到的是由疾病引起的身体缺陷，这些缺陷常常与美丽的容貌联系在一起，有时又被如此小心地隐藏在衣服下，直到结婚以后才被发现。❷

未来的配偶也要如实地了解对方的身体状况。当金（King）在抱怨衬裙时，可能会想到类似的骗术："它蒙蔽了我们的视线和认知，隐藏了不良的着装风格所造成的变形。"❸ 无论是由疾病引起的身体问题，还是由实际穿的服装类型引起的问题，诚实的美学都需要充分地展示出来。

在服装改革者的案例中，理论层面上的诚实似乎在实践层面上转化为功利主义。我们对服装"诚实的"解读是，假设每件事情看起来与其背后的某种"真相"相符合，那么服装的每一部分都有其特定的功能。如果服装没有与某种功能相对应，

---

❶ Lady W. Paget. Common Sense in Dress and Fashion [J]. The Nineteenth Century, 1883-03-13: 459.

❷ Mary Philadelphia Merrifield. Dress as a Fine Art [M]. London: Arthur Hall, Virtue, and Co, 1854: 4.

❸ E. M. King. Rational Dress; or the Dress of Women and Savages [M]. London: Kegan Paul, Trench and Co, 1882: 17.

那么它将会误导观者认为它背后有一个确凿的事实存在，而其实什么也没有，除了可能是一个玩笑般的讥讽的象征。而观者却一头雾水似的，并不感到好笑。对戈奇来说，没有像褶边那样的“毫无意义的多余物”❶，任何无用的东西对王尔德来说都是“违背着装的原则”❷，而梅里菲尔德认为所有装饰物都是“旨在适合一些有益的用途而设计的”❸。举例而言，一枚胸针或一个丝带蝴蝶结应该系紧衣服的某个部分；一条金链应该安装在手表、眼镜或其他物品上。佩吉特把美理解为实用的自然结果，她提出“我们欣赏中世纪高贵的尊严和精美的成衣，这主要取决于衣服所需的装饰”❹。艾达·巴林（Ada Ballin）在其著作《理论与实践中的着装科学》中进一步提道：“我们远非对美毫无概念，时间会验证人类是最高级及最纯粹的理想化身。美对于我们而言只是反映这种存在的途径。”❺

王尔德举例说明了这种真实存在的美是什么样子的，他将美国西部的矿工视为他在整个国家旅行中所见到的唯一穿着讲究的一群人：

> 他们的宽边帽遮住了脸，使其面部不受阳光的照射，

❶ Anonymous. Dress. An Article on a Paper by J. A. Gotch, read before the Architectural Association [J]. Hibernia, I (1882 -06): 99, 100.

❷ Oscar Wilde. More Radical Ideas upon Dress Reform [M]//Art and Decoration. Being Extracts from Reviews and Miscellanies. London: Methuen, 1920 [1884]: 70.

❸ Mary Philadelphia Merrifield. Dress as a Fine Art [M]. London: Arthur Hall, Virtue, and Co, 1854: 85.

❹ Lady W. Paget. Common Sense in Dress and Fashion [J]. The Nineteenth Century, 1883 -03 -13: 458, 462.

❺ Ada S. Ballin. The Science of Dress in Theory and Practice [M]. London: Sampson Low, Marston, Searle, and Rivington, 1885: 3.

> 也不被雨水淋湿，而这件斗篷是迄今为止最漂亮的一件织物，人们对它的赞美之情溢于言表。他们的高筒靴也是实用而耐穿的。他们只穿舒适的衣服，因此显得很漂亮。❶

一般而言，王尔德笔下的服装是实用的，并且能够适应不同的环境："一顶按照正确的原则制作的帽子，人们应该能够根据天气阴沉或晴朗、干燥或潮湿来决定把帽檐向上或向下翻动；简言之，这件衣服的价值是，其每一部分都表现出来一种习俗。"❷

五、适宜的身体和健康的美学

但是这些美学功利主义的诚实会带来什么呢？诚实的着装是为了揭示身体的真实性（除此之外，还有社会阶层），因为它绝不会误导人。但它指的是什么样的身体呢？我们从以上的讨论中已经得知，对于服装改革者来说，"真实的"身体建立在古代艺术表现的基础之上，古代艺术表现被理解为"自然"身体思想的存在，即古代人体石刻雕像。当我们试图把古老的石头翻译成当代的肉体时，会出现什么情况呢？特里夫斯使用了一幅米洛的维纳斯（Venus de Milo）的绘画来展示身体内部器官的自然位置，推测是因为在现实生活中没有可接受的模型，而理由我们之前已提到过。雕像很少有内脏这一事实似乎并没

❶ Oscar Wilde. House Decoration [M]//Essays and Lectures. Second edition. London: Methuen, 1909 [1882]: 164.

❷ Oscar Wilde. More Radical Ideas upon Dress Reform [M]//Art and Decoration. Being Extracts from Reviews and Miscellanies. London: Methuen, 1920 [1884]: 70, 74.

有困扰他，所以他确信维纳斯的身体代表着自然的女性身体。他认为26英寸或27英寸的腰围是完美女性体形的特征，但“据我所知，现在流行的腰围是20～22英寸——表明减少了腰围的周长”❶。在他看来，这种压迫对内脏造成一些严重的影响：

> 这不仅是挤压皮肤、肌肉和骨骼的问题，也是挤压肺、胃和肝脏的问题。对那些生前过度使用紧身腰带的人死后的尸体进行检验，强有力地说明了这种行为所造成的后果。肝脏被向下挤压，或多或少地从它的适当位置移出……胃会被拖出原来的位置，并且常常在结构上有所改变。隔膜被向上推挤，侵占了肺部空间，心脏则往往因不足的位移空间而忍受痛苦。❷

然后，特里夫斯详细地描述了紧身束带对呼吸、循环、心脏、“躯干的肌肉器官”和身体的大致轮廓所造成的危害。同样地，金也抱怨了重要器官受到压迫后的影响，他写道：“几乎从青年时期开始，女性的肌肉和器官发育都受到了抑制，她们的健康受到了损害，她们的神经能力被所穿的衣服损耗。”❸罗克西·安·卡普林（Roxey Ann Caplin）也谴责了“紧身束带

---

❶ Frederick Treves. The Influence of Dress on Health ［M］//Malcolm Morris. The Book of Health. London：Cassell & Co，1883：501.

❷ Frederick Treves. The Influence of Dress on Health ［M］//Malcolm Morris. The Book of Health. London：Cassell & Co，1883：502－503.

❸ E. M. King. Rational Dress；or the Dress of Women and Savages ［M］. London：Kegan Paul，Trench and Co，1882：5.

的罪恶”[1]，梅里菲尔德甚至问道：“身体如此遭受变形的人［系紧身束带］会有不良的健康状况，或者她们应该会产下不健康的后代吗？难怪这么多年轻的母亲不得不为失去第一个孩子而哀悼？这难道不令人感到奇怪吗？”[2]

然而紧身束带到底有什么用途呢？它提供了哪些服务呢？19 世纪后期的欧洲文明女性故意挤压身体的行为，对于服装改革者来说，一定是不合理和难以理解的做法，事实上，金[3]和特里夫斯[4]都认为，紧身束带是欧洲女性比男性处于较低文明程度的一个标志，与“野蛮人”处于同等的发展水平。瓦茨也同时提到“野蛮人”和“有教养的女士”。[5] 然而，戴维·昆泽尔（David Kunzle）将紧身束带理解为一种刻意的和相当理性的策略，认为它可以被视为“抗议女性完全融入持续生儿育女的生活，以及限制女性的性行为仅限于生育目的”[6]。我们不提倡使用这种紧身束带，这似乎与禁食行为和神经性厌食症有着相同的倾向，即把身体作为武器，以达到特定的目标。例如，戈登·泰特（Gordon Tait）指出，一些中世纪妇女把禁食作为一种达到虔诚状态的方式，因为她们的身体是唯一可便捷获得的

[1] Roxey Ann Caplin. Woman and Her Wants. Lectures on the Female Body and its Clothing ［M］. London：Darton and Co，1860：38.

[2] Mary Philadelphia Merrifield. Dress as a Fine Art ［M］. London：Arthur Hall，Virtue，and Co，1854：25.

[3] E. M. King. Rational Dress；or the Dress of Women and Savages ［M］. London：Kegan Paul，Trench and Co，1882：4.

[4] Frederick Treves. The Influence of Dress on Health ［M］//Malcolm Morris. The Book of Health. London：Cassell & Co，1883：497.

[5] G. F. Watts. On Taste in Dress ［J］. The Nineteenth Century，1883 – 02 – 13：46.

[6] David Kunzle. Fashion and Fetishism ［M］. Totowa，NJ：Rowman and Littlefield，1982：44.

机制，这种机制令她们能够实践行为准则的“阳刚”特征，从而表现出圣洁。[1] 对于特纳（Turner）而言，厌食症患者设法通过消瘦的身体获得“个人权力和道德优越感”[2]。因此，尽管紧身束带和禁食乍看起来令人感到奇怪，但它们都可以被解释为更普遍地使用身体作为一种资源的实例，以达到身体的“主人”没有替代资源的特定目的的方法。至少从这个角度来看，紧身束带是一种合理的实践方法。诚然，对于那个时期的多数其他女性而言，紧身束带也许只是又一个更涂尔干式的社会现实，它既不是理性的，也不是非理性的，只是社会中一个已知的事实。举例而言，如果紧身束带很流行，就要买一个，反之，就会被认为是不够时尚的，因此被排除在受尊重的同伴之外。根据一个凡勃伦式（Veblenian）的解释，紧身束带可以增加女性身体的魅力指数，显然，丈夫有足够的财富，不需要妻子从事低效益的工作。女人的脚越小，走路越蹒跚，她在家中的社会地位就越高。昆泽尔的方法可能解释了紧身束带的特定目标导向用途，但既没有解释紧身束带最初是如何成为一种可用的东西，也无法解释系紧身束带的人是否都以这种理性的方式看待问题。在涂尔干的模式中，我们也许感到被社会事物强加的真实性所驱使，从而被迫以某种方式行事，这可以解释为什么人们未经深思熟虑而普遍使用紧身束带，但同样没有告诉我们为什么存在特定的社会事实。凡勃伦似乎更接近于展示系紧身

---

[1] Gordon Tait. “Anorexia Nervosa”: Asceticism, Differentiation, Government Resistance [J]. The Australian and New Zealand Journal of Sociology, 1993, 29 (2): 194 - 208.

[2] Bryan S. Turner. Regulating Bodies [C]//Essays in Medical Sociology. London: Routledge, 1992: 221.

束带的身体的社会功能，同时也表明为什么这样的身体更可能是女性。因此，他回答了理性服饰社会的创始人哈伯顿子爵夫人的问题："为什么要假定男性的形体完全来自于造物主之手，而女性的形体则需要不断地修整和塑形，才能使其看起来漂亮?"❶"不断地修整和塑形"是必要的，因为在消费主义展示的特定历史时期，变形的女性身体构成了男性社会价值的重要因素。

无论是否引用古代雕像的例子，服装改革的作品都分享了一个理想的身体模型，将其视为一种自然而健康的事物。着装的目的不是通过像紧身束带这样的方式来改变自然形态，而是为了展示原貌。这个主题在这一时期的文本中反复出现：例如，对于玛丽·尼科尔斯（Mary Nichols）而言，"服装的完美之处在于它对人类形体之美的适合度和适应力"❷，而卡普林则希望服装"充分展示自然形成的绝美的身段"❸。玛丽·伊丽莎·霍伊斯（Mary Eliza Haweis）写道："让人体支配服装，而非屈从于它"❹，而伯纳德·罗斯（Bernard Roth）认为："服装不应该制造变形，而是应该处处遵循人体的自然线条。"❺ 特里夫斯认为，"对女人而言，服装最能显现她的身份，最准确地再现了

❶ F. Harberton. Rational Dress Reform [J]. Macmillan's Magazine, 1882 (45): 458.

❷ Mary S. G. Nichols. The Clothes Question Considered in its Relation to Beauty, Comfort, and Health [M]. London: published by the author, 1878: 86.

❸ Roxey Ann Caplin. Health and Beauty; or, Corsets and Clothing Constructed in Accordance with the Physiological Laws of the Human Body [M]. London: Darton and Co, 1857: 1.

❹ Mary Eliza Haweis. The Art of Dress [M]. London: Chatto and Windus, 1879: 21.

❺ Bernard Roth. Dress: Its Sanitary Aspect [M]. London: J. and A. Churchill, 1880: 16.

裸体的精致轮廓”[1]，而对于戈奇而言，“没有什么比自然的人类形象更漂亮了，因此用紧身束带或高跟鞋来破坏它……或者任何形式的填充料、垫料等赘物都与常识和艺术相悖”。[2]

自然的身体也被认为是健康的身体，所以服装和健康之间的联系第一次被牢固地建立起来。特里夫斯的定位最简洁：

> 完美的服装……应该为身体提供适宜的保护，并将身体保持在适当的温度下。这些目的应在不影响任何自然功能和不限制任何自然运动的情况下实现。衣料应确保不会对与之接触的身体部位产生有害影响。[3]

当时的服装评论家普遍认同肢体自由活动的概念，梅里菲尔德[4]、戈奇[5]和巴林[6]都认为服装必须符合这一点。

追求自然健康的身体带来了另一种审美元素，添加到了上文已经论述过的审美化的“自然”身体上。人们认为，要想变得漂亮，首先必须保持健康（当然，穿着可以被称作“健康服”的衣服与当今的健康食品类似，它们具有上文中特里夫斯

---

[1] Frederick Treves. The Influence of Dress on Health [M]//Malcolm Morris. The Book of Health. London: Cassell & Co, 1883: 494.

[2] Anonymous. Dress. An Article on a Paper by J. A. Gotch, read before the Architectural Association [J]. Hibernia, I (1882-06): 99.

[3] Frederick Treves. The Influence of Dress on Health [M]//Malcolm Morris. The Book of Health. London: Cassell & Co, 1883: 463.

[4] Mary Philadelphia Merrifield. Dress as a Fine Art [M]. London: Arthur Hall, Virtue, and Co., 1854: 5.

[5] Anonymous. Dress. An Article on a Paper by J. A. Gotch, read before the Architectural Association [J]. Hibernia, I (1882-06): 99.

[6] Ada S. Ballin. The Science of Dress in Theory and Practice [M]. London: Sampson Low, Marston, Searle, and Rivington, 1885: 3, 100, 102, 173.

所描写的那些特性）。对于梅里菲尔德而言，“没有健康就没有真正的美”❶。金是这样认为的，“真正的美丽和优雅是完美的健康、健全的发展和舒畅的心情”❷。王尔德则认为，当身体处于自由和无约束的状态下进行呼吸和运动时，身体会更健康，因此也会更美丽。❸ 尼科尔斯的观点是，“真正的美丽与健康之间是不可分割的关系”❹。一位不知名的国家健康协会成员宣称，“如果女孩们愿意承认健康的重要性，也就是承认美丽的重要性”❺。

如果服装曾经从属于身体本身和它的社会意义，那么服装改革者则希望服装从属于自然身体的观念。对这种类型的身体着迷，使他们在裸体主义哲学中找到其本身逻辑的延伸。他们本身关心的是“最严格的端庄要求”❻，并分享了宗教上的羞耻问题，但后人对此并不感到忧虑。的确，“远离羞耻！”是俄罗斯裸体主义者的口号。❼ 莫里斯·帕梅莱（Maurice Parmelee）讨论的一个案例是，自然身体的发现导致了人们试图重新融入

---

❶ Mary Philadelphia Merrifield. Dress as a Fine Art [M]. London: Arthur Hall, Virtue, and Co., 1854: 96.

❷ E. M. King. Rational Dress; or the Dress of Women and Savages [M]. London: Kegan Paul, Trench and Co., 1882: 7.

❸ Oscar Wilde. Woman's Dress [M]//Art and Decoration. Being Extracts from Reviews and Miscellanies. London: Methuen, 1920 [1884]: 60.

❹ Mary S. G. Nichols. The Clothes Question Considered in its Relation to Beauty, Comfort, and Health [M]. London: published by the author, 1878: 38.

❺ Anonymous. How to be Strong and Beautiful. Hints on Dress for Girls by a Member of the National Health Society [M]. London: Allman and Son, ca 1880: 14-15.

❻ Frederick Treves. The Influence of Dress on Health [M]//Malcolm Morris. The Book of Health. London: Cassell & Co, 1883: 494.

❼ Tatyana Konstantinova Strizhenova. Iz istorii sovetskogo kostyuma [M]. Moskva: Sovetskii khudozhnik, 1972: 21.

自然，“但是，只有在裸体的情况下，自然和个人才能直接融为一体、其乐融融，因此人与自然之间就没有任何人造物，也会觉得自己完全是大自然中的一员”❶。然而，对裸体主义和裸体主义运动的论述并不是目前本书的研究范围。

因此，服装改革者的身体是将美丽、健康和自然结合在一起的特定观念领域，这个身体应该穿上美学功利主义流派舒适的最新式服装。人们常常在严格的体育运动场合之外穿着舒适的运动衣，在该时期，19 世纪服装改革者的革新理念似乎已转变为大众自发的着装哲学。

第一节　生产者的身体：20 世纪初期的苏联建构主义者

在考虑到苏联建构主义者解决共产主义革命社会中的着装问题之前，卡尔·马克思为苏联社会提供了许多理论基础，这也许有助于勾勒出作家作品中出现的身体模型。

一、生产是人类决定性的特征

工人主体是马克思思想的核心。这激发了他对资本主义的分析，也是他对共产主义者社会革命的转型的灵感所在。如果忽略阿尔都塞（Althusser）等论者提出的马克思著作中早期（“人文主义者”）和晚期（“科学的”）的划分的话，这一观点从马克思的《1844 年经济哲学手稿》［《手稿》（*Manuscripts*）］

❶ Maurice Parmelee. Nudity in Modern Life; the New Gymnosophy ［M］. London: Noel Douglas, 1929: 11.

一直延续到《资本论》。❶ 它远没有被《资本论》通常高度抽象和理论性的问题所废止，而是继续出现在后期的文本中。特纳指出，马克思主义者很少关注身体的问题，因为“革命的禁欲主义反对中产阶级的肥胖”❷，毫无疑问，马克思后期的论点是身体并非在概念上可见，身体对以思想为中心的人文和社会科学也同样适用。❸ 但是，阅读马克思本人的作品，就可以清楚地看到身体的存在。服装改革者关注由衣服和束带所引起的身体变形，并在自然的美学版本中找到他们“适宜的”身体，而马克思关注由资本逻辑所引起的身体变形，并在物种存在的哲学中找到他“适宜的”身体。在这两个例子中，“适宜的”身体概念，即目前扭曲和变形的状况，导致了对这些条件发生巨变的争论。我们已经在服装改革者的案例中对此有所了解，所以现在让我们细看马克思主义的推论。

那么是什么使得人类成为人类？马克思和恩格斯对此回答如下：

> 可以根据意识、宗教或随便别的什么来区别人和动物。一旦人们自己开始生产他们所必需的生活资料的时候（这一步是由他们的肉体组织所决定的），他们就开始把自己

---

❶ Louis Althusser. For Marx [M]. Translated by Ben Brewster. London: NLB, 1977 [1965]. 由于 1844 年的《手稿》直到 1932 年才出版（Lucio Colletti. Introduction [C]//Karl Marx. Early Writings [M]. Translated by Rodney Livingstone and Gregor Benton. Harmondsworth: Penguin, in association with New Left Review, 1975: 7.），建构主义者也不可能见到这个特定的文本。然而，马克思和建构主义者的立场在此显然是一致的。

❷ Bryan S. Turner. The Body and Society. Explorations in Social Theory [M]. Oxford: Blackwell, 1984: 187.

❸ Bryan S. Turner. Regulating Bodies. Essays in Medical Sociology [C]. London: Routledge, 1992: 32.

> 和动物区别开来。人们生产他们所必需的生活资料，同时也就间接地生产着他们的物质生活本身…… ［个人］ ……同他们的生产是一致的——既和他们生产什么一致，又和他们怎样生产一致。因此，个人是什么样的，这取决于他们进行生产的物质条件。[1]

那么，人类在本质上就是生产者：劳动造就了我们。正如亚瑟（C. J. Arthur）所指出的那样[2]，这一观念在《手稿》《德意志意识形态》和《资本论》中是普遍的，因此我们可以假定它是马克思主义理论中基本不变的推论之一。但是，当“劳动”出现时，实际上发生了什么？而这与身体有什么关系呢？马克思这样写道：

> 在劳动过程中，劳动不断由动的形式转为存在形式，由运动形式转为物质形式。一小时终了时，纺纱运动就表现为一定量的棉纱，于是一定量的劳动，**即一个劳动小时，物化在棉花中。我们说劳动小时，就是纺纱工人的生命力在一小时内的耗费**，因为在这里，纺纱劳动只有作为劳动力的耗费，而不是作为纺纱这种特殊劳动才具有意义。[3]（作者的强调）

[1] Karl Marx，Frederick Engels. The German Ideology ［M］. Part One，with selections from Parts Two and Three. Edited with an Introduction by C. J. Arthur. London：Lawrence and Wishart，1989 ［1846］：42.

[2] Karl Marx and Frederick Engels. The German Ideology ［M］. Part One，with selections from Parts Two and Three. Edited with an Introduction by C. J. Arthur. London：Lawrence and Wishart，1989 ［1846］：21.

[3] Karl Marx. Capital. A Critical Analysis of Capitalist Production ［M］. Volume I. Translated from the third German edition by Samuel Moore and Edward Aveling and edited by Frederick Engels. London：Lawrence and Wishart，1974 ［1867］：184.

被称为人类，意味着我们身体的劳动活动——我们的汗水和血液，正如马克思所说的❶——被具体化为物质。此外，"生产生活本来就是类生活。这是产生生命的生活。一个种的全部特性、种的类特性就在于生命活动的性质，而人的类特性恰恰就是自由的、自觉的活动。"❷ 因此，要想成为正常的人，就意味着我们从事自由意识的生产，在自由生产和自由构思的对象中体现出我们身体的作用。这种自由也适用于劳动分工，正如我们在共产主义社会的理想描述中所看到的：

> 任何人都没有特定的活动范围，每个人都可以在任何部门内发展，社会调节着整个生产，因而使我有可能随我自己的心愿今天干这事，明天干那事，上午打猎，下午捕鱼，傍晚从事畜牧，晚饭后从事批判，但并不因此就使我成为一个猎人、渔夫、牧人或批判者。在共产主义社会里，没有单纯的画家，只有把绘画作为自己多种活动中的一项活动的人们。❸

这个"适宜的"身体是这样的：无论何时都能自由地生产出它所喜爱的东西。在这个视域中，经济及其对象是生产者的

---

❶ Karl Marx. Capital. A Critical Analysis of Capitalist Production [M]. Volume I. Translated from the third German edition by Samuel Moore and Edward Aveling and edited by Frederick Engels. London: Lawrence and Wishart, 1974 [1867]: 443.

❷ Karl Marx. Economic and Philosophical Manuscripts [C]//Early Writings. Translated by Rodney Livingstone and Gregor Benton. Harmondsworth: Penguin, in association with New Left Review, 1975 [1844]: 328.

❸ Karl Marx, Frederick Engels. The German Ideology [M]. Part One, with selections from Parts Two and Three. Edited with an Introduction by C. J. Arthur. London: Lawrence and Wishart, 1989 [1846]: 54, 109.

身体显示出来的愉悦结果，这个身体能够完全控制其行为。当然，在资本主义制度下，事情发展并不如人所料。确实，经济及其对象未成为一个自由身体的结果，而身体成为经济和那些对象畸形且发育不良的奴隶。劳动开始变得异化，并且工人的身体为此付出了沉重的代价。

二、异化的劳动、资本和身体

当我们的劳动产品不再属于我们时，促使我们成为人类的劳动就异化为他人控制的对象。对于马克思而言，这意味着：

> 异化劳动从人那里夺去了他的生产的对象，也就从人那里夺去了他的类生活，即他的现实的、类的对象性，把人对动物所具有的优点变成缺点……异化劳动使人自己的身体，以及在他之外的自然界，他的精神本质，他的人的本质同人相异化。❶

从某种意义上讲，人类的身体与其他动物的身体稍有不同。这也许已经够糟糕了，但是在资本主义制度下，只有通过最勉强的方式，工人的身体才能被转换成某种保持（纯粹的）动物性的有机活力："工人不幸而成为一种活着的，因而是贫困的资本，这种资本只要一瞬间不劳动便失去自己的利息，从而也失去自己的生存"。❷ 与资本中的任何要素一样，工人的身体潜

---

❶ Karl Marx. Economic and Philosophical Manuscripts [C]//Early Writings. Translated by Rodney Livingstone and Gregor Benton. Harmondsworth: Penguin, in association with New Left Review, 1975 [1844]: 329.

❷ Karl Marx. Economic and Philosophical Manuscripts [C]//Early Writings. Translated by Rodney Livingstone and Gregor Benton. Harmondsworth: Penguin, in association with New Left Review, 1975 [1844]: 335.

能应得到最大限度的发挥。如今，身体不仅被降格为动物（通过异化劳动），而且变成了机器的一部分（通过异化劳动与资本协同作用）。马克思对人类物种的双重否定的憎恶并没有在《资本论》中消失，而是转化为资本对实际的、具体存在的人体所带来强烈的愤怒之情。它受到延长工作日的影响（以延长工作日为例）：

> 它侵占人体成长、发育和维持健康所需要的时间。它掠夺工人呼吸新鲜空气和接触阳光所需要的时间。它克扣吃饭时间，尽量把吃饭时间并入生产过程，因此对待工人就象对待单纯的生产资料那样，给他饭吃，就如同给锅炉加煤、给机器上油一样。资本把积蓄、更新和恢复生命力所需要的正常睡眠，变成了恢复精疲力尽的机体所必不可少的几小时麻木状态。……资本是不管劳动力的寿命长短的。它唯一关心的是在一个工作日内最大限度地使用劳动力。它靠缩短劳动力的寿命来达到这一目的，正象贪得无厌的农场主靠掠夺土地肥力来提高收获量一样。……资本主义生产……通过延长工作日，不仅使人的劳动力由于被夺去了道德上和身体上的正常发展和活动的条件而处于萎缩状态，而且使劳动力本身未老先衰和死亡。它靠缩短工人的寿命，在一定期限内延长工人的生产时间。[1]

工厂的条件是威胁生命的，因为身体仅仅是资本（劳动力）

[1] Karl Marx. Capital. A Critical Analysis of Capitalist Production [M]. Volume I. Translated from the third German edition by Samuel Moore and Edward Aveling and edited by Frederick Engels. London: Lawrence and Wishart, 1974 [1867]: 252 - 253.

的必需品的房屋，一个非常重要的也很容易在市场上买到的成品房。《资本论》中反复提到一点：只要有备用的房屋，它就可以被安全耗尽，同样身体也仅仅被视为一个机器的零部件。❶

共产主义的主要目标之一，就是把这个身体转变成一个健康的身体，从对费尔巴哈的这段批判中可以明显看出：

> 比方说，当他看到的是大批患瘰疬病的、积劳成疾的和患肺病的贫民而不是健康人的时候，便不得不诉诸“最高的直观”和理想的“类的平等化”，这就是说，正是在共产主义的唯物主义者看到改造工业和社会制度的必要性和条件的地方，他却重新陷入唯心主义。❷

工人资本化变形的身体需要革命的共产主义：这似乎是马克思主义核心的道德动力。

三、新苏维埃联盟的工人身体

俄国十月革命预示着资本的病态逻辑的终结，人们期待一个新的工人的身体出现。正如马克思、恩格斯在《德意志意识形态》中阐述的方法一样，人类被视为最重要的生产者。身体是生产者的具体体现，20 世纪 20 年代的俄国建构主义者继承

---

❶ Karl Marx. Capital. A Critical Analysis of Capitalist Production [M]. Volume I. Translated from the third German edition by Samuel Moore and Edward Aveling and edited by Frederick Engels. London: Lawrence and Wishart, 1974 [1867]: 321, 330, 364, 372, 397 -399.

❷ Karl Marx and Frederick Engels. The German Ideology [M]. Part One, with selections from Parts Two and Three. Edited with an Introduction by C. J. Arthur. London: Lawrence and Wishart, 1989 [1846]: 64.

了马克思和服装改革者的双重遗产："生产的服装"一经设计，穿起来也很舒适。

读者可能会怀疑十月革命对服装产生的影响，但早在1919年，我们就读道："伟大的俄国革命一定也证明了它对人们的外部装扮产生影响。新衣服不仅要舒适且优雅，而且要完全依赖当代的经济状况，并且符合卫生要求"。❶ 正如塔蒂亚娜·斯特里热诺娃（Tatyana Strizhenova）所指出的那样，这种观点并不罕见：

> 为工人创造新的服装样式具有重要的意义。在1918年……成立了当代服装工作室。它的宗旨是［著名设计师］拉玛诺瓦（Lamanova）本人在1919年首届全俄罗斯艺术与工业会议上制定的。"艺术必须渗透日常生活的方方面面，以激发大众的艺术鉴赏力和敏感度。服装领域的艺术家使用基本的原料，必须要创造出既简约又漂亮的服装，以适应职业生涯的新要求。"❷

美将回到工人身边，这也与马克思相一致：理想的自由人"按照美的法则来生产"，然而异化劳动"创造美，但是使得工人的身体变形"。❸ 在苏联的新共产主义国家中，"艺术家的工

---

❶ Anonymous. Rabochii kostyum [J]. Zhizn iskusstva, 1919: 1.

❷ Tatyana Strizhenova and Organizing Committee. Costume Revolution Textiles, Clothing and Costume of the Soviet Union in the Twenties [M]. London: Trefoil Publications, 1989: 9.

❸ Karl Marx. Economic and Philosophical Manuscripts [C]//Early Writings. Translated by Rodney Livingstone and Gregor Benton. Harmondsworth: Penguin, in association with New Left Review, 1975 [1844]: 329, 325.

作是揭露与当代人息息相关的新形态”。❶（作者的强调）

新的服装将以生产理念和工人的身体这两个主要方面为中心。第一，许多织品使用的图案包括工业的、农业的和运动的装饰图形。❷ 这些图案在纺织品设计中扮演着非常特别的政治角色：

> 是新文化和新思想的载体。它的回应是……在城市环境中使用纺织品，以及在无产阶级和劳动群众头脑里形成的一种新意识形态中所起的作用……只有一个极其天真和质朴的人才会把纺织品看作纯粹的印刷图案的载体。❸

第二，服装以身体为中心。例如，对于亚历山德拉·埃克斯特而言：

> 衣服必须适合工人和他们正在从事的工作。大衣不能太窄，因为它会妨碍运动，帽子或紧身裙也不能太大……为从事体力劳动而设计的服装，其发展轨迹来源于工作条件和身体的运动，必须在结构上与人体的比例相协调。❹

---

❶ Alexandra Exter. On the Structure of Dress [C]//Strizhenova and Organizing Committee. q. v. 1989 [1928]: 171.

❷ Tatyana Strizhenova and Organizing Committee. Costume Revolution Textiles, Clothing and Costume of the Soviet Union in the Twenties [M]. London: Trefoil Publications, 1989: 59 – 167.

❸ A. Fedorov – Davydov. An Introduction to the First Soviet Exhibition of National Textiles, Moscow, 01928 [C]//Strizhenova and Organizing Committee. q. v. 1989 [1928]: 181.

❹ Alexandra Exter. On the Structure of Dress [C]//Strizhenova and Organizing Committee. q. v. 1989 [1928]: 171.

瓦瓦拉·史蒂潘诺娃（Varvara Stepanova）希望服装不仅围绕作为生产者的身体而设计，而且围绕作为运动参与者的身体而设计。的确，根据斯特里热诺娃所言，因为建构主义者的观点“体操作为一种获得健康和审美生活的手段的重要性”❶，所以运动装应该完全取代便装。20 世纪末和 21 世纪初，穿着运动装的消费主义大众，乍一看似乎继承了其中的一些理念，但运动装似乎与健康和审美生活的关系往往小于对大众市场上的曼彻斯特或马德里偶像的认同。非运动型服装暗示特定类型的生产商：“没有普通的服装，而是用于任何生产功能的服装……生产的服装（prozodezhda）因职业不同而各具特色”。❷例如，大小、形状和服装口袋的分布特点会因工作而异。

服装改革者的功利主义美学也被史蒂潘诺娃所接受，但其形式更为强烈：“所有服装的装饰性层面被这句标语破坏了：为了特定的生产功能，舒适和合身是服装的目的…… 美学元素被缝制衣服的生产过程所取代”。❸ 美感是构成衣服的一个组成部分，而不是附加物。部分原因是苏联工业发展水平较低，这些想法在大规模生产方面都没有取得成功，而建构主义者依然捍卫其立场。

因此，服装改革将注意力集中在 19 世纪服装与（审美化的）“自然的”身体之间的关系，以及苏联早期历史上服装与

---

❶ Tatyana Strizhenova and Organizing Committee. Costume Revolution Textiles, Clothing and Costume of the Soviet Union in the Twenties [M]. London: Trefoil Publications, 1989: 10.

❷ Tatyana Konstantinova Strizhenova. Iz istorii sovetskogo kostyuma [M]. Moskva: Sovetskii khudozhnik, 1972: 84.

❸ Varst [Stepanova, Varvara Fedorovna]. Kostyum sevodnyashnego dnyaprozodezhda [M]. LEF, 1923: 65.

生产者身体之间的关系。现在是时候思考 20 世纪末所描述的消费者的身体了。

第二节　消费者的身体：20 世纪 90 年代的时尚身体

在服装改革全盛期过去一个多世纪之后，身体在那些以外貌为关注标准的论述中处于什么地位呢？我们决定通过对 1993 年《澳洲时尚》（*Vogue Australia*）11 期样刊的分析来探讨这个问题。事实证明，虽然 5 月的期刊无法获得，但其余 11 个月期刊的结构和内容的一致性表明，其可用性对最终分析几乎没有影响。之所以选择《澳洲时尚》，是因为它似乎是当时本地市场上唾手可得的主流“女性”杂志中最以服装为导向的，因此有望深入了解广大中产阶级女性的读者消费群结构。

在进行更详细的分析之前，对样本的显著特征进行概述可能会有所帮助。表 3.1 显示了杂志本身在其文本结构中使用的主要类别（每期的目录条目）和每项的频率。

在 500 个项目中，有一半（49.8%）与时尚和身体有关，几乎 80% 的时尚作品与服装有关。这似乎证实了该样本是有关此类问题的一个相对丰富的数据来源——这不足为奇。

当然，专题文章和社论式广告只是杂志内容的一部分，而广告在这类杂志中占据了很大的比重。表 3.2 显示了样本中所确认的消费品类别的整版页数。仅仅考虑整页的理由是，因为这些页面将在读者中最有力地推销商品。

表 3.1　《澳洲时尚》1993 年目录条目　（条）

期号	时尚	健康与美丽	专题、人物、观念	旅游	总计
1 月	12	10	17	6	45
2 月	12	9	21	3	45
3 月	16	8	19	3	46
4 月	11	10	18	4	43
6 月	15	7	18	7	47
7 月	16	7	18	3	44
8 月	15	8	21	3	47
9 月	14	11	19	2	46
10 月	12	9	22	3	46
11 月	13	9	16	3	41
12 月	18	7	22	3	50
总计	154	95	211	40	500
总计比例（%）	30. 8	19	42. 2	8	100

表 3.2　整版用于各类产品广告的页数

种类	数量（页）	比例（%）
服装	277	28. 38
化妆品/护肤品	146	18. 25
香料	113	14. 13
珠宝	46	5. 75
汽车	33	4. 13
美发	32	4. 00
手表	29	3. 63
鞋子	24	3. 00
其余 24 类	150	18. 75
总计	800	100. 02

在 32 个类别中，只有 8 个占比 3% 或以上，只有 3 个占比 10% 以上。仅前 3 名就占总页数的 60% 以上，这再次表明，该样本是关于服装和身体问题的合适数据来源。自 1993 年以来似乎变化不大：与 2006 年 8 月的一期相比，服装（41%）、化妆品/护肤品（32%）和珠宝（9%）是前三类。如果说有什么不同的话，那就是杂志上的服装和化妆品/护肤品广告更引人注目。我们将在下一段中详细研究专题文章和社论式广告，接下来再探讨广告。由于该杂志的所有发行日期均为 1993 年，因此使用常规的“月份：页”表示方法。在普通杂志页面之间插入补充材料的参照页面形式为月份：>x <y，其中 x 和 y 表示普通页码。因此 2 月：>68 <72 表示参考位于第 68 ~ 72 页之间，而且无法明确区分实际的第 69 页、第 70 页和第 71 页和补充材料。

一、时尚化的身体之一：专题文章和社论式广告

服装广告不同于简单的广告，因为它们包含社论式的评论（通常非常简短），而在目前的样本中，每张图片常常呈现出一个或多个模特儿穿着不同设计师或厂家的产品，而非一个设计师的全套服装。这也可以被视为社论式的，因为它告诉读者，通过不同来源的元素（就《澳洲时尚》而言，都是高消费市场）结合，可以搭配出不同的外观。合适的广告将在后续章节中讨论。对专题文章和社论式广告出现的章节进行核查，确定是否含有与身体相关的术语，然后抄录这些章节，并计算出每个术语出现的频率。随后，类此的术语被汇集在更普遍的概念下（例如，“舒适”“舒服”“轻松”“轻便”“宽松”和“放松”被置于普遍概念“舒适”之下）。在此只考虑前三个术语：身体（出现 50 次）、体形/线条（49 次）和舒适（46 次）。

相较于罗兰·巴特对时尚杂志的开拓性研究，下文的分析更针对特定的概念。❶ 他试图详尽地描述一种结构，这使他处于“时尚的罕见特征和一般特征一样重要”的立场但对社会学意义而非符号学结构的探索，使我接受了频率和重复的重要性。他不考虑广告和化妆品❷，但此处包含这些术语。当前的分析比博雷里（Borrelli）对1968～1993年的31期美国《时尚》杂志的描述❸更广泛，后者只考虑每期中的“时尚观点”部分。然而，同罗兰·巴特和博雷里一样，为了简化分析，我将注意力集中在他所说的书面描述的服装上，并非图像服装。❹

像《澳洲时尚》这样的杂志很少出现关于服装的议论文写作风格，其命题都是经过仔细推敲和权衡的，它们之间的关系以一种合乎逻辑的方式展开。与之相反，我们发现还有大量描述性－陈述性分句和句子，比如“一件显身材的经典款双排扣夹克”（3月刊：212页）或者“手镯上装饰着一些简单流畅的线条”（1月刊：108～109页）。当然，这并不令人感到惊讶，因为这些杂志的部分功能就是为读者充当时尚的仲裁者。人们阅读时尚杂志是为了追求时尚（除非有其他方法来确定什么是流行的）：人们期望以权威的方式被告知，这样才能信服。而这种散文反映了这种期待。这既给分析带来了不利条件，也给

❶ Roland Barthes. The Fashion System [M]. Translated by Matthew Ward and Richard Howard. New York: Hill and Wang, 1983 [1967].

❷ Roland Barthes. The Fashion System [M]. Translated by Matthew Ward and Richard Howard. New York: Hill and Wang, 1983 [1967]: 11.

❸ Laird O'Shea Borrelli. Dressing Up and Talking about it: Fashion Writing in Vogue from 1968 to 1993 [J]. Fashion Theory, 1997.

❹ Roland Barthes. The Fashion System [M]. Translated by Matthew Ward and Richard Howard. New York: Hill and Wang, 1983 [1967]: 8.

分析带来了有利条件。不利之处在于，人们不能探究这些宣言背后的推论（仲裁者不能给出理由，因为这样他们的判定就会受到检查和质疑）。好处亦是如此：我们不必像在采访、审讯或调查中那样去寻找隐藏在宣言“背后”的是什么，而是可以自由地研究更普遍的方法，来对这些语句进行分类和相互关联。

（一）受约束的身体

正如我们所见，维多利亚时代的服装改革者理解了两种反对服装和身体可能有关的方式：前者可能有塑形的职责，将后者塑造成一个可接受的社会体形（简单而有效地投射出一种比个人和特殊性更具社会性和普遍性的状态），如同他们的偏好，露出身体的线条。服装的塑形作用在当前的样品中并没有被遗忘，但是很少见：“封面的玛丽莲·赛塔夫（Marilyn Said - Taffs）强调使用‘可塑面料’的重要性，如绉纱、醋酸纤维和罗缎，包裹着身体而不会暴露太多。‘针织品已流行了 17 年，’她说。‘对于 30 岁以上的女性来说，这种面料展现了较好的身材。’”（1 月刊：69 页）规则以规范一般的社会范畴为目的，诚如维多利亚时代一样，只是现在它不再体现在阶层上，而是体现在多年的传统（对女性而言）或其他可接受的形式（包括可接受的身体暴露的形式）。

（二）暴露的身体

改革者无疑对这次展现身体的“新裸露”观念感到喜悦，至少从一开始就是如此，这种观念在文本中比纺织品的塑形作用更常见：

紧身衣是高领的，但是由羊毛/莱卡混纺而成，给人留下了极具诱惑力的最小想象空间（2月刊：139页）；

开襟羊毛衫以其紧身板型的首次亮相而重新彰显意义……弯曲有致的开襟羊毛衫，又长又贴身，是本季最受欢迎的服装之一（3月刊：54页）；

紧身衣……包裹着身体，个性十足，妩媚动人（3月刊：56页）；

最精美的针织品已经成为衣橱里新的必备品。基本款式有：紧身羊毛衫、毛衣和紧身衣（4月刊：109页）；

如此多的蕾丝、钩边、网眼和宽松的蛛网织品的出现延续了展现身体的主题（6月刊：127页）；

轻薄透明的面料和裸露的肌肤主导了春季时装秀（9月刊：56页）。

然而“纤瘦造型”一词表明，这并不是一个简单的暴露身体的示例，而是仅适用于在本季度拥有这种体形的人：这确实就是“包裹着身体，个性十足，妩媚动人”的人，而概括这些摘录中所描绘的衣橱，却更像是为适宜的身形打造的特制衣橱。体形的季节性特征在“体形”一词出现的其他段落中更加明显：

采用进口欧洲时装的抢眼新季款式(2月刊：70～71页)；

冬季在时尚界是一个重要的季节。在比例、线条和长度方面有了全新的发展（2月刊：101页）；

加长版、迷人的长线条款式是本季的热卖品（2月刊：116页）；

> 纤长、苗条、性感的新身材（6月刊：107页）；
> 一个期待已久的新形象在世界各地的T形台上展现（12月刊：44页）。

因此，季节性不适宜的身体留下了许多选择：装扮身体以达到象征现在性的身段，使其不合时宜的身形转变成季节性适宜的身形，或者不接受这种意图的合法性，用以限制其显著的存在感，这种存在感在这个季节里只有特定的体形。第一种人为塑身行业提供了一个空间，毫无疑问，多年来季节性身体特质的持续变化，将鼓励那些总是需要当前身段的人不断地进行某一身体部位的塑造。我们并不以社会意义的名义（19世纪主要革新者的关注点）将“自然的”身体“去自然”，而是通过健身房、饮食、外科手术刀和吸脂泵使身体符合社会的审美标准。瓦莱丽·斯蒂尔（Valerie Steele）评论道，“通过节食或锻炼使胸衣更内在化，但是我们也可以看到针对那些可能不愿意或不能采取更为严格的内化方案的人，手术或吸脂也是该款内衣（通常）的革新的外部表现。”❶ 第二种人希望所有的体形都能在当下流行，但并不能保证时尚周期在单一生命期限内兼顾到所有的体形。第三种人通过对时尚时间的社会排他性本质的批判，为非季节性的身体要求赋予其社会意义的主张开辟出一个空间，如编辑辛迪·特贝尔（Cyndi Tebbel）于1997年4月出版的《新女性》（*New Woman*）杂志封面上设置了一个16尺码“魔鬼身材”的模特。❷

---

❶ Valerie Steele. The Corset: Fashion and Eroticism [J]. Fashion Theory, 1999, 3 (4): 473.

❷ Rosalie Higson. Made to Measure [J]. The Australian Magazine, 2000.

（三）被轻轻遮挡的身体

然而，受束缚和裸露并非样本中服装/身体关系的唯一特征。修身的概念被介绍如下：

> 一件经典的双排扣夹克轻轻裹着身体（3 月刊：212 页）；
>
> 穿上宽松、淡雅的服装、精制的针织衫和松垂的长裤，能让你轻松地度过周末（6 月刊：128 ~ 129 页）；
>
> 面料与身体的接触方式不同。服装曾经是女性面对外部世界的武装，如今服装不再惧怕面对现实，也无惧轻触、抚摸（甚至可能暴露）身体（8 月刊：97 页）；
>
> 冰凉的针织衫拂过身体（8 月刊：106 页）；
>
> 透明薄织物衣服滑过身体，用薄纱层包裹着身体（9 月刊：138 页）；
>
> 布卢姆斯伯里式的浪漫主义风格的服装拂过身体，它柔软又轻薄（11 月刊：170 页）。

轻触意味着面料和肉体之间的关系不如塑身和裸露之间的关系那么亲密。修身表明被分离成互不接触的实体，并非通过贴身的服装，或是将身体的某些部分提供给注视者，并且隐藏其他部分，以实现服装和身体的一致。身体和服装就像两个不相关的事物，开启了遵循独立的逻辑和历史的可能性。我们在第 2 章中已经看到，一件衣服的不同部分可能有其自身的周期性，而不一定与衣服其他部分的节奏有关，所以衣服本身作为一个复合物的概念，为其利益而改变目的并不罕见。如前所述，身体也有一段历史——“轻触”承认了这种分离，所以身体和衣服在原则上以一种动机不明的方式相遇。这种理解允许一种新的时尚分析概念，即人体和服装的逻辑－历史的融合在特定时间点恰好碰触－拂过对方。这两种巨大的进化结构中的任何一方，都可能由于某种原因而停止运动：衣服可能会继续进化，但身体的历史已经走到尽头，或者身体可能会继续变化，而衣服则保持不变。这两种情况都有可能停止，就像科幻小说中的场景一样，标准化的身体穿上标准化的服装，生活在单性繁殖的世界中。它们可以停止拂过彼此，那想必是导致服装的终结，以及对身体掌控的开始（届时，身体无疑会被修饰，以提供一些社会功能，如同目前由服装所恰好提供的）。《澳洲时尚》不太可能有意提出这种观点，但它似乎是隐含在修身的概念中的。

（四）纯洁而简单的身体

当提及形状和线条时，简单和纯净的概念经常重复出现：

在炎热的白天和夜晚，穿衣打扮可以是一种简单的乐趣。纯净的白色——自由且简单的形状和柔顺的面料（1月刊：97页）；

手镯上装饰着简洁、流畅的线条（1月刊：108～109页）；

整体效果很简单而且非常纤瘦，与短裙的感觉大不相同（2月刊：101页）；

设计师的剪裁采用了战后的简洁风格，最明显的体现在一条瘦长的裙子上的朴素线条（2月刊：105页）；

与此同时，我们展示了冬天的简约线条：朴素而柔软的针织服装，分为居家款式和休闲款式（4 月刊：85 页）；

简单的形状、宝石般光彩夺目的颜色、浪漫的夜晚（4 月刊：94 页）；

从各种款式的时髦的连衣裙到超大号的毛衣，轻薄而奢华的针织衫为简单的冬季着装提供了最佳解决方案（4 月刊：108 页）；

［温迪·希瑟（Wendy Heather）］保持整齐、简单和纤细的线条（4 月刊：117 页）；

基本形状……将贯穿每个季节（6 月刊：32 页）；

最佳度假着装指导：要有坚固、简洁和生动的线条，很少（或没有）装饰品（6 月刊：69 页）；

简约且流线型的服装让夜晚的气氛显得更热烈，以及剪短的裤子、长筒袜和露腹装（6 月刊：106 页）；

用流畅的法国和意大利面料，设计出超越过去的时尚造型的精美物品（8 月刊：42 页）；

简洁的线条，没有多余的部分：开襟羊毛衫（搭配紧身裤）从来没有看起来那么时髦（8 月刊：101 页）；

当设计师用带有原始精神的配件和纺织品渲染简单的夏日造型时（8 月刊：112 页）；

［理查德·泰勒（Richard Tyler）］结构简洁的夹克与欧洲休闲夹克相比，显得更正式，有着整齐的直线，坚实的肩部和明显的褶痕（8 月刊：129 页）；

与简洁理念相一致，我们采用最纯粹的黑色时尚线条。无须多余的装饰，这些服饰一目了然（9 月刊：148 页）；

迷幻色彩的洗涤诠释了简单的形状（11 月刊：122 页）。

简单和纯洁是“虚幻的”概念，使我们摆脱错综复杂的现实和我们大多数人（连同我们的身体）所过的受污染的生活。我们的承诺是，简单而纯净的服装也将标志着我们的身体同样是简单而纯净的，使我们能够获得一种基于智力上的吸引力和经典几何学的精确形状的生活，而非某些不可信赖的（任何可能不是那么经典有序的）身体美德。时尚可能确实有一部分能力，在特定的时间点上提供特殊形式的简单性，因为这使它更容易说服我们自己，我们生活在一个特定的社会——个人的历史时期（一个有界限的“现在性”），我们之所以能够“看到”，正是由于这个时代的时尚理念的简单性。我们可能会取笑旧照片中自己的衣服，但它们表明，我们的个人传记以历史上可识别的方式与更大的社会世界相交：时尚帮助我们证实了我们确实存在于我们的时代，而我们的身体“借用”了这种特质。时尚也许不能全盘接受标志着我们人生中有次序或者无次序的事件，但正是这种无能为力，使我们摆脱了思想和身体的这种复杂性和侵蚀。

上文中的线条和形状能够更具体地给予我们什么？第一，线条和形状与时间的概念紧密相连：穿上简约且流线型的服装让夜晚的气氛显得更热烈，每个季节都会有各种形状，简单的形状将超越过往的时尚，而线条（至少）赋予了开襟羊毛衫现代性。经由季节性的时间和时尚本身的不稳定性，这一范围从近乎准时的夜间时间扩展到不确定且遥远的现代性界限。我们倍感兴奋，想深入了解是什么造就了随时间而变化的一系列跨越时间的季节，超越了不断变化的时尚，同时感谢我们的开襟羊毛衫和我们这个时代显而易见的公民身份。身形和线条使我们在不同的时间模式中联系在一起。第二，样式应有尽有，从时髦的衣服到超大号的毛衣：任何我们喜欢的体形都被接纳。有一些简单的形状给予我们更多的自由，而平整的直线提供更多的正式感。这本身就导致了第三个要点，即时尚将矛盾联系在一起的能力：简单的线条是被用来修饰的，然而每一条线都是朴实无华的。齐美尔[1]和戴维斯[2]都将时尚视为一系列对立的结果[3]，但这一点，正如在时尚过程中通常所解释的那样，也许是过于理性主义，它假定对立双方之间的张力始终处于一种激活状态。在这些段落中，它更多的是一种在整体时尚话语中普遍共存的对立情况。如果简单和纯净让我们免于复杂和污染，那么我们现在就可以卸下生活在张力中的重负。

（五）身体松弛

如果时尚让某些对立面存在而不激活其张力，那么当需要引起差异时，它也可以激活其他的对立面。20 世纪 90 年代的服装是由与 80 年代服装相反的杂志设计的：后者是“坚硬而不舒服的”（3 月刊：54 页），具有“高度结构化的轮廓”（9 月刊：58 页），以紧身衣服和垫肩为特征，前者是柔软的、流动性的、松弛的、宽松的和缺乏结构的：“剪裁柔和的西服、针织衫、背心和衬衣”（6 月刊：32 页）；“放松：新趋势是流畅的、女性化的”（6 月刊：130 ~ 131 页）；“时尚的新思维是放松和流畅的”（8 月刊：102 页）；“平滑的面料，松弛的线条：

[1] Georg Simmel. Fashion [J]. The American Journal of Sociology, 1957 [1904].

[2] Fred Davis. Fashion, Culture, and Identity [M]. Chicago, IL and London: The University of Chicago Press, 1992.

[3] Peter Corrigan. The Sociology of Consumption. An Introduction [M]. London: Sage, 1997: 167 - 171.

80 年代权力套装的解构版”（8 月刊：157 页）；“普通的软化，一种新的流动性”（9 月刊：138 页）。80 年代的服装已经被“宽松、流畅、完全无组织的风格所取代，有着明显的 70 年代嬉皮士风格”（9 月刊：58 页）。简而言之，我们提出下列要求：“使其宽松”（12 月刊：178 页）。90 年代对 80 年代的反动，似乎是与服装改革派对 19 世纪晚期显而易见的收身风尚相呼应，而且无疑地，也与 80 年代对 70 年代“嬉皮士”的反动相呼应：每一方都有一种对立的逻辑，正如戴维斯特别指出，这是时尚运动的固有特征。[1]

如果这个时代是流动的、放松的和松弛的，那么就不足为奇地发现更直接的以身体为中心的舒适和放松的术语是样本中的其他重要概念：

> 女孩们很快就喜欢上她们男友的宽松、自在的思达西（Stussy）［思达西是来自美国的潮流品牌］服饰（1 月刊：33 页）；
>
> 功能是首要任务，T 恤衫、短背心、短裤、运动服和羊毛裤都是特别为舒适度、覆盖范围和活动自由而设计的（6 月刊：42 页）；
>
> 最流畅的剪裁，在柔软的面料上切割出柔软的形状，使其看起来更容易上身（7 月刊：122 ~ 123 页）；
>
> 我感到非常舒适、宽松、无拘无束（9 月刊：64 页）。

---

[1] Fred Davis. Fashion, Culture, and Identity [M]. Chicago, IL and London: The University of Chicago Press, 1989, 1992.

舒适的代表服装是羊毛衫，它被赋予了一段历史以展示其舒适本质：(……)，由“顺滑的纺织品”制成，并与一条“蓬松的”裙子搭配，成为“一件舒适的套装，在市郊雪利酒系列中从未失去它的知名度”。20世纪80年代的设计师因为在“舒适的开襟羊毛衫上缝制垫肩”而颇受诟病。它的最佳用途在于作为“珍贵的旧式针织羊毛衫……天冷时，我们就穿上舒适而宽松的衣服……就像和一位老朋友相处时那样，舒适而随意”。小型的“卡迪根式上衣”和“舒适衣物”去除了开襟羊毛衫作为一件衣服可能留下的任何正式感，但它仍然设法通过文本注入时尚感：它是“除了伴侣的手臂之外，今年女孩子可以用来披在肩上的最好的饰品”（3月刊：54页）。换言之：舒适本身只是一个时尚术语（“今年”），而非任何在身体－衣服关系方面的绝对价值。

二、时尚化的身体之二：广告

尽管有大量的服装广告页面，但许多页面的附带文字数量相当少，其中几乎有一半（227页中有105页）只是由一张身穿套装的模特照片构成，上面写着设计师或制造商的名字，有时还写着零售商的名字。在描述照片和文字之间的关系时，约翰·伯格（John Berger）评论道，“照片作为证据是无可辩驳的，但其意义却很匮乏，它的意义是由文字赋予的”。[1] 如果牌子足够出名，它会立刻让人想起一个价值满满的世界，在此意义上是指导性的：无须多言，因为我们都“知道”香奈儿

[1] John Berger, Jean Mohr. Another Way of Telling [M]. London: Writers and Readers, 1982: 92.

(Chanel)、古驰（Gucci）或爱马仕（Hermès）代表什么。照片中的服装充满了这些价值观念，与此同时，通过具体实例的展示，我们的头脑中香奈儿、古驰或爱马仕“重新活跃”起来了。对于一家知名的设计公司而言，使用比简单的名字更有指导意义的文字会削弱它的声望，因为它表明，除了名字之外，还需要其他东西使读者相信它的价值。的确，我们选择了前5名广告商，均可称为楷模，在国际市场（在富人之间）或澳大利亚当地市场上享有盛誉：香奈儿（Chanel，样本中有11页服装广告）、罗伯特·伯顿（Robert Burton，9页）、特伦特·内森(Trent Nathan，8页)，克里斯汀·迪奥（Christian Dior）和拉尔夫·劳伦（Ralph Lauren）则各有5页。如果我们不知道这个品牌，相反的过程就会发生：此处，这件衣服的照片指导我们如何诠释这个名字，并为我们自发地和不假思索地对图像的“感觉”理解留下更多的空间。对于那些借用知名度较高的业内同行来展示其声望的人而言，这是一种风险，因为他们的品牌相对而言是“无意义的”，并且可能被他们无法完全预测的形象所填充。那么在这种情况下，与伯格相反的观点是：文字是无说服力的，而图像赋予了文字意义。声望的呈现方式使得身体-服装关系在文本上表述不清。然而，模特本身既年轻又苗条（正如他们在其他服装广告中一样），所以仍然有一种关于服装是否适合体形的委婉表述。

（一）身体接触

一半以上的服装广告配有更详细的文字说明，但大约只有15%的广告文字与身体有明显的关联。感觉和触摸材料，尤其是羊毛，是主要的概念。触摸可以让我们相信某些说法的真实性（“羊毛是世界上最美丽的纤维。你只要握着它、触摸它、感受它，就知道这是真的”［3 月刊：57 页］），或者它本身的价值是不容置疑的（“没有秋天那种触摸羊毛的感觉”［3 月刊：46 页］）。在此，身体的感觉被要求用来确认一个由广告商制订的世界观。这是可行的，因为我们的触觉所拥有的分析词汇不够丰富（例如，粗糙或光滑、柔软或坚硬、潮湿或干燥、炎热或寒冷等），因此可以更容易使用那些先入为主的词汇，即它所感受的确实是被告知的感觉。几乎没有什么东西比触摸更具有感觉上的“真实”，而如果我们被告知我们可以涉及一个抽象的范畴，比如“美”，这既增加了我们可以使用触摸的领域，又将广告中所宣称的任何事物的美变成了一个有清晰轮廓的具体东西，即只有触摸才能确认其存在。在这些范畴中，只有那些通常与材料或物品的触觉、凉爽、柔软和温暖联系在一起的范畴占据上风。莱卡和羊毛的材料唤起了人们的舒适感，但在服装广告中，通常并没有把它当作一个重要的概念来表达。那么，服装广告中的身体通过模特儿年轻的形象和苗条的身材而非语言展现出来，并以触觉的方式获得对某种概念和体验的理解。

（二）有气味的身体

最强烈地向其他身体展现自己身体的方式之一就是通过嗅觉。在大众卫生社会及其伴随的每日沐浴发展之前，人造香味可能被用来掩饰有异味的身体及其不受欢迎的其他味道。但是当今公共空间中的大多数身体相对而言是嗅觉迟钝的，因为频繁的清洗和止汗剂的使用，因此不再以过去的方式呈现给他人。现在香水能够在一个近乎中立的背景下使用，而且不是真正与身体气味竞争。这就提供了一种可能性，即通过选择一种特定的香味，将一个人的身体以一种非常谨慎和有节制的方式，着重呈现给他人。但这种存在的基本特征是什么呢？这个问题将在《澳洲时尚》样刊的香水广告中得到回答。

乔普（JOOP）广告中有一句话，指出了气味的一个主要特征，这些气味显然不“属于”某种特定的事物（例如，咖啡或烧焦的面包的味道）：“用香料、感官和无形的神秘语言所传递的信息”（3月刊：内封）。尽管我们可以毫无疑问地感受到一种香味，但是克拉森（Classen）等认为我们可以分辨出成千上万种不同的气味[1]，对于那些不从事香水行业的人来说，把这种感官体验的意义用语言表达出来确实是非常困难的。有时候，气味可能会让我们想起我们自己生活经历中的时间、地点、人物或事件，但在这里，气味的意义是由它自身之外的东西所提供的。此外，这意味着任何一种特定的香气都可以在不同的个体之间产生不同的意义。这对广告商而言并非一种理想的状况，他们需要尽可能多地控制他们所销售的产品的意义。这在样本中以3种不同的方式实现。

第一，我们在服装广告的讨论中再次发现了所谓的“声望模式”：此处，我们得到了香水的名称和制造商（有时是它们的产地），以及一张香水瓶的照片，有时还有一个模特儿。没有其他直接的文字。40%的香水版面是由这种类型的广告构成。有声望的模式如“巴黎·圣罗兰（Paris. Yves Saint Laurent，1月刊：15页）或“海洋香榭·纪梵希”（Insensé Givenchy，10

[1] Classen et al . Aroma. The Cultural History of Smell [M]. London：Routledge，1994：109.

月刊：75 页）。香水的意义就在于此，所有的声望已经附加到使用这种模式的名声和其指定地点。“巴黎”在所有的广告中出现的次数不少于 31 次，紧随其后的是“佛罗伦萨”“托斯卡纳”和“比弗利山庄”，分别出现 4 次。尚未提到其他地方（除了拜占庭，它指的是古老和复杂的城市文化，此处是指香水的名字，而不是产地）。

第二，香水的名字不同于制造商的名字，它可以在特定方向上有指导意义。我们找到 29 种这种类型的不同香水［包括迪奥小姐（Miss Dior），因为“小姐”区别于简单的制造商的名字，还有可可（COCO），它使用香奈儿的别名，但我认为它与制造商本身有很大的区别］。

表 3.3 概述了与香水名称相关的概念，其中有几个名称与多个概念相关。11 种与法式风格产生共鸣，10 种象征着人们的状态或类型［倔强（Cabochard）是一个顽固的人，歌宝婷（Cabotine）展现一个女人采用有效的方式炫耀］，8 种与自然世界有关［一千零一夜（Shalimar）被认为与拉合尔（Lahore）著名的花园名字有关，而依莎提斯（Ysatis）大概是参考菘蓝属的名字，靛蓝色来源于这种植物］，5 种似乎代表了一种普遍的的东方异国情调，3 种是有吸引力的地名，2 种与 20 世纪的经典现代时期有关，以及 19 世纪 20 年代［爵士（Jazz）和香奈儿 5 号（Chanel No. 5）都与这一时期有关］。爱斯卡达（Escada）和红色（Red）仍然是剩余类别。香水让我们很容易进入这些迷人而有吸引力的存在场所，人们可以毫无负罪感地沉溺于自我放纵，而这种行为是传统所不接受的［倔强（Cabochard）、歌宝婷（Cabotine）、自私（L'égoïste）、自恋（Narcisse）、迷恋（Obsession）等］。因此，我们可以同时以自我为

中心，但是通过持续的香味与他人建立一种低层次的、单向的关系。我们也许可以忽视他们，但不能被他们忽视。这种香味有助于使用者宣称一个属于他们的世界，因为正是他们不知不觉地将其存在感强加于他人。

表 3.3　与香水名称有关的概念

法式风格	个人的状态与风格	地点	异国情调	自然世界	古典现代性	剩余的
芭音	美丽	冷水	拜占庭	拜占庭	爵士	爱斯卡达
拜占庭	倔强	沙丘	沙丘	巴黎	5 号	红色
倔强	歌宝婷	百花乐园	鸦片	托斯卡纳		
歌宝婷	海洋香榭	一千零一夜	圣莎拉			
可可	自私	白钻	一千零一夜			
海洋香榭	迪奥小姐	翼				
百花乐园	自恋	青春朝露				
自私者	迷恋	依莎提斯				
自恋	难以忘怀					
巴黎	青春朝露					
享乐						

第三，与简单的名字相比，更多的指示性文字试图体现出香水的意义。在此，只探讨那些与身体有关的问题。

感官享受（包括“感觉”和“官能”）很可能是最常见的概念，在 5 个不同的广告商中有 12 个实例。诚然，在某些情况下，这种香味似乎被宣传为提供自由而无限制地获得感官的本质：圣罗兰的鸦片香水承诺一种“纯粹的感官享受”（3 月刊：27 页），只此功效，别无其他。奥斯卡 · 德拉伦塔（Oscar de la Renta）的迷魅唇，对我们而言尤为如此，以它的标语“相信你的感觉”，把感官世界从所有的束缚中释放出来。乔普将它的香味视为一种感官的表达，伴随着神秘、诱惑和无形，而蔻依（Chloé）和大卫杜夫（Davidoff）的描述则略有不同：前者的自恋之“安静的感官享受”（四月刊：1 页）和后者的冷水（Cool Water）之“被一种文明感征服的感官享受”（9 月刊：16～17 页）。感官享受作为一种普遍价值是由产品提供的，这种普遍价值是自由自在或文明的。概述和附带的简单的说明书允许我们有一个更大的空间来解释感官对于我们的身体实践可能意味着什么。重要的是现在我们可以通过香水瓶来了解原则上的普遍概念。

另一个重要的概念是与感官享受完全相反的：可可是“香奈儿的精神”（3 月刊：45 页），冷水也拥有文明的感官，是“风的精神”（9 月刊：16～17 页），乔治奥·比华利山（Giorgio Beverly Hills）之翼（Wings）将“释放你的心灵”（10 月刊：48～49 页），而白钻（White Diamonds）是“香水梦想制造者”（9 月刊：63 页）。因此，香水可以带领我们进入精神、梦想和感官的世界：我们可以在周六成为卡利班（Caliban），周日成为阿里尔（Ariel），因为普洛斯彼罗（Prospero）香水厂拿着营销资金。

（三）身体表面

身体并非最常出现在服装或香水广告中。它在护肤品和化妆品的宣传中发挥了主导作用。在此，身体并不是某种“厚重”的东西，以使服装改革者郁郁不乐地用服装加以修饰；身体也不是一种可以动用刀子或增加体重的坚固物体，更不是一个担忧舒适度的实体。与之相反的是，人体是一个需要处理的表面。表3.4列出了样本中76个不同的相关广告文字中的前10个术语。有些术语被合并成更普遍的概念。例如，时间性包括如持久性、年龄和青春等词，湿度包括水和（脱水），颜色包括色调和色度，防护包括护理等。

表3.4　护肤品和化妆品广告中的前十个概念

概念	总体发生频率	广告（条）	所有包含概念的护肤品和化妆品广告（%）
时间性	287	55	72.4
皮肤	280	47	61.8
湿度	111	32	42.1
颜色	96	31	40.8
唇部	80	19	25.0
美丽	63	27	35.5
护理和防护	60	32	42.1
外观	49	29	38.2
清洁	40	7	9.2
自然	36	25	32.9

三、时间化的身体

与时间相关的术语几乎占据了3/4的广告版面。

在这一组的55则广告中，有23则广告中出现了“求新”的概念，这表明语料库作为一个整体具有较高的重要性。一般而言，强调的是产品本身的求新，或者在现有产品的例子中，强调一系列颜色的求新。求新可以获得什么效果呢？在其最抽象和最基本的层面上，它将广告读者身体的历史分为两部分：一部分是旧的身体时间，另一部分是新的身体时间，这种分离通过获得新的化妆品得以实现。新颖也是现在的最高形式，因为这个特别地经历了新颖的现在，已然与被视为过去延续物的现在截然不同。我们崭新的现在，超前于那些没有这种产品因此尚未摆脱过去的负担的那些人（如今，倘若我们没有得到这些产品，我们就难以体验这种新颖性）。我们对这个问题的回答是："你是用昨天的化妆品来化妆今天的脸吗?"（3 月刊：9 页）令人欣喜的是，答案是否定的。该产品为我们提供了一种社会优越感，使我们成为当下活生生的代表之一：我们是现在，因为其他现存的现在只算作（产品之前的）过去的体现。就个人而言，该产品许诺我们的身体一种新的生活，并提供给我们与过去的身体决裂的机遇。尽管看起来似乎不太可能，但一种新的唇彩颜色可以在生物象征层面上打破社会和个人的历史：我们不再是过去的化身，而是现在一个不同的实体。

有 10 则广告将产品定位为身体日常重复活动的一部分，提及"日常面部护理"（1 月刊：11 页）、"个人必要的日常护理"（2 月刊：99 页）、"每天一次，持续六十天"（3 月刊：108 页）、"日夜使用"（4 月刊：75 页），等等。显然，最大限度地利用他们的产品符合制造商的利益，那么他们通过开发我们身体活动的相关节奏，来实现这一目标。我们每日的例行公事与产品密不可分：如果产品突然消失了，例行公事和日常生活的性质会再次成为一个开放的话题。如果每日的例行公事是世俗生活的基础，那么不用产品将威胁到其稳定性。因此，通过一个特定类型的时间性开发，该产品使我们的日常生活井然有序。

如果有一些产品能使我们的日常生活不受不确定性因素的影响，那么有 12 则广告推荐的产品，承诺让我们的身体发生神奇的变化。这里的关系很简单：产品 + 身体 + 特定的持续时间=神奇的转变。在这个非常具体的语境中，“身体”可以替换为“皮肤”，因为这里的所有产品都声称要改变其质量。持续时间从即刻（“即时保湿”［7 月刊：1 页］、“即时护肤”［10 月刊：17 页］、“即时强效保湿”［10 月刊：51 页］）到几小时（“今晚使用，明天见效”［3 月刊：5 页］，“两小时的棕褐色”［9 月刊：134 页］到几天（“只要七天!”［6 月刊：27 页］）再到几周（“只需短短数周”［8 月刊：90 页］）。这是应对日常生活的另一种权宜之计，因为人们意识到这种日常生活的问题之一是太多的波澜不惊：实际上无聊透顶。这种策略更符合新潮流，但标明了更明确的保养效果。好处是更切实地与身体机能变化相匹配。此类产品影响了我们对于人的身体机能变化的认知，让我们更期待机体获得积极的转变，而非维持原样或出现负面转变，即身体机能趋向衰败或死亡。

有 15 则广告赞扬了该产品的持久特性，其中唇膏尤为突出：“20 种持久唇彩”（1 月刊：45 页）是其中一个典型的宣言。产品附加在身体上的时间比竞争对手的时间要长，因此在经济意义上要比在神奇的意义上更具吸引力。产品时间就是消费者的金钱。

身体的宏观时间通常被称为老化过程，就是 13 则广告的重点。无一例外，这里的身体完全被视为皮肤的表层外观，而产品的目标是时间，通过诸如线条、皱纹或斑点等压缩在这个表面外观中。这次的减缓甚至逆转都是针对产品所作出的声明：“皮肤衰老得更慢”（3 月刊：108 页）、“抵抗考勤钟”（11 月刊：19 页）和“促进更健康、更显年轻的皮肤”（1 月刊：17 页）都是典型的例子。外表看起来更年轻并非真正的价值，但它的意义在于，它包括身体愈来愈临近死亡和腐烂的事实（假设一个平均寿命)。因此，这些产品的最终承诺是我们可以活更长时间，因为这就是我们（产品改良）的表面外观所告诉我们的。这些产品延伸使我们身体宏观时间的界限更模糊了，在那里我们不太考虑物质存在的终结点，因为后者并没有在我们身上明显地体现出来。

本节最基本的观点如下：产品牢牢地吸引身体，以便能够跟随和修改制造商和（潜在的）消费者期望的时间性维度。

（一）被护肤品润养的身体

埃米莉·马丁（Emily Martin）展示了医学教科书如何将负面评价术语应用于描述更年期和经期的过程，毫无根据地把女性的身体描述为脆弱的和低级的。[1] 这使教科书对身体的解读变得合理化和合法化。样本中的 22 则广告以非常相似的方式阐释皮肤，确定其负面品质，为产品的介入提供依据。这些产品通过阐明皮肤首先是如何处于一种不舒适的状态，以深化其介入的合法性，有 7 则广告提到了诸种原因，如环境压力、日常生活中的身心压力、晒伤和污染。皮肤被描述为脆弱的，并需要产品的援助和保护。表 3.5 左侧列出了皮肤的负面特征，右侧列出了产品带给皮肤的效果。括号中的数字表示一个术语在 22 则广告中出现大于 1 的总数。

使用最多的描述是：皮肤是油性或干性的、疲劳的、有细纹的、有皱纹和痤疮，而产品带来柔滑的、美丽的、健康的和改善肌理的效果。我们得到的承诺不仅是拥有更好的肤质，而

[1] Emily Martin. The Woman in the Body. A Cultural Analysis of Reproduction [M]. Milton Keynes: Open University Press, 1987: 42, 47.

且被赋予更抽象的特质，这种特质被喻为美丽的资本，也许布尔迪厄不太认同这种说法，为此我们要向他表示歉意。右栏罗列出来一些富有魅力的特质，有助于我们在交易市场上获得这些资本。

表 3.5　皮肤和产品特质

皮肤的特质	产品给予的效果
粉刺（3）	抗老化（2）
老人斑	魅力
伤疤	美丽（5）
脱皮	明亮（2）
微血管破裂	清晰（3）
粗糙	紧致（2）
坏死	无瑕（2）
变色	生气勃勃（3）
干燥（8）	优雅
受损的	健康（5）
脆弱的	改善外表（3）
细纹（4）	改善肌理（5）
暗沉的	改善色泽（2）
油性（8）	毛孔紧致的外观
毛孔粗大	色泽（3）
色素沉淀的（2）	和缓
粉刺（2）	平滑（7）
肿胀	柔软（3）
疹子	活力
发红	青春（3）
面色蜡黄	
过敏的（2）	
老化的迹象	
缓慢的细胞活性	
紧绷的	
疲倦的（4）	
衰弱的	
精疲力竭的	
皱纹（3）	

注：栏内括号中的数字表示出现的次数。

（二）润泽的身体

保湿是湿润的形式，无须任何理由，有时本身就被视为一种价值，这表明其价值是毋庸置疑的：诸如这类的表述“持久、保湿、浓烈，并带有无光色泽的唇彩”（4 月刊：81 页）或“长效保湿的唇膏可以展现出 16 种时尚的颜色”，却没有说明为什么保湿效果最重要。这种缺乏与任何具体功能的关系，可以给读者提供充分的想象空间，在湿润中赋予所需的价值，比如，将潮湿所引起的各种积极的想法和状态与干燥所引起的各种消极的想法和状态进行对比。然而，有 13 则广告详细地说明了这一点。相对于其他特征（出现 9 次），保湿度能够帮助保护皮肤和嘴唇：防止污染、日晒、大气影响、干燥或衰老。它还被建构为调理、滋养、美化和柔滑肌肤。总而言之，出现了一个脆弱且“干燥的”身体的负面形象，和一个受保护且“湿润的”身体的正面形象，借由产品提供了从前者到后者的过渡阶段。另外，身体被建构成缺乏自我保护的要素，以抵抗外界带来的危险，而这种保湿薄膜许诺让它变得无懈可击。

（三）着色的身体

虽然颜色本身偶尔会作为一种价值表现出来，或与个人色彩搭配有关，但它在样本中似乎有巨大的作用：为消费者提供选择。有 17 则广告证明了这一点，从最简单的两组“有色或无色”（1 月刊：17 页）到“31 种绝妙的色彩”（10 月刊：43 页），通过不太精确的术语，如集合、范围、调色板和“不同色泽的华丽织锦”（12 月刊：155 页）。身体再次被显露出来，但这次是装饰的而非受保护的。

（四）身体的部位

作为仅次于皮肤最常被提及的身体部位，双唇显然是化妆品行业中的一个优选对象。也许是因为它是最明显的部位，保护和装饰/转变通过唇膏集合在一起，这是本节总共 19 则广告的主题。除了一个广告之外，其他都提到了装饰/转变方面可选取的颜色范围，6 种颜色通过产品的保湿功能来防止干燥，而 5 种颜色具有防晒的功能。因此，这种唇膏可以实现两种不同的用途。双唇本身作为身体的组件，也证明了这两种概念愉快地联姻。

（五）美丽的身体

尽管美被提及的次数很多，但不可能使用样本来回答“美是什么”。从任何哲学意义上来说，美在此处都不是研究的主题。因为美在分析上仍然没有定义，美变成了一种模糊不清但令人满意的概念，开放地投入到读者可能想象的或广告商可能推出的任何物品中。然而，在回答“美是什么”这个问题时，它被具体化了。这是一个比研究美的本质更实际的问题，它允许我们认识到某些地方的美，并允许广告商推销某些产品，作为通向美的途径。皮肤、指甲、嘴唇和面部都是样本中的这些部位，同时还有合适的唇膏、指甲油和皮肤护理。例如，“30 款国际顶级时尚美甲颜色，使你的指甲能够更长久地保持美观”（1 月刊：45 页），颇为引人注目的是目前的论述，“经典而永恒的细微差别的色彩，让你充分发挥自己的美丽潜质”（3 月刊：149 页）。总而言之，美虽然是无形的，但仍然是一种令人向往的概念，美提供了一种实用的身体接触它的方式。

护理和保护的重要方面已经在皮肤和嘴唇小节论述过，因此不再展开进一步讨论。外表通常也与已经讨论过的概念相关联，特别是时间性和皮肤，因此在这里不会详细讨论。9 则广告推荐产品作为防止纹路、皱纹和衰老迹象等负面时间性的策略，而 4 则广告谈到让自己看起来更年轻。4 则广告以外观来唤起美感，唯一主要的新概念是自然的外观（6 则广告）。后者将在下文单独讨论。如果认为外观只是样本中明确表示出来的概念，就会产生误导；然而，我们可以认为，外观的转变隐含在几乎所有搜集到的广告中。

（六）洁净的身体

在样本广告中，只有不到 10% 的广告中涉及洁净，而在 40 条被提及的广告中，有一半以上集中在一个广告。这并不足以提供材料作为更明确的表述，我们只能说，它似乎表明净化的原则已被广泛地接受了（即使这需要几个世纪的埃利亚斯所珍视的文明进程❶），而读者也不需要太多的提醒。作为一项已获得的基本价值，我们可以假定清洁可随时发生，而且对于与其他产品相关的更生动的保护和装饰概念的存在而言，清洁只是一个相对中立的基础。

（七）自然的身体

有时理解一个术语的最好方法是使用它的反义词，看看会有什么不同。这种古老的符号学方法特别有效，因为在学术研

❶ Norbert Elias. The Civilizing Process [M]. Translated by Edmund Jephcott. Oxford: Blackwell, 1994 [1939].

究的语境中，一个术语的价值并非明确反对它的对立面。此处，这个术语似乎有其自身固有的积极或消极的意义：我们接受但没有分析它，因为上下文没有提供理由来质疑我们为什么或如何“知道”这个术语的含义。我们仅仅是“知道”。这使广告商很容易地通过使用这些术语对一件产品进行特定描述，而无须通过论证的冒险策略来证明其推理依据，因为争论就提供了一个检验推理依据的机会。

“自然的”有两个可能相反的术语，“非自然的”与“人造的”。它们有着截然不同的价值：根据自然界的规律，“非自然的”唤起了一些不应该存在的事物，并且对自然界而言有明显的负面甚至威胁性的优势，而“人造的”则是指相对于自然的人造物，并且本身没有负面价值。然而，自20世纪60年代以来，自然的积极价值不断上升，往往把可能与之相对的任何事物都投射到消极的层面上，所以与“自然的”相对的两个术语都被视为“不好的”。矫饰是化妆品行业采用的一项业务，它选择在样本中近三分之一的广告中模仿自然，这也就不足为奇了。即使科学形式的技巧被刻意使用，它往往与自然紧密相连，从而减少甚至消除任何负面影响：“大自然一直是代表着女性美的巨大资源宝库。如今，现代美容术并没有忘记自然，恰恰相反，它学会了如何依靠最先进的仪器和技术，科学地运用最好的古老的知识”（2月刊：68~72页）；“包含自然和科学的精华……”（6月刊：33页），甚至在特定产品中使用的果酸（“科学对抗可见皱纹的最新武器”）也是“自然发生的……在甘蔗里”（8月刊：90页）。这些引文中的第一条表明，科技绝非与自然对立，而仅仅是臻于自然的最佳方式，而第二条认为它们是互补而非对立的。第三条认为，科学的最新武器几乎不可能是更自然或较少人工的。即使是消费者对化妆品颜色的选择，可能会让人觉得这确实是一种技巧，也是大自然提供的一种选择："从大自然这个调色板的细微色调中汲取灵感，岱蔻儿（Thalgo）表现了……'海洋的颜色'"（3月刊：149页），"我们制作了一个华丽的彩色织锦，将其转化为唇膏和指甲油"（12月刊：155页）。

就身体而言，自然通常指的是一种外观。表3.6中描述的例子（星号表示该短语是部分编造的），增加"人造的"和"非自然的"来替代"自然的"）。

表3.6　自然的及其对立面

自然的	人造的	非自然的
一种拥有自然光泽和活力四射的肌肤（2月刊：68～72页）	一种人造的光泽和活力四射的肌肤	一种非自然的光泽和活力四射的肌肤
一种保护您的唇部自然美的独特配方（3月刊：33页）	一种保护您的唇部人工美感的独特配方	一种保护您的唇部非自然美感的独特配方
肌肤看起来自然无瑕（3月刊：96页）	肌肤看起来人工的完美无瑕	肌肤看起来非自然的完美无瑕
自然的棕褐色外观（9月刊：134页）	人工的棕褐色外观	非自然的棕褐色外观

从历史时期的角度来看，"自然"已经成为一个非常积极的价值，中间栏被视为通过合适的产品得以避免的事情，而右栏则被视为令人不安的事情，并暗示有问题。在提高身体技巧的时期（在18世纪的贵族中，或可能是在未来的赛博格人[1]群

[1] 赛博格人（Cyborg）指义体人类，即人类与电子机械的融合系统，又称电子人、机械化人、生化人。——译者注

中），左栏被视为笨拙而简单的，如同中间栏和右栏对于当今博物学家的意义，右栏或许向往超越人工的状态：一种将自然和人工视为早期阶段的有机人造物（如果不是针对昔日的贵族，那么对赛博格人来说是可行的）。我把右栏留给科幻作家，他们将从右栏的观点出发来描述这个世界。

在自然主义者的时代，技巧不是一种明显的人类改造世界的方式，而是一种确认自然主导地位的方式。

（八）广告中的身体

讨论了各种概念之后，现在是时候简要地思考它们之间的关系了。表 3.7 展现了每个概念与其他概念并存的广告数量。

表 3.7　十大和谐的概念同时出现在广告中

概念	时间性	皮肤	水分	颜色	唇部	美丽	保护	外表	清洁	自然
时间性	—	39	25	24	14	21	26	27	4	21
皮肤	39	—	24	17	3	18	26	24	6	22
水分	25	24	—	14	9	11	20	15	5	12
颜色	24	17	14	—	14	14	14	15	2	14
唇部	14	3	9	14	—	7	8	4	0	4
美丽	21	18	11	14	7	—	18	12	2	13
保护	26	26	20	14	8	18	—	15	4	18
外表	27	24	15	15	4	12	15	—	3	18
清洁	4	6	2	2	0	2	4	3	—	3
自然	21	22	12	14	4	13	18	18	3	—

“时间性” 和 “皮肤” 与其他术语同时出现，比任何其他概念同时出现的概率都高，而 “清洁” 和 “嘴唇” 与其他概念同时出现的概率最低。这似乎证实了时间性的重要意义和身体

作为表面的概念，以及之前提出的建议，即清洁不再是某种令人信服的观念。嘴唇相对而言很少与其他术语共存，大概是因为它是身体的一个具体部位，因此不太可能和更普遍的概念相提并论。

本章小结

表 3.8 尝试着总结本章所探讨的身体的一些主要特征，并增加了一个未来可能研究的专栏。分析表明，问题比表中描述的更复杂和微妙，但为了表现出显著的趋势，故意将其简化。第一行给出了“这是谁的身体?”这个问题的答案，而第二行则是回答“这是什么样的身体?”第一个问题的答案表明了更广泛的社会关注和同时期的作品之间有着密切的联系：18 世纪的科学试图通过死者来了解生命；19 世纪人们对健康的关注体现在以下方面：工业革命给城市带来了巨大而快速的发展，同时也使城市的人口更加拥挤，环境卫生条件更差；根据生产主义的物种哲学建立一个新社会，以实现从农耕经济向工业经济的转变；通过广为流传的消费主义出售先进的产品，以及可能出现一种新的信息经济，从而需要与其身体有即插即用的连接。

第二个问题的答案指出，身体本身如何在各个时期显现。这里似乎有一种向外转移的倾向，即从骨骼内部向内部器官的转变，这种转变围绕着基本骨骼到皮肤表层：这是作为科学、医学和化妆品的对象的身体，前两个时期大概已经解决了他们的内部身体知识问题，那么，现在让外部的层次给予化妆品发挥无限潜能的可能性。在接下来的时期，身体不再被看作一个

表 3.8　身体美学在历史上的重要步骤

问题	18 世纪 解剖学	19 世纪 服装改革	19 世纪 20 年代 建构主义者	20 世纪 90 年代 时尚杂志	21 世纪 日常生活？
这是谁的身体？	尸骸	健康的身体	生产者的身体	消费者的身体	赛博格身体
这是什么样的身体？	瘦骨嶙峋的身体	内脏的身体	活动的身体	表面的身体	程序可控的身体
什么支配着这个身体？	美学和科学	美学和理想的自然身体	美学和工作	美学和保护	美学和肉体机器

独立的个体（自身包含骨架、器官和表面），而是与机器联系在一起。正如我们从马克思那里所得知的，生产者的活跃身体将被卷入生产过程的以机器为中心的逻辑之中（甚至可能在 20 世纪 20 年代令人敬畏的苏联新兴工业中），而赛博格人的身体可以通过其自身潜在的编码深化这一现象。我们并没有把身体和机器分开，而是在两者之间建立一种密切的联系。当然，这种可编程性也可以应用于消费过程。

尽管存在这些差异，但在当前的背景下，身体的更深层历史被证明是一个美学的历史，随着美的最佳搭档从科学转向自然，再从工作转向保护，并有可能在电子机器人中进一步发展为有血有肉的机器体。在当前的例子中，尤其是科学和自然确实是建立在原来的美学基础之上，其原因已被探究，而建构主义者则将美学视为新工人身上的服饰中的一个不可或缺的成分。美学与保护的完美结合是许多护肤品和化妆品的卖点。鉴于历史上对美的观念一直延续至今，人们很难想象未来的电子人在没有审美维度的观照下也能做到这一点。如果过去终将流逝，我们至少可以部分地按照美学的原则将它们重新组织起来。然而，这个工作只是对未来的一个展望。

第四章　礼物、流通与交换：家居服装

引　言

在第一章中，我们简要地讨论了乌托邦文本中服装的流通和交换问题。本章重提这个话题，把衣服当作可能发生的事情的物质对象，而不仅仅是一幅展示各种社会意义的画布。本章主要是对某一特定家庭样本中的服装流通进行的实证研究，随后根据研究结果，我们将探讨有关礼物关系的经典文献。然而，我们首先要非常简要地浏览一些关于家庭内部交换的早期研究。

第一节　家庭内部分配

家庭内部流通模式的研究，产生于对经济理论相对忽视家庭的批评。[1] 简·帕尔（Jan Pahl）的研究[2]表明，家庭内部——或者更准确地说，夫妻之间的资金分配不是平等享用，

---

[1] Jan Pahl. Patterns of Money Management Within Marriage [J]. Journal of Social Policy, 1980; Jan Pahl. The Allocation of Money and the Structuring of Inequality Within Marriage [J]. Sociological Review, 1983; Amartya Sen. Resources, Values and Development [M]. Oxford: Blackwell, 1984.

[2] Jan Pahl. The Allocation of Money and the Structuring of Inequality Within Marriage [J]. Sociological Review, 1983: 238.

而是因性别不同而存在差异，盖尔·威尔逊证实了这一发现。[1]英国、法国和印度的研究表明，类似的评论也适用于食物。[2]资金的支出也按性别划分：居勒斯塔（Gullestad）[3]、布兰嫩（Brannen）和莫斯（Moss）[4]指出，在挪威和英国，“男人的钱”被认为是花在必需品上，“女人的钱”则被认为是花在额外部分上。正如戈特曼（Gotman）在其对法国继承模式的研究[5]中所表明的，即使在死后，资源也可以按性别进行分配。

本章与上述作者的不同之处在于，它既不关注金钱的流向，也不关注食物的分配，而是关注一种金钱转换为特定商品的流动：服装。这些领域之间有一些相似之处，但也有不同之处。食物和衣服都是传统上女性的负责领域[6]，比如说，冰箱和衣柜之间也有相似之处。大多数家庭成员都能声称拥有“自己的”衣柜（这个术语将在后面讨论），但很少有人会声称拥有“自己的”冰箱。此外，食物往往消耗得相当快，但一件衣服

---

[1] Gail Wilson. Money in the Family. Financial Organisation and Women's Responsibility [M]. Aldershot: Avebury, 1987.

[2] Nicola Charles, Marion Kerr. Just the Way It Is: Gender and Age Differences in Family Food Consumption [C]//Julia Brannen, GailWilson. q. v, 1987; Christine Delphy. Sharing the Same Table: Consumption and the Family [A]// Close to Home. A Materialist Analysis of Women's Oppression. Translated by Diana Leonard. London: Hutchinson, 1984 [1975]; Amartya Sen. Resources, Values and Development [M]. Oxford: Blackwell, 1984.

[3] Marianne Gullestad. Kitchen - Table Society [M]. Oslo: Universitetsforlaget, 1984: 268 - 270.

[4] Julia Brannen, Peter Moss. Dual Earner Households: Women's Financial Contributions After the Birth of the First Child [C]//Julia Brannen, Gail Wilson. q. v. 1987: 87.

[5] Anne Gotman. Hériter [M]. Paris: Presses Universitaires de France, 1988: 164 - 165.

[6] Stephen Edgell. Middle Class Couples. A Study of Segregation, Domination and Inequality in Marriage [M]. London: George Allen and Unwin, 1980: 58.

可以在家中穿很多年。然而，我们会发现，森（Sen）在食物方面提到的年龄/性别差异❶被证明在服装方面也很重要。

一、服装流通

我对家庭服装流通的兴趣源于对衣柜里的东西的调查结果。我注意到有1/4～1/3的物品不是由其所有者在市场上自行购买的，而是从其他渠道获得的。这些绝大多数被证明来自家庭成员。例如，衣服可能是母亲送给女儿的礼物。然而，一件礼物显然只是更一般流通范畴中的一个子范畴。因此，我们决定对通过滚雪球抽样法选出的六个都柏林家庭的样本的所有流通形式进行调查：挑选出的商品（如衬衫、毛衣）以何种方式流通，人与人之间的关系属于哪一类（如姐弟、母女）。相当明确的基于性别的模式出现了。除了中产阶级的罗宾逊一家，所有的家庭都是“可敬的”工人阶级。通过访谈、谈论家庭照片和衣柜“旅行”等方式来收集资料，从而了解当前和过去所描述的家庭着装款式和观念。

初看起来，很明显每个人都有自己的衣柜（所谓“衣柜”，这里指的是家庭中任何一个特定的成员都认为“属于”他们的一些衣服。“属于”放在引号中，因为如下所示，这个概念是不明确的）。确实，我们经常会遇到这样一种普遍的观点，即服装是（或应该是）一种“个性”的“表达”。那么，我们可能期望找到一些与特定的人相符合的专用衣柜。虽然每个家庭成员都认为他们确实有自己的衣柜，但属于几个家庭成员的衣

❶ Amartya Sen. Resources, Values and Development［M］. Oxford：Blackwell, 1984：347.

服可能共享同一个物理空间——在被理解为一个成员卧室里的家具“衣柜”中。此处潜在的困惑通常是通过划分空间来识别和克服，举例来说，A 的衣服都在左边，而 B 的衣服在右边。然而，这些简明的区别仍然是不可侵犯的。尽管如此，从特定衣柜与特定成员相符合这个最初的观点开始，看看这种联系是如何通过真实的着装实践来维持、修改或破坏的，这样就方便多了。以下是家庭研究中可能存在的个体之间的关系，我们根据每个人的着装惯例来进行讨论：(1) 夫妻；(2) 父子；(3) 父女；(4) 母子；(5) 母女；(6) 姐妹；(7) 兄弟；(8) 兄妹 (姐弟)；(9) 其他。

我们发现了以下几种流通形式，其他样本可能会提供不同的形式。然而，我们在当代西方社会中很难找到其他的流通形式。

(1) 市场赠品：这些礼品来源于市场，随后被赠送给接受者。这一类别包括在特殊场合购买的礼物（样本中绝大多数是生日和节日），以及更多的是较为普通的物品，如母亲经常为年幼的孩子带回家的衣服。

(2) 家庭自制礼品：此表格包括任何家庭成员制作的任一衣物，这些衣物已送给其他家人。

(3) 家庭自制商品：这类非常罕见的类别，包括从那些具有制衣技能的家庭成员那里付费订购物品。

(4) 废旧衣物：这些衣物原本是捐献者穿过的，但现在已经不穿了。“旧衣”一词也是这个意思，而且确实被许多家庭所使用，但由于它表示老年人给予年轻人（在实践中并非总是这种模式），我更喜欢使用较为中性的术语。

(5) 借穿：在“物主”许可的情况下，带走一件在特定场合穿戴的衣物。

（6）偷窃：在未经“物主”许可的情况下拿走一件衣物。这并不意味着永久拥有，但“偷窃”一词将被保留，因为这是受访者自己用来描述这种行为的词语。

（7）自购：在通常情况下，假定所有未被其“物主”描述为经由上述模式获得的物品都是自购的。事实证明，向自购的转变是母女服装中介关系的关键时刻之一，下文将对此进行详细论述。

表4.1是流通模式所反映的服装类型，并使用受访者的服装术语，从中我们可以看出作为市场礼品流通的商品种类比任何其他模式（21/30或70%）都多，接下来是偷窃（12/30或40%）、旧衣（10/30或33%）、借穿（7/30或23%）和家庭自制礼品（6/30或20%）。家庭自制商品只出现1次。虽然这些数字应该被理解为仅仅是一种趋势的指南，但我们已经能够看到礼物关系在家庭服装流通中的中心地位：市场赠品和偷窃——当然，这可以被视为一种消极的礼物——在实际服装中的普及率最高。短上衣、针织套衫（毛衣，北美英语）、围巾、衬衫和领带是最常购买的礼物。的确，针织套衫/毛衣似乎是最普遍的流通物品：它们以各种方式流通，其中大部分是市场赠品和失窃物品。如下所示，除了儿子赠予父亲的之外，它们参与了所有可能列出的家庭关系。总而言之，针织套衫似乎是家庭服装经济中流通的基本单位。虽然样品中没有明确的证据，但这也许是因为此类服装的性别标识没有多数其他服装那么显著，并且与几乎所有其他服装相比，它们覆盖的体型范围更大。几乎“任何人”都可以穿一件特定的针织套衫。

表 4.1　流通模式中所反映出来的服装类型

服装种类	市场赠品	家庭自制礼品	家庭自制商品	废旧衣物	借穿	偷窃
厚夹克						+
围裙	+					
短上衣	+ +			+	+	
羊毛衫	+	+		+	+	+
外套	+			+	+	+
连衣裙		+				
足球服	+					
手套	+					
夹克衫	+	+		+	+	+
针织套衫/毛衣	+ + +	+	+	+	+	+ +
女式短衬裤	+					
短裤	+					
披风		+				
睡衣裤	+					
雨衣						+
围巾	+ +					+
衬衫	+ + +			+	+	+
裙子	+			+		
罩衣				+		
短袜	+					
西装	+					
长袖运动衫						+
T 恤衫	+					+
短背心	+					

续表

服装种类	市场赠品	家庭自制礼品	家庭自制商品	废旧衣物	借穿	偷窃
领带	+ +			+	+	
上衣						+
田径服				+		
裤子		+				
内衣	+					
背心	+					+

注：+发生1~4次；+ +发生5~9次；+ + +发生10次以上。

如果我们排除了非常罕见的家庭手工商品，开襟毛衣和夹克衫就与针织套衫具有相同的作用，但它们仍无法达到与针织套衫相同的强度。家庭手工商品确实很不寻常。家庭中所有其他以服装为中介的关系都具有礼物关系上的某些不同特征——如前所述，甚至偷窃也可以被重新表述为一种随机性很强的礼物。商品关系之所以显得如此罕见，正是因为它们不太适用于家庭服装关系。

通过表4.1，我们可以看出流通模式如何反映独立的家庭关系。

二、夫妻关系

样本中夫妻服装关系最显著的一点是，它们完全是通过市场赠品来体现，妻子给丈夫买的衣服比丈夫给妻子买的要多得多。即使共享同一个衣柜，似乎也没有一方穿着属于另一方的衣服的事例。换言之，不管是丈夫的衣柜还是妻子的衣柜，似乎都是家里所有衣柜中最独立的。在婚姻中，有时妻子平日里——不在特定的日子，以及在特定的日子如生日和节日给丈夫买衣服；而丈夫只在这两个特定日子买衣服作为礼物送给妻子。所以女人的赠予至少有时候是一件平常的事情，而男人的赠予只在特定的日子里发生。这可能与样本中所有已婚女性都是家庭主妇，但是所有已婚男性都在外工作有关，因此我们将家务（包括服装问题）和非家务领域分别映射到女人和男人身上。我们可能期望在其他家庭类型中找到不同的模式。

这种普通的/特殊的区别也可能与丈夫和妻子去装扮彼此身体的不同部位这一事实有关。丈夫的仪式性赠送仅限于用三种彼此非常相似的物品遮盖妻子身体的一部分，即羊毛衫、针织套衫和毛衣。然而，妻子为丈夫全身上下提供各式各样的服装。换言之，丈夫完全可以用妻子送的礼物来装扮自己，而妻子只能部分地由丈夫来装扮，并且只能装扮身体的某个特定部位。然而，应当指出，我绝不可能在样本中得到关于内衣的任何色情信息。

这种情况在下文中变得更加明显，普通礼物在样本中更典型地体现了母子关系（尽管这与年龄－性别变量有关），而丈夫参与这种关系也许并不总是值得赞赏的。所以，夫妻间的关系往往保持在仪式的层面上。

三、父子关系

父亲直接为儿子购买衣服的情况很少。丢弃的衣物似乎最接近“典型的”父子关系（羊毛衫和针织套衫）。

儿子送给父亲的礼物包括衬衫和领带，他们往往只与父亲的姐妹们合送，因此仅在生日或节日时：单身男性赠送礼物这种情况在样本中非常少见，而且通常会遇到阻力，正如我们稍后所发现的。与下文所讨论的关系相比，不管父子之间是否倾向于类似的服装风格，他们几乎不会借穿或交换衣服。

四、父女关系

父女之间在服装方面的互动也很少。如今父亲送礼物这种事例非常少见。父亲倾向于提供金钱，但这意味着一种不同类型的关系。在母女关系中，有一种倾向是母亲不再给衣服，反而开始给钱，而父亲从来只给钱。

女儿赠送父亲的东西仅限于市场上购买的礼品（衬衫、袜子、领带）和偷窃的衣物（羊毛衫、毛衣），但在样本中并不常见。

五、母子关系

这里只包含两种模式，在样本中是完全没有任何互惠形式的单一非对称关系。坦率地说，就是母亲给予，儿子接受。家制礼物更典型的情况是母亲为 20 岁以下的孩子制作的。

母亲在女儿到了一定年龄后不再直接为其购买衣服（参见下文），但是大多数母亲会继续为儿子购买衣服。乔纳斯·罗宾逊（Jonas Robinson，22 岁）在描述其衣柜里的物品时，经常说“妈妈送给我的”或“那是妈妈送的礼物”，当他的哥哥说起他的衬衫时，“可能是妈妈买的，我真的不知道”。人们遵循的规则似乎是：如果怀疑一个物品的来源，就假设它来自母亲。

一般而言，这是母亲为小时候的子女购买衣服，但只有儿子在 12 岁或 13 岁以后，仍在延续最初的关系。

六、母女关系

从女儿到母亲的服装流通常常受到很大程度的限制。购买礼物的关系只发生在生日和节日，并且常常是两姐妹合送的礼物。值得注意的是，女儿倾向于送给母亲装饰品而不是衣服，送围巾和手套就是很好的例子。

从广义上讲，母女关系有两个阶段：一是早期阶段，母亲及其直系亲属或朋友或多或少地充当了服装的独家来源；二是后期阶段（大约在13岁以后），女儿会拒绝母亲购买的或制作的衣服，有时开始拿母亲为自己购买的衣服，而几乎同时开始与同龄的非家庭内的女性朋友交换衣服。

无一例外，然而有一种情况使得女儿不再接受母亲赠送的衣服，索菲·肯尼迪（Sophie Kennedy，43岁）曾多次提到："她们在坚信礼后完全变了样"（这在爱尔兰大约发生在13岁或14岁）[1]；"既然已过了坚信礼，我既不插手也不干预"；"13岁或14岁之后，她们就完全改变了"，而帕特丽夏·罗宾逊（Patricia Robinson，58岁）也表示，坚信礼标志着她最后一次为女儿梳妆打扮。对样本中的大多数母亲而言，这个转折点是一些问题的根源。由于这一转变似乎是家庭生活中与着装相关的核心事件之一，因此值得进一步说明。以下来自帕特丽夏的例子是最详细的，并且可以作为样本的典型案例：

科里根：现在你把什么样的衣服作为礼物送给孩子？

---

[1] 坚信礼（confirmation）是一种基督教仪式。根据基督教教义，孩子在一个月时受洗礼，13岁时受坚信礼。孩子只有被施坚信礼后，才能成为教会正式教徒。——译者注

或者你会送吗？

帕特丽夏：好吧，我将诚实地说，我不敢为任何一个女孩买手帕，我的意思是，如果你买了这么多手帕，你会发现它的边被嫌太窄了，或者上面有个蓝点，而实际上她们更喜欢红点。我讨厌买不到这些手帕，就像我现在喜欢进城去买圣诞节礼物一样，这是圣诞节的一个惊喜。但我不可能那样做，因为我不会冒着他们不喜欢它的风险，他们不喜欢的东西真是令人感到惊讶，你认为小巧可爱的东西，而她们并不喜欢。我记得给克斯汀（Kerstin）买了一件睡衣……大约在两年前吧，那是一款我在克莱里（Clery）买的她所喜欢的老式的睡衣，我觉得它很漂亮，对于睡衣来说算是昂贵的了。我把它送给她，但我意识到她并不是很喜欢这件睡衣，所以我对她说，好吧，如果你不喜欢，就把它还回来，然后你就能拿到其他东西。嗯，她去了克莱里，却没有看到任何喜欢的东西，即使如今在克莱里这样一家大百货公司，她在里面也找不到任何自己喜欢的东西，所以我对她说，那我就留着这件睡衣以后送给别人吧，并且我给了她一些钱，让她为自己买些东西。然后她去了城里，而且兴高采烈地回到家，如我所料，她买到了自己想要的东西并打开袋子，她拿出来一件衬衫，这是一种前边有些硬的白衬衫，我认为是二手货，男人常把它当作礼服衬衫穿。那就是她买的东西，而我想说即便它是免费的我也不想买来送她。所以现在我确实不再给女儿买东西了。

这个故事说明了母亲面临的问题，即女儿对服饰世界有了独立的理解。在这些家庭中，这种独立的理解发生在13岁左右，但母亲难以理解和接受。她们似乎面临一种新的世界观，却无法完全理解其中的逻辑。

帕特丽夏不能送给女儿合适的礼物——在她们看来——由于一些“错误的”小细节而拒绝接收手帕，礼物就被戏剧化了。这意味着，如果这么小的礼物也能挑出毛病来，那么送一个更大的礼物亦没有意义。这个例子表明母女对服装含义的不同理解，她们对于小细节诸如窄边或蓝点是否合适存在分歧：双方都进行了复杂的分析。帕特丽夏显然难以理解母女之间的概念冲突：“他们不喜欢的东西真是太不可思议了。”然后，她用一个详细的例子来说明这一点。

关于克斯汀睡衣的故事始于母女对服装的一种默契：“她说过她会喜欢的。”最终礼物不受欢迎，于是帕特丽夏建议交换礼物。然而事与愿违。不仅母亲的礼物被拒绝了，而且在母亲选择去购物的商店里也找不到合适的礼物。在此，有一个典型的女儿式的拒绝，不仅是对原来的礼物，也包括所有可能从那个地方所获得的礼物，那是母亲认为的一个有合适礼品的贮藏室。最后，帕特丽夏被迫提供金钱，克斯汀后来买的东西——她用母亲的钱买的礼物——“正是我［克斯汀］想要的”。帕特丽夏对此的反应表明，她完全不了解女儿对着装世界的看法：“我想说即使它是免费的，我也不想买来送她。”这一段经历似乎标志着这位母亲不再为女儿购买礼物了：“所以现在我确实不再给女儿买任何东西了。”

帕特丽夏为女儿购买衣服，却明显遭到了女儿的拒绝，尽管她受到了伤害，略有困惑，但还是接受了。如此看来，女儿所理解的获得独立在于拒绝母亲赠送的衣物，而母亲也只能接受女儿的做法。

向金钱而非衣服的转变似乎是过渡时期的一个主要组成部分，下文将讨论这一转变的意义。

母亲们难以接受她们的女儿对于服装意义的不同理解（借由女儿们声称她们以服装为媒介连接起她们与母亲们的关系是不成问题的），这一声称似乎更加剧了这一点。帕特丽夏·罗宾逊（58 岁）认为，在服装方面“没有争论的焦点”，“和我母亲一起购物［买衣服］是一次愉快的经历”；而索菲·肯尼迪（43 岁）这样说：“我喜欢年轻时穿的所有衣服，即使我根本没有机会可以说，嗯，我喜欢这个颜色，也喜欢那个颜色，但我真的很喜欢母亲为我选择的颜色。”克莱尔·希恩（Claire Sheehan，31 岁）自己的女儿（10 岁）尚未达到“关键的年龄”，也说她“不记得在着装方面与我母亲有过任何分歧”。那么，从母女共识到母女冲突就有了转变。当受访的母亲更年轻时，母女俩分享对服装的理解（确切来说，只有母亲对服装的理解是付诸实践的）。如今，母亲与女儿对“同一个”世界有着不同的观念。虽然从这个样本中没有发现可用的确凿的证据，但我怀疑这些困难与服装生产和消费过程中不同的技术状况所隐含的不同家庭关系含义有关联，而在当时接受采访的母亲都是十几岁的女孩。母亲到了那个年龄，至少在爱尔兰，大部分服装起源于以家庭为基础的生产，而那些不做衣服的家庭一般都有自己的裁缝。服装在那个时候大多是由家族来管理的，并且母亲和女儿关于服装的争执极少发生。然而，几十年后大规模生产产品的普及率提高，这意味着服装已经从以家庭为导向转向以更抽象的“社会”观念为导向。当下，十几岁的女孩子大多为了社交而装扮自己，而非为了家人而装扮自己，这让母亲极为苦恼。

女儿们对上述问题有何看法？尽管她们对这个问题没有展开讨论或阐述得非常少（由此我们可以推断出，上述问题目前对她们造成的问题很少）。几乎所有女孩都证实，她们现在确实拒绝穿戴母亲给她们买的任何衣物。例如，海伦娜·卡什（Helena Cash，19 岁）如是说："从来不穿妈妈想让她穿的衣服"，而克斯汀·罗宾逊（Kerstin Robinson，20 岁）则简单地说"我妈妈现在不会给我买衣服了，因为我都不喜欢。"这种拒绝似乎与可能购买的实物的任何具体特征几乎没有或根本没有关系，因此我们有理由推断，拒绝的理由与衣服是由母亲送的这一事实有关。也就是说，礼物的来源以及随之而来的母女之间由礼物所协调的关系——而非礼物本身作为特定类型的实物——这是拒绝的根本原因。在分析了帕特丽夏想送给克斯汀的睡衣礼物之后，这一点应该特别清楚。拒绝母亲礼物的这一做法，似乎确实表明女儿们对着装世界有着不同的观念。

七、姐妹关系

人们发现样本中的姐妹服装流通模式分为两种截然不同的类型，每种类型都对应着一个代际差异。购买礼物的关系在本人已身为人母的姐妹中占主导地位，而十几岁/年轻的成年姐妹——这些母亲的女儿们——参与了一种非常严重的偷窃形式的关系。此外，只在生日或节日才会赠送购买的物品（短上衣、针织套衫、围巾），正如我们将要看到的，偷窃（夹克、针织套衫、围巾、各种各样的衬衫）是年轻一代姐妹之间日常关系（在大多数情况下，几乎每天都是如此）的特征。

姐妹之间从对方衣柜里"偷"东西的可能性比其他任何关

系都要高得多，而且似乎经常发生：克斯汀·罗宾逊（Kerstin Robinson，20岁）说至少每周一次“我们偷了对方很多的衣服”，而伊莎贝尔·肯尼迪（Isabelle Kennedy，17岁）声称“我每天都穿戴一些属于我妹妹的服饰”。的确，在我的一系列采访中，卡什（Cash）、肯尼迪（Kennedy）和罗宾逊（Robinson）姐妹都至少穿过一次属于对方的衣服（通常是一件针织套衫或短上衣）。在样本中，借穿的人很少，而姐妹在拿一件衣服之前几乎从不征得对方的同意。偷窃总是相互的而非单向的：一种消极的互赠礼物的关系。这对双方都是均等的，在盗窃和报复之间有一定的时间段，并以其特有的方式产生暴力。海伦娜·卡什（Helena Cash，19岁）回复是否在拿走妹妹尼亚芙（Niamh，15岁）的一件衣服之前并没有征得她的同意时如是说：

> 卡什：是的，最后总是会吵架，你知道的。
>
> 科里根：她会对你做同样的事吗？
>
> 卡什：会啊，只是为了报复罢了。比如，如果我拿了这件（她面试时碰巧穿的一件尼亚芙的上衣）却没有征得她的同意……而我总是说，别忘了上周的事，或者你拿走了属于我的东西。所以可以说是相互的。

未经他人同意而导致“与海伦娜的争吵”（尼亚芙·卡什）；“家中争吵不断”（伊莎贝尔·肯尼迪）；而安妮塔·罗宾逊（Anita Robinson，18岁）这样说，“在这个家里最激烈的争吵就是关于衣服”。安妮塔补充道，这些物品经常因为“报复”而被拿走，详细情况如下：

科里根：你上次穿你姐姐的衣服是什么时候？

安妮塔：其实今天就是……

科里根：是什么？

安妮塔：只是一件针织套衫。

科里根：她说什么了吗？

安妮塔：她不知道……我趁她出去的时候拿走的，然后在她回来之前放回原处。

科里根：为什么这样做？

安妮塔：因为她会杀了我。

科里根：这听起来有点极端。

安妮塔：我知道，她的确会气疯的。

科里根：真的吗？

安妮塔：……我们总是为此争论不休……

科里根：你经常拿走她的衣服吗？

安妮塔：不经常，不，不……

科里根：那次你没有征得她的同意就拿她的衣服后发生了什么？

安妮塔：她大动肝火……好吧，后来她总是拿走我的东西……某些她知道的……我真的不想给她，她就会问，我可以拿走这个吗？如果我说不，那么她会说上次你也拿走了我的东西，你知道的……

克瑞根：这是以后的事吧？

安妮塔：是的，或者可能几周后，她会一直记得……

八、兄弟关系

与其他以服装为中介的关系相比，这种关系并不十分强烈，只包括捐赠的衣物和借穿的衣物。这是一个罕见的不出现市场赠品的例子。由于该样本的特性，我关于兄弟服装关系的资料并不多，而且没有一种是精心策划的。然而，所有迹象均表明，这种关系不如上述姐妹关系那样紧张。确实，除了在生日或节日与姐妹们一起为父母购买礼物之外，男孩子似乎从来就不为父母买礼物。而且他们的衣柜相互之间是封闭的：姐妹们不断地偷取对方的衣服，而兄弟们似乎只触碰对方不再穿的衣服，或者至多在特殊场合征得同意借穿。

他们远非像姐妹们那样互穿衣服，有时还致力于保持这种隔离。所以，个体男子的孤立性和姐妹们充满热情的集体性有着强烈的对比。

九、兄妹（姐弟）关系

一般而言，兄弟姐妹之间很少互赠礼物，而在生日和节日等特别的日子，姐妹会给兄弟赠送（单独或合送）衣服（针织套衫、衬衫）作为礼物。

第二节　家庭成员与外人的关系

虽然我的研究设计是以家庭为中心的，很少尝试走出家庭的界限，但资料中的所有证据表明，服装在大部分情况下仍然是一件“家庭事务”。在母亲的一个非亲属朋友为孩子们做衣服的两个事例（卡什家族、罗宾逊家族）中，我们可以找到一种相反的证明形式，而且在每个例子中，母亲都被孩子们称为“阿姨”。这种虚拟亲属关系的赠予似乎是一种克服对家庭造成威胁的方法，而这种威胁来自“外部”的服装礼物。正如我们所见，它之所以具有威胁性，正是因为服装流通似乎只发生在家庭内部。既然如此，外来衣物将意味着赠予者提出自己想成为家庭中的一员这个要求——可能接受或也可能不被接受，这要取决于要求者。一般来讲，虚拟亲属关系可以被看作解决 A 和 B 之间关系中出现问题的一种方法，这种关系的特点在实践上被看作契合 A 和 B 之间的关系，而这种关系与“正式”存在的关系有所不同。我们对正式存在的关系重新定义：

> 我们可以把这种情况描述为虚拟亲属关系，在某种程度上具有亲缘关系的人们会采取不同关系所规定的举止和行为。通常情况下，他们在家庭中的角色迫使这些家庭成员改变他们的亲属关系，以顺应他们共同的行为。[1]

所以，在样本中“阿姨”这个事例中，她之所以被如此称呼，是因为她以着装为中介的行为与作为母亲的姐妹的行为是一致的。明兹（Mintz）和伍尔芙（Wolf）提到，利用这种虚拟的亲属关系来克服潜在的威胁情况[2]，而埃丝特·古蒂（Esther Goody）将它视为一种连接成年人（本例中的母亲和她们的朋友）和几代人（罗宾逊/卡什的女儿和她们的“阿姨”）的方式。[3]

除此之外，似乎只有女儿和非亲属有着明确的着装关系。

---

[1] Julian Pitt - Rivers. Pseudo - Kinship [M]//International Encyclopaedia of the Social Sciences. Volume 8. London: Macmillan and Co, 1968: 409.

[2] S. W. Mintz, E. R. Wolf. Ritual Co - Parenthood (compadrazgo) [M]//Jack Goody. Kinship. Harmondsworth: Penguin, 1971 [1950].

[3] Esther N. Goody. Forms of Pro - Parenthood: The Sharing and Substitution of Parental Roles [M]//Jack Goody. Kinship [M]. Harmondsworth: Penguin, 1971: 344.

她们可能会和她们的女性朋友一起买衣服，并且互借衣物，但我们通常不会发现之前在姐妹身上所遇到这种消极的互惠关系。通过打破排他性，这种以服装为基础的联盟可能破坏了我们已经确定的家庭服装经济。

一、一般模式

总体言之，家庭服装经济是依照非常明确的性别界限组织起来的。妇女和女孩的积极性很高（即使母女关系会随着时间的推移而变化），而男人和男孩则非常被动：事实上，后者几乎没有参与。前者相互之间也非常积极，我们可以很清楚地看到，盗用是典型的姐妹模式。现在是时候在更广泛的框架内来思考我们的发现了。

二、礼物关系

如前所述，就服装而言，家庭资源的流动是相当复杂的：家庭服装流通的特征可以被描述为六种不同的模式，其中五种可以被划分为不同形式的礼物关系。唯一的例外是家庭手工商品，然而这种情况很少发生。回顾有关礼物关系的文献以理解我们的研究成果对这个特定领域的贡献是非常重要的。其中许多与文献资料相一致，但也对消极互惠的接受状况提出了质疑。然而，我们首先讨论商品关系，接着思考购买和制作礼物、金钱礼物、互惠间的平衡以及消极互惠的含义。

三、商品关系

在人类学文献中，很少出现亲属之间的商品关系，这已然引发了人们的热议。举例来说，保罗·博汉南（Paul Bohannan）和劳拉·博汉南（Laura Bohannan）提到："迪夫（Tiv）赞同人们不向亲属'销售'这个几乎是普世的格言。礼物赠予关系和交换关系被认为是对立的"；❶ 而格雷戈里·贝特森（Gregory Bateson）写道，"就像是一位父亲，他（*wau*，母亲的兄弟）避免与他的外甥（*laua*，姐妹的孩子）进行粗俗的商品交易"。❷ 在我们的样本中，现代家庭似乎以一种非常相似的方式运作。克里斯·格雷戈里（Chris Gregory）简洁地描述了礼物/商品之间的区别："商品交换在交换对象之间建立了关系，而礼物交换在主体之间建立了关系。"❸ 商品交换以客体为主导，而礼物交换以主体为主导。如果我们进一步思考格雷戈里的评论，即"商品是外部成员之间可转让的物品；礼物是内部成员之间不可转让的物品"❹，就能更清楚地表明所采取的立场。显然，一个家庭成员想要和另一个家庭成员建立商品关系的任何尝试，实际上是想用以市场为基础的客体之间的关系取代以家庭为基础的主体之间的关系。当然，这可以被理解为一种脱离家庭主体关系的方式，通过对待任何非亲属之间可以交换礼物的伙伴关系来对待其他家庭成员，因此可以淡化家庭关系。

四、购买礼物/制作礼物

拉尔夫·沃尔多·爱默生（Ralph Waldo Emerson）在其早

---

❶ Paul Bohannan, Laura Bohannan. Tiv Economy [M]. London: Longmans, 1968: 147.

❷ Gregory Bateson. Naven [M]. Second edition. Stanford, CA: Stanford University Press, 1958: 83.

❸ Chris Gregory. Gifts and Commodities [M]. London: Academic Press, 1982: 19.

❹ Chris Gregory. Gifts and Commodities [M]. London: Academic Press, 1982: 43.

期的叙述中，用下列说法区分了两种类型的礼物：

> 唯一的礼物是你自身的一部分。你必须为我付出心血。所以诗人创作了诗作；牧羊人饲养了羔羊；农夫播种了谷物；矿工挖掘了宝石；水手拾掇了珊瑚和贝壳；画家绘制了图画；姑娘缝制了手帕。这是正确而令人愉悦的事情，因为到目前为止，它将社会修复到更基础的状态，在这种状态下，一个人的经历通过他的礼物反映出来，并且每个人的财富是其优点的一个体现。你去商店为我买东西，这是一件冰冷的、毫无生机的事情，并不能展现你的生命力和才华，而是金匠的手艺。❶

这种区别类似于市场礼物和家制礼物这两种礼物流通形式之间的差异，前者指的是在市场上购得的商品，而后者是家庭成员制作的服装。然而，还是有区别的。爱默生将真正的礼物馈赠者分为诗人、牧羊人、农夫、矿工、水手、画家和女裁缝的职业活动（即使他拒绝赋予“姑娘”职业头衔的尊称）。他的礼物是“自我”的一部分，而这种“自我”是由特定的能力来界定的。然而，如“兄弟”或“姐妹”这些称谓并不表明礼物适合其身份。爱默生所定义的真正的礼物，展示了社会地位和人与活动之间的紧密关系，但家庭礼物恰恰指的是这种家庭关系，因此没有个人/活动的一致性。有人可能认为家庭礼物应该避免个人/活动的一致性：赠送家庭成员一份专业人士制作的

❶ Ralph Waldo Emerson. Gifts [C]//The Complete Prose Works of Ralph Waldo Emerson. London: Ward, Lock and Co, 1890 [1844]: 130.

礼物，就可以被解读为把他们看成了非家庭成员。这一点尤其适用于以下情况，当家庭成员欢聚一堂的时候（圣诞节），以及庆祝家庭成员降临的纪念日（生日）。大卫·切尔（David Cheal）认为，“圣诞节和生日是举行个人盛典的绝佳时期”[1]，但他的分析忽略了这些场合的家庭层面。然而，同样的事情并不适用于普通的礼物，因为这些礼物可以被视为母亲日常活动的一部分。这往往由样本证据来证实：家制礼物在探访中非常少见，在孩子们还小的时候却很常见。那时，帕特丽夏·罗宾逊（58 岁）和索菲·肯尼迪（43 岁）每天都为她们的孩子织衣服。

爱默生表明，在他对这个术语具体的理解中，不构成自我一部分的礼物就不是“真正的礼物”。从抽象的角度来看，在个人与所给予的物品之间，我们没有理由为这种一致性采用上述引文中所展示的这种特定的形式。一旦 A 给予 B 某物，那么二者之间就会建立一种以礼物为中介的关系。从建立双方关系的角度来看，重要的不是一方赠送自制的物品，而是某物被赠送的这一事实。样本中体现出这一点，女儿拒绝接受母亲的礼物，仅仅因为是母亲赠送的。马塞尔·莫斯（Marcel Mauss）提到“个性与物品的混淆”[2]，并写道“在毛利人（Maori）的习俗中，由物品创造的这种联系实际上是人与人之间的联系，因为物品本身就是一个人或从属于一个人。因此，它遵循着给

[1] David Cheal. The Gift Economy ［M］. London：Routledge，1988：148.

[2] Marcel Mauss. The Gift ［M］. Translated by Ian Cunnison. London：Routledge and Kegan Paul，1969 ［1925］：18.

予某物就是给予自己的一部分”❶ 这个规则。一件物品可以“是一个人”或从属于一个人，但不一定是那个人制作的。一件礼物是个人的一部分，因为它是那个人赠送的，并非那个人制作的。诚然，某些物品，如针织套衫/毛衣或袖套❷可以成为礼物流通中优先选取的物品，但那并不意味着它们必然是赠予者制作的。

综上所述，很明显从市场上购得的礼物毫不逊色于其他来源的礼物。市场上购买的商品转变为在家庭中流通的礼物（市场赠品——我们样本中最常见），这种情况不足为奇。海伦·科德尔（Helen Codere）指出，“在工业社会中互赠礼物，捐赠者需要到市场上购买他们将要交换的礼品；即使是最粗糙的幼儿园手工艺品，也需要在市场上购得一些工具或材料来制造”❸；而切尔写道：“在经济体制建立在雇佣劳动基础上的社会里，把商品作为礼物的经济实践，大多数人认为这种理性的做事方式是正常的。”❹ 我们从上文可以看出，市场礼物关系是先进工业社会所特有的，然而事实并非如此。正如莫里斯·古德利尔（Maurice Godelier）所指出的，它也适用于更简单的社会：

❶ Marcel Mauss. The Gift [M]. Translated by Ian Cunnison. London: Routledge and Kegan Paul, 1969 [1925]: 10.

❷ Bronislaw Malinowski. Argonauts of the Western Pacific [M]. London: Routledge and Kegan Paul, 1922.

❸ Helen Codere. Exchange and Display [M]//International Encyclopaedia of the Social Sciences. Volume 5. London: Macmillan and Co, 1968: 239 - 240.

❹ David Cheal. “Showing Them You Love Them”: Gift Giving and the Dialectic of Intimacy [J]. Sociological Review, 1987, 35 (1): 157.

当进入或离开这种社会关系时，贵重物品暂时以固定或几乎没有波动的价格的商品交换形式出现。在每种社会关系内，它们通常不再作为商品而流通，而是成为社会生活、亲属关系、生产关系和权力关系等社会过程中给予或分配的对象。❶

五、金钱礼物

我们已经看到，当礼物在原始社会（古德利尔）或家庭（我们的样本）中流通时，金钱在其边界处开始运作：包括在社会之间（古德利尔）和家庭与商品经济之间（样本）。但金钱本身可以成为一份礼物，的确，根据玛丽·道格拉斯（Mary Douglas）和巴伦·伊舍伍德（Baron Isherwood）的说法，在现代社会中，金钱只是家庭中的一份礼物。❷ 然而：

> 金钱馈赠有其内在的危险，只有金钱交易具有短暂性的特征，它不会留下任何痕迹，卖淫也是如此。一旦给予金钱，人们就完全退出了这种关系；比起送礼本身，通过礼物的内涵、对礼物的选择以及礼物的用途，人们能更完美地来解决问题，并且从礼物中体现出一小部分赠予者的人格。❸

❶ Maurice Godelier. Perspectives in Marxist Anthropology [M]. Translated by Robert Brain. Cambridge: Cambridge University Press, 1977 [1973]: 128.

❷ Mary Douglas, Baron Isherwood. The World of Goods. Towards an Anthropology of Consumption [M]. Harmondsworth: Penguin, 1978: 59.

❸ Georg Simmel. Prostitution [C]//On Individuality and Social Forms. Selected writings edited by Donald N. Levine. Chicago, IL: University of Chicago Press, 1971 [1907]: 121.

从这个意义上讲，它类似于对内在于家制商品关系中的家庭所造成的风险。

如果说金钱馈赠的不当之处趋近于家庭关系的商品化，那么还有另外一个因素在发挥作用。巴里·施瓦茨（Barry Schwartz）写道：

> 尤其是根据赠予人和接受者的个性来选择节日礼物，更明确地反映并体现出他们各自的生活样态。从这个意义上看，哈努卡金钱（Hannukah *gelt*）的赠予人不可避免地向接受者交出一定程度的控制权，因为金钱不像某种特定的商品，它并不意味着某种生活状态：它能够以任何方式使用，因此成为持有者意志中一个更灵活的工具。[1]

尤其是样本中的女儿，在金钱作为礼物的层面中获益。她们拒绝接受母亲在13岁以后赠送的衣物，取而代之的是强迫母亲给钱，因而获得了自主选择的权利。换言之，金钱（商品经济的一般等价物）作为礼物的特性——允许女儿通过在市场上自行购买来管理自己的衣服。但是除了一般等价物外，礼物还有什么不受欢迎之处呢？这个问题将我们引领到作家们对礼物关系的一个主要关注点。

六、互惠间的平衡

假设A赠送B一件礼物。B的选择是什么呢？B可以拒绝

[1] Barry Schwartz. The Social Psychology of the Gift［J］. American Journal of Sociology，1967：5.

或接受礼物。如果接受，B 可以完全不必回礼，或是回赠一份相似、较差或较好的礼物。乔治·霍曼斯（George Homans）明确地指出了这些选择的社会含义：

> 假如对方拒绝了这份礼物，就是承认自己是敌人。假如他接受了，并相应地回赠，他就成了朋友。但如果他拿了礼物，却没有回报呢？因为作出相应回赠的人是通过这个事实来说明他与赠予者的社会地位平等——他已表明自己有能力给予同样珍贵且有价值的报偿——而没有这样做的人既不承认自己是赠予者的敌人，亦不是其友人，而是他的下属。他失去了与赠予者相对等的地位。更糟糕的是，他在变得低人一等时，也可能成为一个下属：他予以报答的唯一方式可能是接受赠予者的指令。❶

让我们从拒绝接受礼物开始。对于霍曼斯而言，这相当于把自己变成了敌人，莫斯也持有相同的观点："拒绝给予或没有邀请，就像拒绝接受一样——等同于宣战；这是一种对友谊和交往的拒绝。"❷

在调查过的家庭样本中，拒绝接受服装礼物在母女关系中更为典型，但在其他案例中都非常罕见。有关这一点的解释，女儿就母亲作为衣服的赠予者而"宣战"——正如我们所见，这一做法相当成功。

❶ George Casper Homans. Social Behaviour. Its Elementary Forms [M]. London: Routledge and Kegan Paul, 1961: 319.

❷ Marcel Mauss. The Gift [M]. Translated by Ian Cunnison. London: Routledge and Kegan Paul, 1969 [1925]: 11.

接受礼物也有风险。一旦接受了，只要未被退回，礼物就会在赠予者和接受者之间产生一种债务关系。艾尔文·古德纳（Alvin Gouldner）这样写道："在自我提供满足的时间和改变偿还的时间之间，笼罩着负债的阴影。"❶ 在思考这种负债关系所固有的问题之前，让我们首先看一看没有债务所产生的问题。

如果B立即回赠给A一份对等的礼物，那么"债务阴影"就不会随着时间而消退。然而，"如果双方都不'亏欠'，那么他们之间的关系就相对脆弱。但是，如果账目没有结清，那么这种关系就通过'债务阴影'得以维持，而且必须有更多的关联机会，也许是作为进一步支付的机会'"。❷ 施瓦茨指出：

> 这一规则禁止在礼品交换中等额返还。这表明，每个交换礼物的双方（或更大的群体）都具有某种"债务平衡"的特征，而这种平衡永远不可能达致平衡……债务的持续平衡——此刻对一个成员有利，下一刻又对另一个成员有利——确保了两者关系的持续，因为感激之情将永远成为联结他们的一个纽带。❸

无负债对商品关系（样本中的家庭手工商品）和金钱馈赠有类似的影响：它削弱了相关参与者之间的主观关系。因此，就像商品和货币一样，它基本上是一种经济关系而不是社会关

❶ Alvin Gouldner. The Norm of Reciprocity [J]. American Sociological Review, 1960: 174.

❷ Marshall Sahlins. Stone Age Economics [M]. London: Tavistock, 1974: 222.

❸ Barry Schwartz. The Social Psychology of the Gift [J]. American Journal of Sociology, 1967: 8.

系：“一种完善的公平分配是经济关系而不是社会交换关系的典型特征”。[1] 维系参与者之间的社会关系需要“偿清债务”。然而，正如我们现在将看到的，这种关系中也存在危险和风险。

施瓦茨提到的“偿清债务”很容易达到夸张的形式，并最终成为单方面的。这在炫财冬宴礼物（potlatch）[2] 的例子中最清晰可见，炫财冬宴礼物是一种竞争性赠予的形式。第一份礼物是一个挑战，只有通过回赠一份更好的礼物才能取胜（显然，这种挑战是无法通过回赠一份劣质的礼物来应付的）：

> 整箱的腊鱼或鲸油、房屋和成千上万的毯子都被烧掉；最值钱的铜币被打碎，然后被扔到海里，就能打败他的竞争对手；唯一能证明他（首领）的财富的方法就是把钱用于羞辱他人，让他们“置于他的名声的光环之下”。[3]

但是如果一个人无法回应炫财冬宴礼物的挑战，将会发生什么事呢？莫斯说道：“不能还贷或是回赠炫财冬宴礼物的人会失去他的地位，甚至失去作为一个自由人的身份。”[4] 然而这适用于所有无法回赠礼物的情况。

---

[1] Barry Schwartz. The Social Psychology of the Gift [J]. American Journal of Sociology, 1967: 8.

[2] 炫财冬宴礼物（potlatch），北太平洋沿岸某些美洲印第安人举办的炫财冬宴，宴席上主人有意损毁个人财产并大量赠送礼物，客人随后也回赠礼物。——译者注

[3] Marcel Mauss. The Gift [M]. Translated by Ian Cunnison. London: Routledge and Kegan Paul, 1969 [1925]: 35, 37-38.

[4] Marcel Mauss. The Gift [M]. Translated by Ian Cunnison. London: Routledge and Kegan Paul, 1969 [1925]: 41.

> 因纽特人说："送他礼物，他就听你摆布""正如动用鞭子，狗就任你驱使一样"……慷慨俨然是一种强加的恩惠，在没有回赠礼物的这段时期，接受者被置于一种对捐赠者审慎而敏感的关系中。赠予者－接受者的经济关系亦如领导者－追随者的政治关系。❶

因此，一般而言，礼物关系是一种内在的权力斗争——不仅仅是一个极端的炫财冬宴礼物的事例，而是所有的礼物关系皆是如此。但是许多人类学文献指出，礼物的权力维度在家庭关系中并没有地位，而此论断必然受到质疑："家族内的礼物赠送是由完全不同的原则所支配的。以赠予者为先的原则在此处不适用。"❷ 马歇尔·萨林将其称为"一般性互惠"❸，并发现它的理想类型是勃洛尼斯拉夫·马林诺夫斯基（Bronislav Malinowski）所说的"纯粹的"或"免费的"礼物："在一种行为中，人们送出一件物品或提供一项服务，并不期望得到任何回报……无偿礼物最重要的类型是夫妻、父母和子女之间所呈现出来的关系特征"。❹ 但是，即使施予者确实没有回赠的愿望，这也并不排除权力维度：支配权在没有回报的地方更强大。后者似乎确实对当前样本中十几岁的女儿起到了一定的作用：如果不是为了结束母亲对服装经济的主导权，她们为什么要拒绝母亲赠送的服装礼物呢？炫财冬宴礼物的回应——回赠一份

❶ Marshall Sahlins. Stone Age Economics [M]. London: Tavistock, 1974: 133.

❷ Chris Gregory. Gifts and Commodities [M]. London: Academic Press, 1982: 52.

❸ Marshall Sahlins. Stone Age Economics [M]. London: Tavistock, 1974: 193.

❹ Bronislaw Malinowski. Argonauts of the Western Pacific [M]. London: Routledge and Kegan Paul, 1922: 177.

更好的礼物——似乎并不起作用，因为它意味着接受礼物交换所隐含的相互关系。十几岁的女孩通过推翻母亲作为服装礼物来源的理念，并在金钱的助力下，建立了她们自己的服装经济理念。

家庭远没有从礼物关系所隐含的权力斗争中解脱出来，我们可以把母亲单方面赠送的服装礼物视为权力的一种基本形式。萨林斯似乎遮遮掩掩地承认了这种说法："事实上，较高的地位往往只有靠'过度的慷慨'来巩固或维持：下属才具有物质上的优势。也许这并不意味着把亲子关系视为亲属关系等级及其经济伦理的基本形式是过分的。"❶ 正如本章所示，这也不"绝对"。

七、消极的礼物

到目前为止，我们把礼物视为积极的。但也有可能是消极的：萨林斯将其描述为"消极互惠"，我们可以辨认出这就是我们在样本中经常遇到的姐妹间的盗用行为。他详细地讨论了这种形式：

> "消极互惠"就是想不劳而获且免于惩罚……社会距离的跨度决定了交换者之间的交换方式。亲属关系距离……尤其与互惠的形式相关。交互性通过近亲关系倾向于各执己见，与亲属关系距离成正比地各走极端。
>
> 这种推论近乎演绎推理。从免费赠送礼物到诈骗，这几方面的相互作用相当于一系列的社交活动，从为他人牺

❶ Marshall Sahlins. Stone Age Economics［M］. London：Tavistock，1974：205.

> 牲到以牺牲他人为代价来谋取私利……近亲倾向于分享，从而进入到广义的交换关系中，而远亲或非近亲则倾向于用等价物或诡计进行交易。[1]

然而，就家庭而言，“近乎演绎推理”的推论似乎不起作用：偷窃并不意味着亲属关系的疏远。事实上，很难想象出一种比姐妹关系更亲密的亲属关系，相较于其他任何关系的特征，这种亲属关系更以盗用行为为特征。正如我们所见，姐妹之间的盗用行为不是单方面的，而是相互的，因此这正是人类学中常见的交换礼物的负面形象。后者是一种缔结人与人之间关系的方法（通常是陌生人之间），但保持他们的差异；前者亦是一种通过消除差异来联结人与他人的方法（至少在目前的情况下是亲属关系）。当然，这并不是因为亲属之间的盗用行为是必然的（例如，人们发现兄弟之间从来不这样做），而是缘于亲属之间相互的盗用行为是以一种特殊的方式构建了他们之间的关系。概括而言：不要把家庭关系看作决定服装礼品和流通的特定形式，我们可以将后者视为以不同方式不断建构和重建家庭内部关系，这取决于在任何特定时间所涉及的模式和人员。如今，圣诞节庄重的市场礼物可以被视为一种联系家庭成员的方式，似乎他们需要通过真实的礼物来维持关系。而赠送的仪式性礼物有所不同：他们选取的是单方向形式的礼物，由不同的家庭成员赠送给过生日的人。此处的“家庭”提醒每一位成员，送礼物本身才是最重要的。

[1] Marshall Sahlins. Stone Age Economics [M]. London: Tavistock, 1974: 195 - 196.

本章小结

更简单的社会与当代家庭相提并论的概率非常高，而我们可以看到，家庭通常可以用与“原始的”交换相关联的术语予以考量。乍看之下，这种经济在当代资本主义社会中蓬勃发展，这或许令人感到惊讶，但是公众社会越来越被视为完成生产的场所，而私人家庭越来越被视为消费发生的领域，因而就越有可能发展成两种截然不同的经济形式。一旦一种商品从外部跨越边界进入家庭，它就很容易嵌入以礼物为基础的经济中。然而为什么是以礼物为基础的经济呢？举例来说，为什么不是以个人消费为基础的家庭经济呢？或许答案可以从格雷戈里的评论中找到，“以相互独立和可转让性为前提的概念商品，是以相互依赖和不可转让性为前提的概念礼物的一个镜像”。[1] 如果我们将我们的世界分为私人和公共两个部分，那么这些领域的经济形式应该是彼此的“镜像”，这就不足为奇了。

家庭礼物经济似乎也是女性的经济，切尔的论文[2]，以及布兰嫩和威尔逊（Wilson）作品选[3]中的许多论文都提到这个观点。的确，男性明显是被动的。唯一“成功的”男性礼物是那些与姐妹们合送的礼物，这一模式似乎同样适用于跨文化和

---

❶ Chris Gregory. Gifts and Commodities [M]. London: Academic Press, 1982: 24.

❷ David Cheal. “Showing Them You Love Them”: Gift Giving and the Dialectic of Intimacy [J]. Sociological Review, 1987, 35 (1): 150 – 169; David Cheal. The Gift Economy [M]. London: Routledge, 1988.

❸ Julia Brannen, Gail Wilson. Give and Take in Families. Studies in Resource Distribution [M]. London: Allen and Unwin, 1987.

服装以外的物品：在温尼伯，“男性送礼的方式通常包括与一位亲近的女性亲戚合作，由她来完成大部分的送礼事宜”。[1] 但在食物流通和服装流通之间似乎有所不同：德尔菲（Delphy）[2]、森[3]以及查尔斯（Charles）和可儿（Kerr）[4] 的研究都表明了女性往往在事物分配上失利，但有迹象表明男性在服装经济方面同样略逊一筹。这也许与传统观念有关：把男人当作本质（食物），而把女人当作外观（衣服）。然而，当代家庭中似乎有多种经济方式在运作，每一种都以不同的方式使特定的性别和年龄受益。男性认识到，家庭服装经济是一个女性占绝大多数的领域，这或许可以解释为什么母亲会继续把钱给儿子并且通常不会引起争议。而女性认识到这一点既可以解释母女冲突的原因，也可以稍加解释姐妹间相互偷窃的原因。如果女性主导这种经济，那么每一个女人似乎都需要自己独立地控制它，因此导致了母女之间的冲突。但是，当少女和年轻的成年姐妹想要有别于她们的母亲时，她们似乎声称彼此之间达成一致的见解，因此，对方的衣服不能被自己独立地拥有，而偷窃似乎是一件完全“自然”的事情。姐妹们用相互矛盾的术语来解释这一点，或许是因为违背了该要求所涉及的个人衣柜的概念。

本章从服装作为流通对象的角度来探讨服装 - 家庭之间的

---

[1] David Cheal. The Gift Economy [M]. London: Routledge, 1988: 29.

[2] Christine Delphy. Sharing the Same Table: Consumption and the Family [M]// Close to Home. A Materialist Analysis of Women's Oppression. Translated by Diana Leonard. London: Hutchinson, 1984 [1975].

[3] Amartya Sen. Resources, Values and Development [M]. Oxford: Blackwell, 1984.

[4] Nicola Charles, Marion Kerr. Just the Way It Is: Gender and Age Differences in Family Food Consumption [C]//Julia Brannen, GailWilson. q. v. 1987.

关系的。我们已经看到服装流通是如何“建构”家庭关系的，而通过服装来协调的关系在母女之间尤为常见。

然而，服装及相关商品的流通并不一定局限于家庭。当一群对时尚和服装感兴趣的人在互联网中相遇时，将会发生什么呢？下一章将探讨此问题。

第五章　礼物、流通与交换：网络空间中的服装与时尚

我们刚刚看到了衣服作为物品是如何标记、维护和削弱家庭亲情方面的关系的。在网络虚拟世界的新领域，陌生人的外观又是如何形成的呢？在这个世界上，同样的礼物观念、流通观念和交换结构关系观念亦是如此。本章的大部分内容展示了一个名为“时尚讨论帖”（alt. fashion）的网络新闻组的分析——如果你愿意那样说的话，也可以称为网络人种学——但我们首先介绍与衣服相关的新闻组的总体情况。

尽管有许多新闻组认为衣服也许就内容而言是一个大问题，比如（在写这句话的时候）第五组专注于刊登啦啦队队员们的照片，或者名称中带有“色情”二字的 432 个小组中的任一小组，把这些样品局限于标题中包含与服装的某些方面有特别联系的那些新闻组，有望更加聚焦于该话题。主要致力于发布图片的新闻组被排除在外，同样被排除在外的还有恋物癖组和服装工艺组。此想法是寻找关于该主题的一般性而不是专门性的讨论，因为这被认为更有可能导致发现具有广泛内部差异的群体。当然，这更有可能使他们参与各种各样的社会过程，因此对于寻找在线生活基本结构的社会学家或人类学家来说更有趣。我们在 1999 年 10 月 23 日对所有英语语言小组进行了一项调查，结果显示依照他们的头衔和已提到的标准，有 15 个小组对

服装表示关注。该新闻组于 2000 年 4 月 11 日和 2006 年 7 月 5 日被重新访问，以获得每组邮件数量的最新统计数据，表 5.1 的详细信息按照 2000 年数据的降序顺序排列，这些数据在大约两周的时间内出现（它们通常不会在服务器上保留较长的时间）。在每次抽样期间，没有出现至少 10 次的讨论发表数的讨论区就会被排除。2000 年，所有相关组别的帖子总数为 11474 篇，2006 年为 8169 篇。只有时尚讨论帖和哥特式时尚讨论帖（alt. gothic. fashion）展示了大量的帖子，而时尚讨论帖远远领先于哥特式时尚讨论帖：2000 年是 2.6 倍，2006 年则超过 6 倍。时尚讨论帖在两个抽样期间均发布了类似的帖子：2000 年为 6819 篇，2006 年为 6161 篇。

表 5.1　2000 年 4 月和 2006 年 7 月在服装相关新闻组中发布的信息

新闻组	2000 年（篇）	2006 年（篇）	2000 年（%）	2006 年（%）
时尚讨论帖	6819	6161	59.4	75.4
哥特式时尚讨论帖	2604	972	22.7	11.9
内衣社会讨论帖	641	98	5.6	1.2
支持异装讨论帖	532	395	4.6	4.8
时尚异装讨论帖	322	189	2.8	2.3
莱卡讨论帖	248	101	2.2	1.2
服装 – 贴身内衣讨论帖	58	30	0.5	0.4
时尚公告板	54	26	0.5	0.3
超级名模讨论帖	53	18	0.5	0.2
服装讨论帖	32	33	0.3	0.4
服装 – 设计师讨论帖	30	15	0.3	0.2
服装 – 运动鞋讨论帖	26	51	0.2	0.6
时尚 – 紧身衣讨论帖	23	10	0.2	0.1

续表

新闻组	2000 年（篇）	2006 年（篇）	2000 年（%）	2006 年（%）
时尚 - 内衣讨论帖	17	12	0.1	0.1
时尚 - 男士讨论帖	15	58	0.1	0.7
总计	11474	8169	100.0	100.0

第一节　时尚讨论板块的新闻组

1992 年 5 月 26 日，史蒂夫·弗兰普顿（Steve Frampton）创立了时尚讨论帖，他在 1994 年 5 月 13 日发表的最后一篇文章中写道："这个群体正从其预期的目标中恶化。毋庸赘言。"原章程由史蒂夫于 1992 年 10 月 4 日发布，并声明：

这个论坛将被用来讨论时尚艺术与经营，包括设计、插图、营销、裁剪、咨询、制造以及许多其他领域。

该群组将处理各种主题，如设计说明、纺织品和布料、图案设计、服装修改、服装历史、目标市场、色彩故事（主题）、著名设计师及其收藏、时尚杂志、名人设计以及制造技术和设备（包括新的计算机辅助设计和制造方法）、时尚塑造以及任何与时尚相关的有趣话题。

如果人们对时尚界感兴趣，不管他们是时尚专业人士、名人、学生还是业余爱好者，我们都鼓励他们参与进来。❶

❶ http：//groups. google. com/group/alt. fashion/browse - thread/thread/9da8bf7b18e82d7c/eaf702ab5794a02？hl = en eaf7021ab5794a02.

正如我们将看到的，该群体有了自己的一种生活，这种生活与宪章的行业倾向关系不大，而更多地与创建社区的人们有关，通过描述他们的穿着和交换礼物来建立联系。

表 5.2 根据对谷歌论坛搜索工具生成的数据分析，列出了 1992 至 2005 年发布的讨论帖的数量。值得注意的是，这些数字指的是讨论帖，而不是帖子：帖子比讨论帖多。截至 2005 年 12 月 31 日，该论坛已发布了 912273 个讨论帖和数百万个人帖子。

表 5.2　1992～2005 年在时尚讨论帖发布的信息

年份	1992	1993	1994	1995	1996	1997	1998	1999	2000	2001	2002	2003	2004	2005
系列（篇）	153	400	1610	1510	31900	48100	51100	60900	88800	126000	171000	215000	79000	36800

所有于 1999 年 10 月 12 至 27 日在此论坛内发布的信息，总计下载了来自 626 个不同参与者的 7355 个帖子。这是在作者普遍偏好的定性方法背景下大量的数据，因此制定了一些原则，使分析任务更切实可行。那些与主题无关的词语接龙帖文和跨多个小组发布的帖子被删除了，并且不予考虑所有发帖少于 10 个和 3 个参与者的新闻话题。这增加了发现整个群体核心问题的机会，并将数字减少到更易于管控的比例。共有 585 名发帖者和 4286 条留言被保留下来。这 585 个发帖者代表原来 626 名发帖者的 93% 以上，因此我们理应将它们视为新闻组的核心。这些发帖者和信息为以下分析提供了数据。

在任何阶段，我都没有向该论坛发过帖子或联系它的成员。接下来是对公共空间的观察研究，而非参与式研究（此处任何有电脑和互联网连接的人都可以看到）。但正如那些在公共空间被观察到的人通常是匿名的一样，将新闻组成员的身份匿名化似乎是合适的。从某种意义上讲，发帖者是匿名的，因为只有20%的发帖者使用了“名加姓”的形式，即使是这些发帖者也不能保证与其“真实生活”的名字有任何必要的对应关系。正如理查德·麦金农（Richard MacKinnon）所指出的，“网上生活经由技术用户的角色而幸存下来，非用户本身。”❶ 但是每个人往往都有自己的生活，并成为蒂姆·乔丹（Tim Jordan）所说的“一个稳定的网络个性”❷。因此，发帖者的名字在网络空间不是匿名的，但在此处比任何传统的“真实”名字更“真实”，因为这是它们的适宜空间。“真实的”名字和发布者的名字属于不同的存在领域，但两者都可能随着时间的推移而继续存在，从而在各自的范围内准确地标明持续不变的身份［参见哈利（Harley）关于她所说的“多义性”（polynymity）一词的广泛讨论❸］。我遵循苏珊·齐克蒙德（Susan Zickmund）的实例❹，使用传统用户1、用户2等，取代真实发帖者的名字。遗憾的是，这意味着许多发帖者相当平淡无奇的命名丧失了应有的机智、优雅、创意和幽默。

---

❶ Richard C. MacKinnon. Punishing the Persona：Correctional Strategies for the Virtual Offender［M］//Steven G. Jones. Virtual Culture. Identity and Communication in Cybersociety. London：Sage，1997：207.

❷ Tim Jordan. Cyberpower：The Culture and Politics of Cyberspace and the Internet［M］. London：Routledge，1999：59.

❸ Kirsten Harley. Polynymity and the Self：Testing the Limits of Foucault［D］. Unpublished BA Honours thesis，School of Social Science，University of New England，Armidale，Australia，2000.

❹ Susan Zickmund. Approaching the Radical Other：The Discursive Culture of Cyberhate［M］//Steven G. Jones . Virtual Culture. Identity and Communication in Cybersociety. London：Sage，1997.

一、参与者的人口统计资料

在分析网络新闻组的内容之前，考虑参与这个虚拟社会空间中涉及的各种各样的人也许是有用的。换言之：这个社会空间属于谁？人口统计学的资料不如人们所希望的那般可靠，因为很容易将自身呈现为一个虚拟的身份，而这个身份可能与一个人的非虚拟自我几乎没有或根本没有关系。位置需要被看作清晰可见的，性别和年龄要显示出来。

二、清晰的位置

位置是通过电子邮件地址的国家域名所确定的（例如，*. sg类型的地址位于新加坡），或者在没有其位置的情况下，根据消息的内部线索来确定。这仍然留下最初的 362 个未知地点，几乎占总数的 62%。由 aol. com（America on Line，America on Line）和 my - deja. com 这两个主要供应商提供的消息受到了更仔细的审查。调查发现，在 220 个 aol. com 的发帖者中，有 166 个位置不明，54 个在美国，没有人在其他任何国家；而在 60 个 my - deja. com 的例子中，48 封邮件寄件人的地址是未知的，其中 10 封来自美国，2 封来自其他国家。在每一个案例中，这些比例都被扩大到未知数，这样所有 aol. com 的发布者和 my - deja. com 上 48 个未知地点中的 83. 3% 现在都被假定位于美国。同样的逻辑也适用于邮件数量。这将未知地点的数量减少至 156 个。这些没有国家标识符的邮件，绝大多数来自美国，虽然不能肯定，但很可能是因为该国不使用特定的国家域名（就邮票而言，任何数量上超过英国的国家：在这两种情况下，首先使用新型通信技术的国家认为，没有必要沉溺于排他主义者自身命名的不相关事物中。然而，这样做的副作用是，那些紧随其后采用这种技术并希望在国际层面上运作的国家确实有必要为自己命名，成为创始者的标志性术语。“无标记”显示为通用的，这大概就是一些具有全球抱负的澳大利亚企业和英国企业，都试图确保其公司注册为简单的 *.com 而非 *.com.au 或 *.co.uk 的原因。类似的逻辑似乎适用于某些电子邮件供应商，因此无法简单地声称所有的 *.com 地址都位于美国)。

表 5.3 显示了根据位置分布的发帖者和帖子。显然，我们发现该新闻组的参与者在美国的人数比在其他任何地方都要多，并且他们发布的信息（占总数的 77.8%）超过了他们在所有发帖者中所占的比例（64.4%）。马克·史密斯（Marc Smith）对国家或地区域名的通信网发布者的总体研究[1]也表明，到目前为止，所在地为美国占所有发帖者的比例最高（占所有用户的 40.69%），所在地为中国台湾地区的位居第二（5.65%），所在地为德国的位居第三（2.21%）。然而，目前这一组的所有帖子都是英文的，这应该会使数字向以英语为母语的国家略微倾斜。尽管如此，澳大利亚、加拿大和英国等其他主要英语国家的总数，整体而言在这个新闻组和网络中都非常相似：分别有 5% 和 4.53% 的发帖者。毫无疑问，不同地区互联网接入的水平对这些数字的形成起到了一定影响，正如更多社会问题会起到的作用那样，诸如关于在不同的社会互动构成中（“社会”被理解为相互作用的实体）的虚拟社区适宜位置的文化问题。

[1] Marc A. Smith. Invisible Crowds in Cyberspace. Mapping the Social Structure of the Usenet [M]//Marc A. Smith, Peter Kollock. Communities in Cyberspace. London: Routledge, 1999: 197.

表 5.3　发帖者的显性位置和帖子的显性来源

地点	发帖者（个）	发帖者（%）	帖子（篇）	帖子（%）
美国	377	64.4	3336	77.8
未知	156	26.7	658	15.4
加拿大	11	1.9	68	1.6
英国	10	1.7	38	0.9
澳大利亚	8	1.4	47	1.1
新加坡	5	0.9	30	0.7
德国	4	0.7	6	0.1
挪威	3	0.5	11	0.3
印度尼西亚	2	0.3	29	0.7
韩国	2	0.3	13	0.3
瑞典	2	0.3	22	0.5
欧洲其他地区	1	0.2	9	0.2
希腊	1	0.2	1	0.0
爱尔兰	1	0.2	1	0.0
新西兰	1	0.2	12	0.3
西班牙	1	0.2	5	0.1
总计	585	100.0	4286	100.0

三、呈现的性别

每个发帖者所呈现出来的性别，在可能的情况下，要么通过名字（完全按照传统方式阅读）来确定，要么通过信息内部的线索来确定。这并非假设对当天所使用的口红或指甲油等化妆品的描述就足以说明性别差异，但据推测，诸如“我的丈夫”之类的提法指的是一名女性发帖者。表 5.4 展示了性别的分布情况。在绝大多数情况下，该新闻组呈现为一个女性空间。

表 5.4　呈现的性别

呈现的性别	发帖者（个）	发帖者（%）	帖子（篇）	帖子（%）
呈现为女性	451	77.1	3676	85.8
未知	95	16.2	271	6.3
呈现为男性	39	6.7	339	7.9
总计	585	100.0	4286	100.0

四、呈现的年龄

在抽样期间，我们发现关于呈现出来的年龄的数据相当少，只有在 42 个发帖者的例子中才能确定这一点。发帖者的年龄在香味与年龄以及忽视年轻人这些帖文的诸多信息主体中呈现出来，但在其他方面并不是一种常规的宣言。因此，我们决定在抽样期间之外搜索更多信息。从 1998 年 5 月 21 日至 7 月 11 日一直在线的讨论帖〈｛(年龄检查)｝〉，以及您多大了？从 2001 年 3 月 28 日至 4 月 7 日，分别提供了 133 份和 72 份信息反馈。表 5.5 比较了 1998 年、1999 年和 2001 年的结果。在所有情况下，唯一人数最多的群组由 20～29 岁的年龄段组成。1999 年的数据可能比其他年份的数据更“年轻”，考虑到可能会有比年长成员更多的年轻成员参与忽视年轻人的帖文，但在其他数据中没有理由存在这样的偏见。这个群体的平均年龄似乎在增长，在 2001 年，超过 40 岁的人口比例为 39%，相比之下，比过去多出了一倍。毫无疑问，这在一定程度上是由于核心成员的老龄化，但也因为越来越多的人接触到一种媒介，而这种媒介曾经比其他任何人都更容易与大学年龄的人联系在一起。尽管如此，这个群体明显还是年轻人多于老年人，当然是以成年人为主体。

表 5.5　呈现的年龄

标注年龄	1998 年 5 ~ 7 月（总数 = 133）（%）	1999 年 10 月（总数 = 42）（%）	2001 年 3 ~ 4 月（总数 = 72）（%）
12 ~ 19 岁	22.6	21.4	9.7
20 ~ 29 岁	36.8	45.2	33.3
30 ~ 39 岁	24.1	14.3	18.1
40 ~ 49 岁	12.8	11.9	25.0
50 ~ 59 岁	3.0	7.1	11.1
60 ~ 69 岁	0.8	0.0	1.4
70 ~ 79 岁	0.0	0.0	0.0
80 ~ 89 岁	0.0	0.0	1.4
总计	100.0	100.0	100.0

总的来说，这些数字表明新闻组主要由美国的年轻（化）成年女性组成。但是这些发帖者发布了什么信息呢？

第二节　信息内容分析

如有可能，每一个分话题被分配最适合讨论的特定主题。表 5.6 显示了这种做法的结果，按发布频率降序列出每个概念。只有那些能够链接到至少 100 个帖子的概念才会被列出，因为这增加了发现核心新闻组概念的机会。两个由 285 个帖子组成的帖文，包括今日新闻和经济，因为它们看起来与两者都是同等相关的。即使在调整数据之后，数量相对较少的关键概念仍然占据最终样本中几乎一半的帖子。剩下的 114 个代表了 2/3 的帖文，但大约只占帖子数的一半。

也许表 5.6 最引人注目的一点是，它揭示了我们在本书中不同地方已经遇到的大量概念：在社会的构成中，社区与乌托邦有着共同的利益，今日性显然也是时间性的一种形式，最终经济和交换在家庭的背景下进行，并且再次突出身体的概念。因此，该新闻组似乎证实了前几章中所讨论的概念对当今虚拟时尚界的有效性。

表 5.6 帖文中的关键概念

概念	帖文（篇）	帖子（篇）
今日性	9	745
经济/交换	9	452
喜好	13	386
民意测验/调查	15	288
体型	2	220
社区	5	186
必需品	2	108
总计	55	2385

一、社 群

霍华德·莱茵戈德（Howard Rheingold）将“以计算机为媒介的社会群体”描述为“虚拟社群”[1]，正如我们将看到的，这一术语非常适合时尚讨论帖。所有的帖子都可以被认为是通过普遍的信息交流以某种方式为社群的建设作出贡献。发帖者在社群中或多或少都很显眼：有固定的发帖者、偶尔的发帖者和未知数量的“潜伏者”，他们阅读信息但不会发布（如果有的

[1] Howard Rheingold. The Virtual Community: Homesteading on the Electronic Frontier [M]. Reading, MA: Addison - Wesley, 1993: Introduction. Available online at: www. rheingold. com/vc/book/ 16 May 2007.

话，他们会等到“去潜伏化”的时候）。然而，值得注意的是，社群不一定对所有的发帖者都一视同仁：一些新闻阅读器会提供滤除程序（killfile）选项，是为了屏蔽不受欢迎的发帖者，让社群看起来只由那些我们希望看到的信息组成。那么，在某种程度上，人们现在可以根据自己的意愿自定义社群成员身份。也许通往理想（虚拟）社会的道路上铺满了滤除程序决策。这里所讨论的帖子没有通过滤除程序进行过滤，而是表示未使用此选项的用户接收到的内容。

表 5.7 列出了整个群体中每个发帖者的参与程度，并显示他们大致可以分为四组。超过 1/3 的人发布 1 条信息；近 45% 的人发布 2 ~ 9 条信息；排名第三的小组大约有 1/6 的人发布 10 ~ 29 条信息；排名第三的小组（4.44%），每人发布的信息超过 30 条，其中 1 人在评估的 16 天内发布了 162 条信息。样本中 34% 的帖子来自这个小组。因此，就纯粹的信息量而言，看起来肯定存在一种从发帖量最大到发帖量最小的明显分层。

这并不是我们在此真正感兴趣的社群方面。就本节而言，只有明确反映群体性质和/或积极将群体建设成一个社群的帖子才会予以考虑。此处的目的不是像上面所描述的那样对社群进行外部描述，而是探索参与者自身如何看待其群体的独特形式。表 5.8 列出了与此概念相关的帖文。此处和后续章节提供这些帖文的名称，以便让感兴趣的读者通过搜索存档网站来检查其内容。

表 5.7　每个发帖者的参与程度

每个发帖者的信息	发帖者（篇）	发帖者（%）
1	201	34.4
2~9	263	45.0
10~19	69	11.8
20~29	26	4.4
30~39	8	1.4
40~49	7	1.2
50~59	5	0.9
60~69	2	0.3
70~79	1	0.2
80~89	1	0.2
90~99	0	0.0
>100	2	0.3
总计	585	100.0

表 5.8　社群帖文

帖　文	帖子（篇）
修复坏心情	67
给予我力量	49
这个新闻组及其发布者	44
好奇……什么是恶意挑衅的帖子？	14
时尚讨论版警告：证明“用户534”是一个发挑衅帖子的人	12
总计	186

查看新闻组的社群创建端的一种方法是，通过没有任何评论不当的帖文（比如指责恶意破坏的海报的人——参见下面的讨论），查看是否有任何不切主题的方法被默认是适合于该组

的帖文。这一话题能够为我们提供一个群组认可的答案，回答“除对时尚的共同兴趣之外，我们是什么样的群体”这一问题。该帖文是由“有什么能够帮助你消除一种真正无聊可怕的坏心情呢?”引起了长篇阔论的心情修复（用户481），对此给予的答复与时尚无关，反而与药物、灯光、家庭宠物、和他人相伴、食物种类和观看喜剧电影有关。每组都要做好准备，以帮助缓解其任一成员的抑郁情绪——的确，正如这些建议被发布给了每个人一样，所有成员都有同样的问题。所以，该群体关心其成员的状态，即使他们可能素未谋面。

在该新闻组和发帖者的帖文中，该群体总体上来说是正面的，并且贯穿始终……并由这条信息展开：

> 我只想说明这个群组，以及潜伏在这里并在此处发布帖子的人，都是很了不起的。这是化妆品和时尚的最佳信息来源。我每次发帖提问，都能得到很多有益的回复。感谢时尚讨论帖。[名字]（希望听起来不那么俗气）（用户128）

六个回应热心地赞同他，而其余大多数人采用营造社区感的方式，对别人品头论足一番，讲述柴米油盐家长里短的故事。此外，还有明显偏离主题的材料用于社会团结的目的，这些材料显然为该群体所接受（只有一个非常温和的建议认为这有可能偏离了主题，但有趣的是，即使这样，发帖者试图将奶酪与时尚联系起来）。诚然，这个群体在此想把自身打造成上流社会，通过幽默地将讨论转向原发帖者对其帖子略具模糊性的欣赏，人们以低调的方式接受了赞扬。

但在时尚花园讨论帖（alt. fashion garden）里，并非一派温馨的场面，因为这个群体对典型的新闻组敌人——发挑衅帖子者的威胁保持着警惕。我们在好奇“什么是发挑衅帖子的人……?”的帖文中得出了这一定义：“发挑衅帖子者是指发表有争议的言论来挑起麻烦的人。他们常常不相信自己所说的话，只是想获得最大的响应”（用户 208）。

因此，有一种理解是，一方面有信誉的发帖者是“真正的”成员，另一方面没有信誉的发帖者，其目的是在“真正的”成员之间制造麻烦。然而，在识别发挑衅帖子者方面存在一个问题，因为并不是每个人都对发挑衅帖子者敏感：“毫无戒心的人会被卷入发挑衅帖子者的胡言乱语中，并对其作出回应，误以为那是正常语言。”这就是我们中的一些人偶尔会进来，并指出“这是一个发挑衅帖子者”的原因。这篇文章是假的。我们不要上当受骗”（用户 169）。

用户 169 建议把新闻组社群分成三部分：发挑衅帖子者、不认识发挑衅帖子者的“毫无戒心的人”以及“我们中的一些人”辨认出发挑衅帖子者并对其提出警告。但似乎没有明确的方法来区分“煽动性的胡言乱语”和“正常的语言”，除非通过某种不明确的专业知识或经验，而我们总是冒着“犯错误并称呼一个无辜的人为发挑衅帖子者”的风险（用户 135）。

我们应当指出，“把发挑衅帖子者当作敌人”在新闻组中并不普遍。米歇尔·泰珀（Michele Tepper）对都市民俗讨论帖（alt. folklore. urban）的研究❶表明，群体成员如何故意使用煽动性帖子来区分真正“在”群体中的成员和非群体成员：后者将

❶ Michele Tepper. Usenet Communities and the Cultural Politics of Information [M]//David Porter. Internet Cultur. New York: Routledge, 1997.

无知地“咬”由内部人员放置的清晰可见的煽动性的诱饵。用泰珀的话来说，煽动性帖子的“行为既是一种游戏又是一种亚文化边界划分的方法”。❶ 然而时尚讨论帖关于“煽动性发帖者”的定义是：这是一个包容和欢迎非煽动性发帖者的群体，他们不会试图羞辱或排斥他人。然而，这并不妨碍内部人士以编码的方式把自己区分开来。证明长期会员资格的一个简单方法是，让小组制度化运用故意拼错的单词，而这些错误原本可能只是简单的打字错误。以泰珀为例，在都市民俗讨论帖里，“veracity”（诚实）被拼写为“voracity”（贪婪），“co－worker”（同事）变成了“cow worker”。❷ 就时尚讨论帖而言，“panty”（紧身裆短裤）的拼写是“pnaty”（如“pna-those”）—— 这显然是一个讽刺的关联，指的是早期对那些只能用一只手完成标准打字机键盘任务的人进行的恶意攻击。随着发挑衅帖子者变成了被嘲笑的对象（同时，发帖者通过展示内部知识来证明其会员身份），普遍的反恶意挑衅风气再次被巧妙地展现出来。

在给予我力量帖文中，该样本提供了一个对这些问题的案例研究，以确定发帖者是否为发挑衅帖子的人。该话题从用户 374 的一篇帖子开始，由于文章太长而不能在此处复制（参见 http：//groups. google. com/group/alt. fashion/browse _ thread/thread/e6a23e9e369255c3/aa1405054a30b61a? hl = en # aa1405054a30b61a if interested），但是对光临其服装店的顾客而言是相当无礼的。

---

❶ Michele Tepper. Usenet Communities and the Cultural Politics of Information [M]//David Porter. Internet Cultur. New York：Routledge，1997：40.

❷ Michele Tepper. Usenet Communities and the Cultural Politics of Information [M]//David Porter. Internet Cultur. New York：Routledge，1997：46.

它引发了关于虚拟社群生活的两个基本特征的讨论：第一，是否存在一种特权结构，使得一个特定类别的成员（贴有标签而非自称）的帖子被称为“老手”，一个“派系”，一个“精挑细选的少数人”或“精英”是评估挑衅性的帖子中没有考虑他/她这种阶级的一个成员；第二，挑衅性存在于帖子上还是来自发帖者。

对这篇帖子的第一个高度负面的反应为接下来的许多内容定下了基调：

> 时尚老手们真是一群伪君子！如果不是这个小集团中的某个人写了有关用户374的帖子，那么你现在一定点燃起他们准备——呵呵＊＊的热情，然后指责他是煽动性发帖者！大家保持一致性吧!!!（用户84）

这里隐含的论点是，时间的长度（“老手”）会产生一种群体感，这种群体感赋予那些没有完成自己时间的人某些权利（即使成为“老手”所需要的时间并不明显）。尽管某些人否认了服务时间和特权之间有联系（“讨论版上没有‘小集团’，只有参与时间更长或更短的人”［用户169］），毫无疑问，几乎在任何情况下，服务的全部时间将导致出现一种可识别的社会单元的归属感。时间可能从陌生人之间简短的服务互动到在同一机构工作多年不等，而这个群体可能是和谐的、内部分裂的、结构松散的、高度结构化的、内部分化强烈的、内部分化微弱的，或任何这些混合体——这不重要。此外，即使只有凭借经验和展示的承诺，时间也允许一些人自然地积累一些特权。如果该小组像一个开放性的新闻组那样可以自由进入（任何有计算机和网络连接的人都可以发布帖子），那么在该组中的时间长度将成为少数获得特权的方式之一。新闻组不像伊丽莎白·里德（Elizabeth Reid）那样研究 MUDs[1]，其特点是他们尊贵的会员级别和附带的特权是显而易见的，通过巫师、特权用户、基本用户（社交的）和基本用户（冒险的），从上帝到客人。在时尚讨论帖里，经验和长期效忠团队标志着老手与新手的不同，而且事实是，老员工们一起投入的时间，使他们对待彼此的方式确实与新员工不同：他们“认识”彼此。确实，正是这个论点被用来捍卫原帖子：

> 任何阅读过时尚讨论帖的人都知道用户 374 对这个主题的看法，并且能够记住他发布的关于这个主题的深思熟虑的长篇议论；（用户 13）
>
> 我无法想象为什么有人会认为用户 374 是一个发煽动性帖子的人 <删节>。你所要做的就是在用户 374 名下做一个 Deja 搜索，你会发现他一直在这里发帖，而且已经有很长一段时间了。（用户 363）

用户 363 似乎认为，新手确实有责任进行档案搜索，以检查发帖者的老网民身份，因此可能会“尊重”它。老手/新手之间的区别显然不是时尚讨论帖的独特之处，而朱迪思·多纳特（Judith Donath）注意到，地位高的参与者在网络空间的其

[1] Elizabeth Reid. Hierarchy and Power. Social Control in Cyberspace [M]//Marc A. Smith, Peter Kollock. Communities in Cyberspace. London: Routledge, 1999: 110.

他地方也享受到特殊待遇。[1]

用户 84 在抱怨缺乏一致性时指出的双重标准也得到了其他人的响应，他们认为任何人不应该受到特殊对待，最简练的版本来自用户 443："上帝禁止你或我说一些粗俗的话——我们很快就会变成脆弱的动物！"对老手来说，核心问题是发帖者："既然他是 374 号用户，我就给他一次机会吧"（用户 363）。对于那些不认为自己属于这个群体的人来说，核心问题是帖子，他们不明白为什么用户 374（或其他任何人）不受那么多的限制：用户 221 对这一提议的回应是"这是让我困惑的部分"。从定义上讲，新手在群体中缺乏历史，因此他们把帖子的内容视为自己所关注的主要现象：在这个阶段，发帖者的名字就不会有任何特别暂时集聚的共鸣。老手对群体的历史有一定的了解，并"了解"发帖者，因此将发帖者的身份视为最重要的标准。简单地说，新手想知道写的是什么，而老手想知道是谁写的。用户 363 建议进行档案搜索，这表明指向"谁写的"问题是"合适的"组员资格的标志。所以，不同发帖者的临时身份导致了不同的新闻组定位方式，正如我们所见，这种身份对时尚社区讨论帖（alt. fashion community）的互动形式和权力差异感有着明确的含义。

二、今日性

新手和老手之间的社会 - 时间性差异在新闻组的历史中不断演变，但有一个更短的时间性层面，也有助于将该群体构建

[1] Judith S. Donath. Identity and Deception in the Virtual Community [M]//Marc A. Smith, Peter Kollock. Communities in Cyberspace. London: Routledge, 1999: 44.

成一个普通的社区：交流在任何特定的一天正在穿什么或接收了什么的信息。表 5.9 列出了样本中的今日性帖文。关于大多数讨论帖，更确切地说，今日性的定位是一种日常痴迷：在采样期间，有 6 个讨论帖每天都有人发布帖子，其中只有 1 个有 1 天没有发布，还有一个在 16 天内有 11 天均发布帖子。因此，在这个群体中有一种非常持久的今日感，即使并非所有人都发布这些帖文。表 5.10 显示了参与今日性的发帖者人数。近 1/3（32.82%）的人至少已经发布了一条今日性帖文，该群体的两名成员已经对 7 篇帖文作出了贡献。

表 5.9　今日性帖文

帖　文	帖子（篇）	发布帖文的天数
我今天＊买了＊什么＋你今天＊买了＊什么？（14）	166	16/16
你今天用了什么香水？＋今日香水（16）＋你今天用的什么香水???（14）	136	16/16
我今天收到了什么＊邮件＊＋我今天获得了什么邮件（16）＋我今天＊从＊男性那里收到什么！（9）	119	15/16
＊你＊今天穿的什么？	104	16/16
你今天涂什么＊口红＊？	84	16/16
你今天用什么＊化妆品＊？	83	16/16
你今天涂什么指甲油？＋你的今日＊指甲油＊（25）	50	11/16
总计	742	

表 5.10　参与今日性帖文的发帖者

帖文/7（数量）	发帖者（个）	发帖者（%）
7	2	0.3
6	3	0.5
5	5	0.9
4	6	1.0
3	24	4.1
2	40	6.8
1	112	19.1
0	393	67.2
总计	585	100.0

这些帖子在两个讨论帖（“＊你＊今天穿什么?”以及“你今天用什么＊化妆品＊?”）中都关注整体外观，而且在形式上出奇地相似。绝大多数的帖子用来描述一系列穿戴物品的组合，至少描述其中一件物品的制造或零售来源和一条评论。

“＊你＊今天穿什么?”被参与者理解为谈及衣服，而评论则提到穿衣服的环境（天气、工作或学校环境、社交场合，或上述这些结合）。化妆品系列中的评论提及产品的特点、“外观”、背景或组合。考虑到简单且广为共享的形式结构，因此很容易从每篇帖文中提供典型示例。

例 1

今天是星期五，除赶周末的文书工作外，我们今天要和一位客户共进午餐，下午为即将到来的新项目确定规格范围。晚上，带一个要好的女性朋友出去吃晚饭庆祝她的生日。晴朗的天空，60 多华氏度的高温。

——白棉布 V 领上衣；
——米色斜纹棉布长裤（里昂比恩）；
——彩色印花丝绸背心（束腰外衣长度）；
——米色 Hanes SR 齐膝靴；
——逸思步白色小山羊革制轻便帆布鞋（2 英寸高）；
——棕色皮大衣（北滩皮革）。（用户 321）

例 2

诗狄娜（stila）面部遮瑕膏
px 亮白眼霜
诗狄娜（stila）眼部温润遮瑕膏
娇兰（guerlain）粉底青铜色双组
范思哲（versace）眉笔
范思哲 v2052 眼影三件套
全是黄色
粉红色眼睑
混合宝拉多夫（paula dorff）魔法上眼线的红布林
丝芙兰（sephora）黑色睫毛膏
范思哲（versace）迷人的点点腮红
维森朗戈（vincent longo）当前流行的唇彩（用户 444）

尽管有人可能会说，提供设计师或零售商的名字，可以让人读出每个发帖者可获得的大量文化和经济资本，从样本中的帖子中，没有证据表明新闻组成员实际上是以这种方式关注这些帖子的——至少，不是在这个公共论坛上。但是，设计师的名字并不是更基础的知识展示的根本要求，这些知识展示了什么可以同什么搭配在一起。毫无疑问，这种技能在列表中得以展示，因此可以被称为“工艺资本”，在此向布尔迪厄表示歉意。这更接近于文化资本而非经济资本，因为它指的是技能水平和知道如何在工艺环境中操作的模式。在时尚领域，工艺资本独立于经济资本，这一点巧妙地体现在“小预算大时尚”这种现象中，但它并非为了排斥冲动消费与善于理财的和谐统一——或者说它们是共生的，确实有更多的信用而不是更多的优点。

显然，对于外观自身的描述有着普遍的日常交流。这些描述很少要求别人给出具体的评论，而只是简单地予以说明：这就是我今天的外观（在此情此景中，我是这么认为的）。这两个帖子也表明什么样的衣服或化妆品的组合是可能的，通常都提供足够多的细节，既可以使读者想象发帖者的形象，又可以由其他人复制或修改。这也许是提供设计师或零售商信息的主要原因。但是，这些帖子也允许虚拟空间中有一种几乎是实体的形式存在，而这些帖子每天都被浏览的事实，有助于以一种礼俗社会（Gemeinschaft）[1] 的方式来建构这个群体：这并不是说每个人都认识所有其他人，并且每天都会遇到他们，而是每个人知道在此发帖的人的衣柜和化妆柜里的东西，以及他们在虚拟网络中相遇的日子里用这些衣物和化妆品做些什么。礼俗社会同时举行和共同出席的会面，被转换成它们的虚拟等价物：不同步的空间独立地线上会面。《今日邮报》的日常性质也能

[1] 礼俗社会（Gemeinschaft）是由德国社会学家 F. 滕尼斯所著的《礼俗社会与法理社会》一书中阐述的由自然意志推动、以统一和团结为特征的社会结构，如原始社会、家庭、宗族、宗教社区等。——译者注

创造一种跨越时间存在的群体感：相似类型的日常经验日复一日地被分享，以一种相当稳定和世俗的方式度过时间，产生了一种日常积累和随之而来的与他人一起生活的感觉。这些社会学家们从物理城市的异化空间角度思考问题，然而这不是他们常常讨论的法理社会（Gesellschaft）[1] 中互动的陌生人的日常生活，而是熟悉虚拟现实的交流者们的日常生活。

指甲油、唇膏和香水帖文在结构上是相似的，但列表较少也较短，因为此处没有描述整个外观。在指甲油系列中有 38% 篇帖子，将近 70% 关于唇膏的帖子，以及超过一半的香水帖子只是简单地提及使用了什么品牌，却没有任何评论。这进一步生动地展示了对于发帖者而言，向新闻组成员提供简单的日常自我描述的重要性。就像街上的行人一样，我们“看见”他们，并对他们的外表可能意味着什么作出我们自己的判断，但我们也可以给新闻组中的形象创造者命名，从而参与到一个更亲密的空间。在有评论的帖子下，绝大多数是对产品的评价和/或者对发帖者使用效果的描述，从而将解读向特定的方向引导。典型的例子是：“UD Plague 指甲油上再擦一层 UD Litter。哦，即使涂在我的短指甲上也很漂亮”（用户 297）；“紫红色的索尼亚·卡苏（Sonia Kashuk）奢华唇彩。非常漂亮的色度！没有异味，质感优良，着色良好，可能稍微有点干燥，这很容易补救”（用户 149）；“丝芙兰迷迭香（Sephora Romarin）……啊！”（用户 268）。那么，无论我们在何处看到这些帖子，都发现在熟人之间有针对相似产品进行的交流。通过不断交流相同的形

---

[1] 法理社会（Gesellschaft）是指由理性意志推动、有明确目的、可改变手段以适应需要的社会结构，如现代政府、军队和企业的管理机关等。——译者注

式结构，日常的大众平等主义在这些发帖者之间建立起来，这是一种通过暗示有关工艺资本和经济资本的内容而微妙地体现出来的平等主义。

尽管通过日常描述的积累可以创造出一种经久不衰的感觉，但有一种发现—展示发帖者在时尚－认同方面较短的连续性的方法：列出你最喜欢的产品。“如果余生你只拥有一种香水，那么最持久的连载体现在这些帖文上!!”(22 篇帖子)。这是通过对身体在可以想象的最长时间内消费的单一产品，发现—展示一个人的本质的一种方法。身份的其他方面可以通过发布最喜欢的相关产品的帖子来实现：“5 种最喜欢的唇膏”（67 篇帖子)、“5 款最喜欢的唇彩”（62 篇帖子)、“目前的最爱”（41 篇帖子)、“最喜欢的粉底”（32 篇帖子)、“最喜欢的护肤品”(30 篇帖子）或者通过回答个人是否最常穿裙子、连衣裙抑或裤子（30 篇帖子）的调查问卷，抑或个人认为穿什么衣服最具诱惑力（26 篇帖子)。还有一些讨论帖描述了发帖者在其化妆生活中，什么是绝对必要的（37 篇帖子)，以及（展示他们并非他们看起来的样子）什么是无关紧要的（71 篇帖子)。在此，alt. fashion 的身份可能比他们在“现实世界”中每天遇到的一些人更熟悉，因为在网络空间的这一象限中，我们会得到一些关于身份是如何组合在一起的详细信息。我们获得的不是对街道、火车、机场、夜总会或餐馆里熟悉的各种各样人的外貌的瞬间的、相对未加思考的理解，我们得到的是构成这一群体身份的关键要素列表。身份的建构在“真实世界”中以不可能的方式变得明确。

三、经 济

表 5.11 列出了相关的帖文。我们已经看到了一系列单品在今日性的建构中是如何运作的。列出你梦寐以求的帖文？圣诞愿望清单……以及 11 月心愿清单，这并非面向今天，而是面向（不久的）未来。除了呈现出的和已经拥有物品的日常外，理想的自我可以通过对于目标商品的描述来定义。一旦获得，将代表着下一步的消费生活。几乎没有列出不太可能实现的幻想，甚至这些幻想被罗列在一些简单易做的清单中，比如那些已实现的幻想就明显意味着没有严肃对待此事。上述通过列表展示各种资本的评论可在此重复，此外，面向未来的列表还提供了展示可能会变得更好（或更糟，抑或停滞不前的）个人相关资本存储的机会。然而，由于当前样本的时限性（16 天），使其不可能追踪个人的发帖历史。表 5.12 列出了在这些系列中所发现的期许之物。超过一半的“其他”单品可以在圣诞清单中找到，而且偏离了新闻组的常见主题。

表 5.11 经济帖文

帖 文	帖子（篇）
我今天＊买了＊什么＋你今天＊买了＊什么？（14）	166
我今天收到什么＊邮件＊ ＋我今天＊从＊男性那里收到什么！（9）	119
神秘圣诞老人……更新……提高限度？ ＋AF 神秘圣诞老人 1999！（12） ＋倩碧洗面皂/圣诞老人（1）	59
梦寐以求的单品？：－）	36
圣诞愿望清单……	24
交易窃取！！！！	14

续表

帖　文	帖子（篇）
11 月心愿清单	12
另一种渠道的盗窃……依我看!!!	11
你想知道这些交换物来自哪里吗?	11
总计	452

表 5.12　期许之物

单品	单品（件）	单品（%）
化妆品	142	49.0
衣服	62	21.4
其他	86	29.7
总计	290	100.0

一些今日性帖文在此重复出现，因为它们也与经济概念有关联，由于已经部分地分析了这些帖文，我将把目前的讨论限制在“我今天收到什么＊邮件＊!”帖文中所采纳的内容和起源方面。表 5.13 列出了相关内容。

表 5.13　邮包中接收到的物品

单品	邮包（个）	邮包（%）
化妆品	71	62.8
衣服	4	3.5
其他	27	23.9
未具体说明	11	9.7
总计	113	100.0

并非所有的帖子都与主题相关，有些帖子提及不止一个类别，因此此处的帖子总数并不等于系列中的帖子总数。“其他

的”类别一般指目录和杂志，“未说明的”类别指的是“我在圣诞节的订单”这种形式的短语。

用户447评论道，“你可以把这个［新闻组］称为化妆品讨论帖（alt. cosmetics），没有人知道其中的差别”，这是一个由表5.13中的数字增加了分量的观察结果。化妆品与服装的比例为17.75∶1，部分原因可能是服装通常要求合身，因此通过邮寄收到服装比收到化妆品更容易令人失望。如果衣服不合身，很难与他人进行交换，然而许多化妆品的情况并非如此，这也是化妆品高流通量的另一个原因：通过传统的蜗牛邮件❶来进行实物的交换，它提供了一种将发布者彼此之间联系起来的简单方式。这种流通量的重要性可以从表5.14中判断出来，该表标示着被接收的单品来源。

表5.14　邮寄物品的来源

物品的来源	邮寄的物品（件）	比例（%）
零售商	62	58.5
时尚讨论帖的社区成员	37	34.9
其他	7	6.6
总计	106	100.0

几乎正好有一半所提到的零售商品，明确指的是在线零售商，其余的有可能也是在线零售商。尽管这表明发帖者之间的电子商务水平很高，但是从群体的社会学角度来看，更有趣的是，事实上有超过1/3的相关流通量指的是时尚讨论帖社区成员之间的交易。这似乎涉及高层次的互惠关系，其中有一半明确表示，邮件中收到的是该群体各成员之间交换的部分。如今

❶　电邮使用者用以比喻普通邮寄，即普通邮件。——译者注

虚拟关系由实物关系来补充，虚拟与现实的结合有望加强社区团结。正如我们现在将看到的，真正以实物为媒介的关系结果表明对时尚讨论帖发帖者的生活有着相当重要的意义。

四、针对赠礼的罪行

当然，交换是礼物关系的一种形式，我们已经在第四章不同的语境下详尽地讨论过了。该样本讨论了发帖者—零售商之间以及发布者—发帖者之间关系的礼物交换实例，并提供了一种模式来说明这种关系的正确含义。

读者无疑会想起，礼物交换不同于商品交换，在给予者和接受者之间建立了一种个人义务关系，这种关系一直持续到礼物以某种方式被归还为止。当然，可能会有一系列不平等的礼物交换，使得在这段关系中总有某些东西是“欠着的”，这种情况确保了这段关系会随着时间的推移而继续。荣誉和信任的概念根植于礼物关系中：人们相信接受者会以某种方式兑现象征性债务，而且接受者认为有义务做值得尊敬的事情，并在这种情况下以任何适当的形式偿还债务。如果商品关系是非个人的，并且与监管机制相关联，而礼物关系是个人的，与象征性义务制度联系在一起。

该发帖者对于“另一种渠道的盗窃……依我看”的话题讲的是零售商和客户之间，有可能（对他们而言）这种适宜的基于礼物的关系通过强制支付预付款（可兑换成商品）被转换成一种基于商品的关系。因此，零售商把他们塑造成信誉不好的消费者，他们不能被信任来履行象征性的义务。发帖者自己是象征性债务的有信誉的付款人的想法在几封邮件中体现得很明显，用户 385 写道，“当我在多伦多（TO）做魅可（MAC）化妆品美容时，就发现我强使自己购买至少 40 美元的产品（是的，好像这对我来说很困难!)，但我不必预先付款。< 节选 > 用户 385，他几乎总是在做美容时购买“某物”，但从不预先付款”；而用户 214 评论道：“我做过很多次免费的美容，而且每次我都会买很多东西，但我不希望被迫这么做。”组成这个群体的荣誉成员与那些没有荣誉的人形成了对比：“大多数在时尚讨论帖上发帖的人会去购买物品，但我们并不是唯一去化妆品专柜的人。还有一些人只是在消磨时间，从来不买任何东西”（用户 45）。因此，有信誉的消费者（时尚讨论帖的会员）被礼物的经典逻辑所约束，而没有信誉的消费者则不受这种约束，零售商开始把前者当作后者来对待，在所有象征性的贫困中，仅对商品逻辑作出回应。

不管前面讨论过的商品化趋势如何，在零售商与做美容所需的方法汇聚在一起，仍然存在一种合法关系：很难想象商店里所使用的美容产品可能不合法地属于零售商。你想知道这些交易物品是从哪里来的吗？这篇讨论帖的发帖者，经由怀疑某些在线网站上出售或交换的商品，实际上证明可能是偷来的，由此提出这样一种可能性，即所有者和物品之间可能不存在合法关系。鉴于以商品为基础的关系的非个人化特性，这对以礼物为基础的关系更具威胁性。失窃的物品与拥有它的人之间没有适当的联系，因为它仍然合法地属于其他人。在此，以礼物为基础的关系可能不是真实的，因为如果有人怀疑所谓的所有者非法占有某物，就不可能确定这个物品“真正”来自何处（以及谁“拥有”它）。起初人们几乎不可能对没有合法权利的持有者负责任。所以，这是对以礼物为基础的关系的第二种威胁。

第三种威胁涉及这样一个事实，即交互根本不可能发生。此处，不返还者摒弃了与交换者有关的诚实的义务，并有效地“窃取”了注定要成为交换的一部分的物品。正如用户288所描述的一个没有回报的例子，“她从一项交易中溜之大吉，并拿走了所有的好东西”。这种“罪行”被称为交易窃取。交易窃取!!!![讨论帖上的发帖者对某些案例表示惋惜，并讨论了寻找一个明显消失的交易赃物的方法。在这些实例中，“交易警察”可能采取的任何措施都不明确（他们大概保留了被投诉人的供查阅清单），但是，一个线上交易被投诉者的名字做了一个没有交易的标记。[1] 在这种情况下，礼物交换至少要有一些制度上的保护措施]。

时尚讨论帖采用“神秘圣诞老人”（Secret Santa）的形式，有其制度化交易形式。在网络新闻组抽样调查期间，这一形式将沿用至第三个年头，并一直持续到2005年（这是可获得信息的最近时期）。这是我第一次遇到“神秘圣诞老人”这个词，但是当“秘密圣诞老人”作为一个精确的短语搜索术语被输入时，从谷歌网站上的64.8万次点击量来判断，这个机构似乎很受欢迎。参见詹德罗（Jandreau）在办公室圣诞派对的情景下对神秘圣诞老人进行的一项分析[2]。在这里，神秘圣诞老人协调员（用户247）随机将圣诞老人（他送的礼物“至少与这个网络新闻组的主题大致相关”，最多不超过20美元）与桑提人

---

[1] Makeupalley . Makeup Alley Swap FAQ [2007-05-16]. makeupalley. com/content/content. asp/s = 1/c = Swap_FAQ/.

[2] Charles Jandreau. Social Rituals and Identity Creation in a Middle Class Workplace [Z]. Emory Center for Myth and Ritual in American Life (MARIAL) Working Paper 14, 2002: Spring.

（santee，接收礼物的人）进行配对。后者也是该群体中另一个不同成员的圣诞老人。换句话说，A 给 B 一份礼物，B 给 C 一份（不同的）礼物，C 给 D 一些东西，以此类推。A 也接收到一份礼物，因此形成一个可能包含数百名参与者的环形链（见图 5.1）。

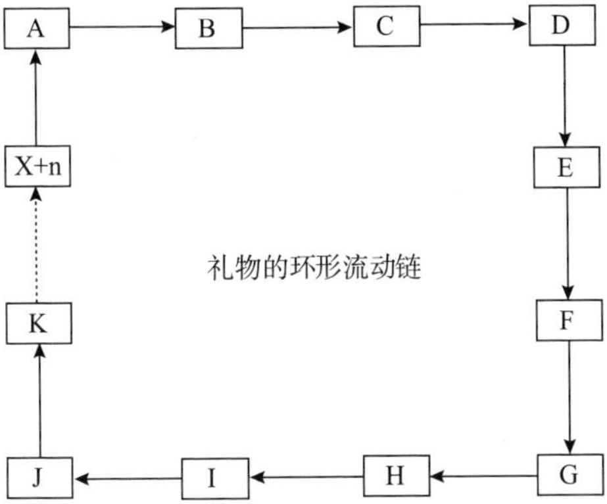

图 5.1　神秘圣诞老人的环形链

笔者使用“环形链”而不是“链形环”这个词，因为礼物象征性地将给予者和接受者“串联”在一起，因此链接的概念是首要的。而环形链可以采用一种特殊的形式。圣诞老人知道他们的桑提人是谁，但在 12 月的某个时候收到礼物之前，桑提人不知道他们的圣诞老人是谁（因此称为神秘圣诞老人）。现金额度确保任何商品性方面都被排除在外，因为至少在原则上，环形链中所包含的所有礼物或多或少在这个层面上是相当的。不同之处在于圣诞老人在限定的背景中作出的选择，因此，这里的礼物完全保有个人特质，这些特质对于以商品为基础的关系来说仍然是陌生的。正如马林诺夫斯基对库拉环（Kula ring）

的描述[1]一样，这个制度把各个陌生人联系在一起，同时在群体的更高层次上建立起团结。这样做的原因是它不是 A 和 B 之间相互交换的问题。它将在二分体的层面上建立起团结，对其他任何人都没有影响。它是一个环形链的事实意味着每一个参与者都以同样的方式参与到它的创建中，因此，在涂尔干看来，这种环形链团结亦是机械团结的一种形式，伴随着个人差异的增加，而这种差异取决于礼物的选择标准。由于不传送礼物，链条中的单个链环有损坏的危险，从而危及整体的团结，可以采取制度化的措施来对抗这种危险："在过去的几年里，'天使们'自愿送一份'慰问'礼物给烧伤的桑提人。如果你有兴趣当一名天使，请在注册时告诉我"（用户 247）。

尽管"天使"的干预可以抗击对团结的威胁，但仍有其他方法可以干扰神秘圣诞老人以一种更可取的方式在创建该群体的过程中所扮演的角色。第一个方案将导致该群组根据支出金额分成两部分（根据用户 171 的建议，分成目前的 20 美元组和新的 50 美元组）。创建"穷人"和"富人"的环形链，显然无助于通过最初的神秘圣诞老人草案而出现的群体团结，这一建议被否决了。第二种颠覆可以在接受者试图影响他们未知的给予者的选择时发现，尽管"惊喜"元素对于神秘圣诞老人来说是不可或缺的（正如用户 83 所提到的"要点"）。恰如用户 12 所描述的，这些"给我买这个"的帖子，试图排除允许个人加入群组级别上的环形链同时保持个性的给予者的选择："我更喜欢寻找独特或不寻常的礼物，希望接受者对我的选择感到满

[1] Bronislaw Malinowski. Argonauts of the Western Pacific［M］. London：Routledge and Kegan Paul，1922.

意”。这些帖子试图将礼物关系转换成类似于商品关系的东西。第三个问题是关于礼物被环形链的内部历史所造成的影响，因为它们扰乱了新建立的关系的“纯粹”特性。这些礼物被该规则明确排除在外：“它应该是一件新的礼物，专门为这次活动购买。赠品、交换的物品或使用过的物品都不适用于此活动”(用户 247)。正是这种商品的非个性化品质使其不受先前的附属物所影响，因此适合以礼物的形式建立一种新的关系。

表 5.15 总结了该样本体现出来的以礼物为基础的关系所造成的各种风险。显然，以礼物为基础的关系对新闻组建设之中的社区而言是非常重要的，尽管在整个讨论帖中有许多帖子列出了获得的、期望的或评估的商品这一事实，但很明显，商品逻辑并不适合成员们看待彼此关系的方式（甚至对于那些从商品转向礼物关系的零售商而言，在免费更换时：他们已经转向了时尚讨论帖新闻组的领域，并被期望举止得体）。商品被带出市场，去商品化，转化为礼物，并继续创造团结［参见科普托夫（Kopytoff）对商品化和去商品化过程的一般讨论[1]］。那些希望通过“给我买这个”清单来保持商品的关系形式的人通常被忽略了。

表 5.15　针对赠礼的罪行

关系	罪行	形式	制裁
零售商 - 消费者	侮辱和不信任消费者	通过对化妆品的预先支付所引起的商品化	抵制

[1] Igor Kopytoff. The Cultural Biography of Things: Commoditization as Process [M]//Arjun Appadurai. The Social Life of Things. Commodities in Cultural Perspective. Cambridge: Cambridge University Press, 1986.

续表

关系	罪行	形式	制裁
持有人－物品	不合法地持有	赃物	不清楚
交易者－交易者	交易赃物	非互惠	汇报给交易警察从交换板上移除
圣诞老人－桑提人	中断环形链的关联	不转送礼物	不予参加未来的神秘圣诞老人活动
圣诞老人－桑提人	破坏“纯粹的”关系	礼物被环形链之外的历史所损害	不清楚
桑提人－圣诞老人	扰乱圣诞老人的选择	由“给我买这个”清单引起的商品化	忽略
所有环形链的成员	分组	金钱的阶层化	拒绝提议

五、身体：标准化和多样性

虽然在抱怨瘦模特儿和后续帖文中，有明确关于身体的帖子超过200篇，实际上这里只坚持身体标准化的主题。媒体、广告的标准制定实例，“这些疯狂的女演员现在比模特还瘦”（用户363），服装制造商和体重表都被认为对那些不符合标准的人有负面和排他性的影响。负面影响包括试着按照标准重塑难以控制的身材所涉及的健康风险，以及对年轻女性的情感伤害，即她们担心自己不标准的身体会导致不成功的生活。所有那些媒体没有列出的身体类型的人一律被排除在外（“我觉得挺吓人的，除极少数例外，所有的女性影视观众开始看上去都一模一样”［用户208］），那些身体与欧美标准体重表不同的人（“一个既适用于娇小的孟加拉国妇女，也适用于强壮的萨摩亚人的体重表，可能不具参考价值”［用户380］），以及那些身体不符合制造商理想的标准服装尺码规格的人也被排除在外。用户 214 切中要害地提出了后一种观点，他这样写道：“我不相信那些不断把模特儿扔到我们面前，将其塑造成完美身材的‘人们’，曾经遇到过一个 11 岁的小女孩在一家百货商店里哭，因为所有‘合乎潮流’的衣服对她来说都太小了。”

这些帖子的一般反标准基调使该小组成员本身具备多样性（许多发帖者提供了他们自身的非标准层面和特征的详细信息），并将表现形式的多样性视为对已经提到的一些负面影响的修正。因此，该群体在此把自己塑造成一个包容的群体，无论是从其成员的角度，还是从考虑世界上比“标准”范围更大的人群的角度，都认为其在时尚、美容和健康方面意义非凡。这种多样性的团结与涂尔干的有机团结稍有不同：后者认为互补的差异和协调的分工是复杂社会“有机体”成功的关键，前者认为多样性是一种价值，它不以互补或协调的有机功能概念及其所带来的不平等为标志，而是将其本身视为一个恰好存在的来自独立多元的世界（即并非整体的不同成员）。社会团结的新原则在于共同欣赏差异，这些差异未必由任何情况所驱动、补充或协调。在“现实世界”中，这种多样性团结也许相当难以维持，因为几乎在任何可以想象的语境下，差异很容易容纳某些人，同时又排斥其他人，但它可能特别适用于网络空间新闻组，而且他们在原则上立即成为世界上任何拥有真才实学的公民。本尼迪克特·安德森（Benedict Anderson）评论道，一个社区可以被想象的方式标示出它是什么类型的社区[1]，况且我们可以提议，特定的媒体锻造了特定类型的想象。对安德森而言，文字是一种媒介，它使资产阶级成员能够想象自己与其可能从未谋面的同一阶级的其他成员联系起来，所以，确实是在必要的想象基础之上，通过团结一致而“成为”资产阶级。[2]对我们来讲，互联网是一种媒介，它允许多样性——团结作为一种意识形态而存在，使得人们想象出一个由分散在世界各地的不知名的人群所组成的社区，而这些名不见经传的人群可能永远不会真正地甚或短暂地同时存在。然而，正如我们在前面的分析中所看到的，它并没有防止随后出现的某类发帖者之间的身份差异（如“新手”和“老手”）。在理想情况下，如同有机团结可以被理解成一种关于工业化社会“应该”是什么样子的功能性幻想，同样，多样性—团结也能被解读为一种关于网络化社会“应该”呈现出什么样子的功能性幻想。

六、有气味的身体

第三章中提到，某种味道的意义通常是由其自身之外的事物提供的，并探讨了广告商和制造商解释和限制香水意义的方式。香味与年龄的讨论帖（54 篇帖子）提供了一些独立于广告商意义的实例，同时提供了我们现在所熟悉的类型列表。在 14 个例子中，香水与个人历史以及其他记忆有关。有 2 篇帖子提到，他们一生钟爱某种香水（“一种用了 30 年的白色肩膀女士

---

[1] Benedict Anderson. Imagined Communities. Reflections on the Origin and Spread of Nationalism [M]. Revised edition. London: Verso, 1991: 6.

[2] Benedict Anderson. Imagined Communities. Reflections on the Origin and Spread of Nationalism [M]. Revised edition. London: Verso, 1991: 77.

香水”［用户 571］），而有 7 篇帖子将他们的生活划分为与特定香味相关的几个阶段。鉴于早先概述的人口统计学细节，我们可以明显看出对年轻人普遍的偏见，假设新闻组的许多成员只是由于没有足够的群组成员历史，以形成复杂的基于香水的时期划分。年龄较大的群体可能会提供更多这类材料。有 3 位发帖者说，他们喜欢特定的香味，因为这让他们想起了父亲，还有一位说，这让她想起了母亲。另一个相当令人费解的说法是，一种香味使人唤起“某些难以忘怀的记忆……苦乐参半而深藏在心底的”（用户 582）。因此香味可以作为一种传记叙述的时间标识，也可以作为一种让那些早已逝去的人重新浮现在眼前的方式（即香水可以以新的方式诠释逝去的人）。在后一种情况下，气味与特定身体存在的记忆有关，而与广告商幻想的任何意义无关。

本章小结

虽然我们已经讨论了本章中诸多不同的概念，但有一点给人留下了深刻的印象：这个群体对创建和维持自身作为一个社区的兴趣。这是通过若干不同形式的团结来实现的。

（1）书信团结（Epistolary solidarity）是最普遍的形式，指的是新闻组中的信息交流。这里有两种类型的团结：直接书信团结是指那些发帖到特定系列的人之间的关系（即使意见不合，他们仍然相互切磋），而间接书信团结是指那些阅读帖文但是尚未发布的人之间的关系。任何帖子都可以被理解为与整个群体的潜在联系，因为任何人都可以阅读和回复它。因此，书信团结是任何可以打开新闻阅读器的人可以使用的最基本的形式。间接的形式包括潜伏者，至少他们会阅读信息——如果他们经常这样做，那么必然会产生归属感。尤其是对于时尚讨论帖群组而言，书信团结可能造成两个深入的变化：假定的“善意”的大多数帖子（发帖者）和故意激起大众反应的“恶意”的帖子（发帖者）。该群体显然倾向于前者。

（2）时间团结（Temporal solidarity）也有两种形式。“日常时间团结”（Quotidian temporal solidarity）指的是帖子纯粹的日常性所产生的影响：在16天内，样本中最初的7355条信息平均每日发送量总共达约460条，所以这个群体可以被视为非常积极地将自身建构成一个日常现实。在时尚讨论帖中，“你今天穿什么?”类型的帖子经常出现，因此日常生活质量也得到进一步提高。分层时间团结是指基于时间的动机，可用于将群体划分为子群体。新手/老手的区别是该示例中显而易见的例子。

（3）工艺团结（Craft solidarity）指的是在一般领域新闻组主题的交流指导和技巧。在此，时尚的具体主题是创造归属感，而非新闻组中更普遍的行为层面。

（4）二元团结（Dyadic solidarity）象征联系任一A与B的方式。在当前的新闻组中，它指的是离线的“真实世界”，在成员之间交换的物品主要是化妆品。

（5）环链团结（Ring chain solidarity）指的是“神秘圣诞老人”的库拉式制度，并且通过圣诞老人的选择，设法将涂尔干的机械团结的同一性与个性化相结合。这使得它成为一种将个人与个人、个人与群体同时联系起来的强有力的方式，同时也是一种将虚拟社区与“真实世界”结合起来的做法。

（6）多样性团结（Diversity solidarity）指的是通过新闻组的主题区域，将独立存在的差异进行融合，从而形成一个群体看待自己的方式。如上所述，这种形式似乎最适合作为具有同等进入权的全球化网络社会的意识形态。

以上许多形式都是基于礼品关系的变化，使得时尚讨论帖不能被解读为一个单纯的赞美商品的空间。反之，该群体利用商品社会的产品作为一种实现社会团结目标的方法，否则，商品化可能被认为破坏这一目标。

最新报道

我们于2005年10月重访新闻组，在5月15日至10月4日之间共发现8594篇帖子。时尚讨论帖仍然是一个非常活跃的社区。热门的讨论帖是大家熟悉的：“ *你*今天穿什么?”仍然延续着，有443篇帖子，占所有帖子的5%以上；“今天我买了什么?”仍然有196篇帖子（2.25%），“今日香水”有148篇帖子（1.7%），而“今天收到什么邮件及其相关邮件”仍然存在（95篇帖子，或1.09%）。诚然，自1996年以来，每年都有以“ *你*今天穿什么”为标题的帖子，当有3453条关于这个问题的消息出现时：1999年共有6196篇关于这一主题的帖子（平均每天将近17篇），而2005年总共有4842篇（每天13篇）。“我今天买了什么?”的帖文从1996年的934篇开始：在1999年和2005年抽样时分别有6441条和820条关于这个主题的信息。“今天收到什么邮件?”的帖文也始于1996年，至少从2005年以来每年都会收到。社区的基本形式和结构似乎没有改变。1999年样本中的25个发帖者在2005年仍在，1999年他们发布的帖子占总数的15%；而在2005年仅占26%。显然有一个持续的核心群体，其成员在新闻组发布的数量方面已经更具优势。但是，基本情况是10年来的连续性和稳定性。

结　语　服装阐释学

服装似乎有两个主要的层面：它可以被理解为一种有助于阐释（一种现象）的外观，也可以被视为世界上可能引发事情的对象（一种物质）。第一个层面更多地与社交世界的结构方面有关（例如，它可能代表社会阶层），第二个层面更多地与个人和群体的关系有关。在第二个层面上，该对象的冒险经历最终会揭示它所属的社会领域内关系的结构（列举之前广泛分析过的例子，如家庭或互联网群体）。

一、服装作为一种外观

虽然每种感官都允许我们以自己的方式来理解服装，甚至即使它们能够协同工作以获得一种多感官的体验，由此而论，视觉显然是最重要的感官。相较于视觉，此方面其他感官的范围相对有限：它们没有告诉我们太多关于这种现象的信息，而且不像外观那样为广泛的意义提供足够的空间。

外观在哲学、科学和道德领域的声誉不佳：人们常常将它与“现实”加以对比，［将之视作］一种需要我们超越或遗弃的东西，一种肤浅的东西。我们总觉得“以貌取人”太肤浅，不是我们这些有识之士所为，但我们每天都会遇到这样的事情：同其他感官现象一样，这正是世界展现给我们的方式。我们是否会花时间对我们偶然遇见的每一种现象进行深入的分析研究呢？当然不会：在大多数情况下，我们把表象以及表象展现给我们的世界视为理所应当的，因为我们没有时间去怀疑它们。诚如是，我们可以看出外观是一种至关重要的方式，由此我们发现身陷其中世界的意义得以呈现。外观之所以如此重要，正是因为当我们投身于忙碌的日常生活（和工作）之中时，我们没有时间超越它们。但是，服装外观又告诉我们什么呢？

空想社会主义者确实非常了解服装与世界之间的关系。如果我们通过外观来认识这个世界，那么外观应该是社会结构的真实表征。外观和真实之间不应该有任何差距。对一个特定的社会而言，所有重要的社会类别都应该从外观上清晰可见。在此，服装是更抽象的经济、哲学、政治和社会活动与关系的真正物质化的体现。最重要的是，世界就是如此，这是毋庸置疑的。

空想社会主义者所构思的社会往往相对简单，类别也相对较少，但着装却允许传达微妙而复杂的信息。如果我们自己采取一种乌托邦式的方法来设计一个世界，服装的作用是什么？如果要使社会结构变得清晰，那么我们就必须能说明社会中显著的社会差异是什么，以及它们之间的关系。让我们举例说明：如果性别是一个显著的区别，那么我们将会有不同的男女着装形式；反之，无论有何种区别都与性别无关。假设意义与年龄阶层而非性别有关：在此，服装将根据年龄加以区分，相同年龄群体的男性和女性在着装上毫无二致，但他们的穿着与其他年龄段的男性和女性有所不同。显著的视觉差异与年龄而非性别有关。如果年龄无关紧要，那么不同年龄群体的服装应该毫无差别。我们很容易把社会阶级或职业想象成具有某种深刻的社会意义，因此我们在该层面上与别人迥然不同。

通常情况下，将会出现一系列重要的社会类别，并且所有的类别都需要加以区分。表 1 展示了一个基于两种性别、三个阶层和六个年龄组的简单系统是如何迅速导致复杂性的。服装的差异需要变得微妙而复杂，因而我们才能捕捉到此类简单的事物。如果我们考虑到时间、场合或季节等因素，那么事情就变得难以在一张普通大小的纸上加以表述。若增加更多的阶级划分，随意地添加婚姻或生育状况这些因素，那么，服装就变得如同托尔斯泰史诗般的小说了。图 1 和图 2 试着描述这种复杂性。如果这些类别被认为比其他类别更重要，男性和女性就会有不同的分类。并非所有类别都适用于这两者，而在本例中，我将婚姻状况作为对男性而非女性的一个重要层面，而职业对女性而非男性有着重要的意义。此外，这些层面的重要性各不相同：例如，对男性而言，阶层和每天的时间比其他层面更重要，而对女性来讲，年龄和阶层是最重要的层面。这些图表旨在帮助读者以某种方式把服饰概念化：它们并非要对特定社会进行真实的描述。

表 1　社会类别复杂性的简单示例

男性	上层	0 ~ 15	16 ~ 30	31 ~ 45	45 ~ 60	61 ~ 75	≥76
	中层	0 ~ 15	16 ~ 30	31 ~ 45	45 ~ 60	61 ~ 75	≥76
	下层	0 ~ 15	16 ~ 30	31 ~ 45	45 ~ 60	61 ~ 75	≥76
女性	上层	0 ~ 15	16 ~ 30	31 ~ 45	45 ~ 60	61 ~ 75	≥76
	中层	0 ~ 15	16 ~ 30	31 ~ 45	45 ~ 60	61 ~ 75	≥76
	下层	0 ~ 15	16 ~ 30	31 ~ 45	45 ~ 60	61 ~ 75	≥76

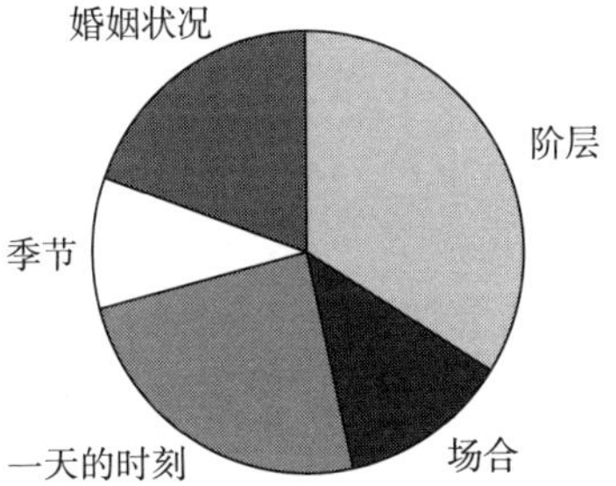

图 1　想象社会中的服装样本层面：男性

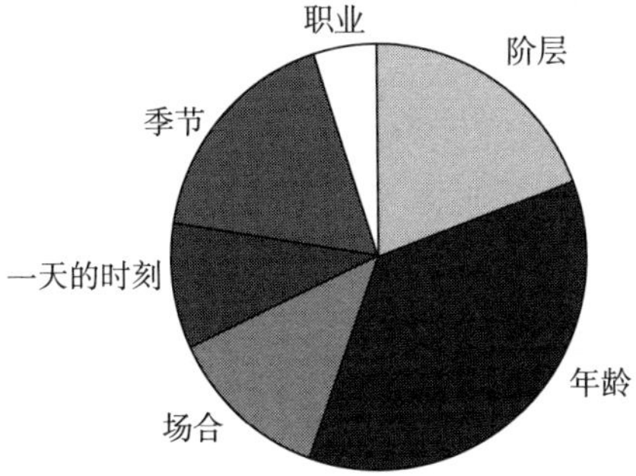

图 2　想象社会中的服装样本层面：女性

我们可以把乌托邦式的见解，转变成一种在任何特定时刻了解社会显著差异状态的方式。如果我们一次选取一个层面，这样做会更容易。比如我们想知道年龄差异的重要性，如果特定的年龄与特定的着装有一个明显的搭配，那么年龄差异有可能是很重要的因素，而且它们反映出对资源、权力、特权、责任、声望、活动、兴趣等的不同获取方式。年龄范围的大小将告诉我们年龄阶层的数量，举例而言，可能有一个基于 10 年的划分，或者像年轻人、中年人或老年人这样的粗略划分。20 岁之前可能有很多细分，接着是超过那个年龄的一个单一类别，或者实际上是一种逆转现象。如果每个年龄组在整个生命过程中都保持其外观不变，但不同于其他组，那么我们就有一个主要面向其自身成员的一组人。如果一个人的着装随着年龄段的变化而变化，那么，他对这个群体的定位要小于对整个社会结构的定位。如果随着时间的推移，外观从明显的年龄差异转变为相对缺乏差异，那么这就意味着年龄由于某种原因已经失去了差异的重要性，而其他因素更为重要。如果有关于什么年龄穿什么年龄该穿的衣服的“边界争端”（border disputes），那么它意味着年龄仍然与不同的场合需要不同的服饰有关，但是它也意味着现在关于这些差异及其社会影响的本质的适宜性方面存在分歧。此处的研究课题是“一个人依据年龄着装意味着什么?”答案会告诉我们很多关于所讨论的年龄在社会中的意义，以及社会对于某个年龄段的意义。显然，我们也可以把这种推理应用到其他社会分层中。无论是在哪一个层面上，外观层面的差异都将产生不同的影响。我们应该能够询问：“这究竟是一个什么样的社会呢?”并且从外观上得出一些基本的答案。

如果着装揭示了具有社会意义的差异，那么很可能有必要采取措施来确保外观的可信度。风险是显而易见的：如果通过服装，别人可以看出我们是谁和我们的身份，因此服装的改变意味着在一个或多个层面上的身份的改变，那么我们可以借由穿着不符合身份的服装来给人一种我们并非自我的印象。在乌托邦社会中，这往往不是一个问题，因为在乌托邦社会中，人人似乎整日都非常乐于对社会结构作出响应。就此问题，非正统的乌托邦式的社会可能需要法律，正如我们在节制个人服装费用的案例中所看到的：在此，阶级和等级都要针对冒充者而被保护。如果你是于1800年身处巴黎的一名女性，想要穿传统上标志为男性的服装，那么你只能以健康为理由，带着健康证明书和由市长或警长的签署文件［《布鲁梅尔九号决议案》第16条（1800年11月7日）的裁定］向警署提出申请，这样做才是合法的。而那些没有许可证的人，被认为是为了利用穿着异性服装的优势出来招摇过市，并由此而遭到逮捕。[1]

但是，大多数现代社会通常在较低的层次上进行管理：家庭、朋友、同事、同学、街道、同龄人。所有人似乎都对自己在群体中的得体着装（dress that is *comme il faut*）而感到满意，并且强迫自己保持这种着装：穿着要么合乎潮流，要么甘冒被排挤出局的风险。在此，服装既能把同属一个社会空间的人连接起来，也能把不同地域的人区分开来：服装既是纽带，又是鸿沟。这似乎违背当代个人主义信念的重要性，但事实上，它为我们提供了一条线索，让我们在这种背景下如何更好地理解个人主义。如果我们从布尔迪厄的思想中管中窥豹，把顾客的消费行为看作整体行为的一部分，相对来说它受到一个人在社会空间中的地位所限，那么，我们实际上如何对待这些行为区分了我们的个人身份。举例而言，我们在社会空间中的地位可以表明，我们获得特定风格的服装或特定种类的食物：但我们可能会在服装风格上有自己的小花样，或者添加一些食谱中没有的食物。我们可以同那些与我们相似条件的人一起工作，但我们不一定以完全相同的方式来完成这些工作。这就是个人风格的体现。我们在此可以看出，消费品在社会和个人层面上都发挥着作用；对这种功能的操作将我们与社会地位相似的人联

[1] Christine Bard. Le《DB58》aux Archives de la Préfecture de Police, Clio, 10［EB/OL］.［2006－06－14］. clio. revues. orgldocument258. html.

系起来，并与那些不相似的人区分开来；而这些才能的施展完成了对类似我们的那些人而言重要的个性调节。这也解释了为什么我们往往将其他群体视为群体而非个体：我们或许能够把这些才能看作标识出这个群体在社会空间的地位，但我们对它的了解还不够，因此无法识别出那些对该特定群体来说也许重要的个人实践。

二、服装的物质特性

服装不仅是一盏信号灯或一幅需要被解读的油画，它也是一个具有物质特性的对象。它有重量、质地、大小和强度；轻轻地搭在身上，塑造、定型和约束身体。因此，它适用于身体的束缚/释放或健康/疾病的辩证法中，并象征性地代表着一个特定社会所拥有的自由程度。一个浆硬的衣领或鲸须紧身胸衣可能为后来更“放松”的几代人指责整个历史时代，但是现在的衣服轻轻地搭在身上，对于那些还没有出生的人来说，可能会被视为一种缺乏纪律的无焦点生活的缩影。束身服装可能会使身体符合被社会接受的外形，缺少这种服装可能意味着整形外科医生将直接在身体上做手术。

我们知道，对凡勃伦而言，束身服装是为了表明这种身体不适合体力劳动及其卑贱的声誉：一个人声誉的高低与服装导致的身体能力缺陷成正比。[1] 即使是今天，以某种方式束身的服饰，也意味着更有声望的脑力劳动：领带相对于开领、昂贵精美的材料相对于廉价粗糙的布料、为优雅而非走路舒适而设

---

[1] Thorstein Veblen. The Theory of the Leisure Class [M]. New York: Augustus M. Kelly, 1975 [1899].

计的鞋子。衣服并不完全适应身体舒适的要求，因为这会使身体高于被形状、线条和质地所进行抽象的智力——认为自己是在管理世界而不是在别人的要求下生产“东西”。然而，我们对服装改革者的分析表明，健康已然成为服装设计的另一个因素，很少有人会反对更轻、更透气、有弹性的面料：仍然有足够的空间来表达一种抽象的优雅，使我们超越世俗的舒适感。

服装可以随着我们而动：它飘动、散开、上翻、回翻、暴露和隐藏等。此处潜在的流动色情特质应该是显而易见的，而对于那些穿着暴露、诱惑的各种人的分析，将会告诉我们很多关于特定社会中的色情化模式。

三、服装作为流通物品

我们已将服装视为一件物品，它在家庭和网络新闻组中会引发一些事件。在这些例子中，服装物品被卷入各种流通形式中，这些流通形式可能建立、维持和打破特定类别的人之间的特定关系。它们是允许我们在特定环境中看到发挥作用的关系经济的物品。比如，我们看到姐妹之间的关系是如何通过相互偷窃衣物而建立起来的，或者时装设计师讨论帖（alt. fashionistas）是如何通过交换日常外观的描述来确立他们之间关系的日常性质。巴登（Baden）和巴伯认为，全球二手服装贸易已达到每年 10 亿美元的规模，并称这可能正在损害发展中国家的当地产业，但也会在分配和消费方面创造出新的就业机会。❶ 因此，作为流通物品的服装，可以从家庭亲密关系到全球经济来塑造

❶ Sally Baden，Catherine Barber. The Impact of the Second – Hand Clothing Trade on Developing Countries [M]. Oxfam，2005：4.

世界。

显然，许多不同种类的物品可能会被卷入流通模式中，这种流通模式形成了个人和群体之间的关系的实质。人们可以通过分析他们经手的物品流通历史来分析个体的生活，或者通过观察什么在成员之间流通来了解这个群体是如何凝聚在一起的。我们可以通过观察物品之间流动的模式和方向来了解群体间的关系。举例来说，如果物品是单向流动的话，那么这些物品是为了获得更大的保护力量而进贡的物品，还是那些只会接受的人缺乏力量的迹象呢？我们可以用简单的外观来辨别我们属于或不属于哪个群体，但正是这些物品的流通具体地建立起了超越安德森（Anderson）所谓的“想象的共同体”关系。[1]

正如我们在时尚讨论帖的分析中所看到的，物品可能是发送到该群体中的讯息，比如说邮寄一支口红。随着我们越来越多地通过计算机交流，物品信息流动的本质在建立关系及其性质方面可能变得愈益重要。我们需要将高层次的内容分析与对个别事件的关注结合起来，前者可以告诉我们这个群体通常是“关于”什么（如时尚、足球、哲学或物理学，革命、改革、反动或抵抗），而后者告诉我们该群体是如何作为一种由物品为媒介的结构之间特别的构成关系而存在的。

总　结

图3试着通过描绘服装的各个层面来总结本书的一些观点。这幅图既展示了我们在分析具体语境中的服装时需要考虑的各

[1] Benedict Anderson. Imagined Communities. Reflections on the Origin and Spread of Nationalism [M]. Revised edition. London: Verso, 1991.

种因素，也展示了服装能以有意义的方式帮助塑造世界的各个层面。这些层面并不一定会出现在各种情况中，在特定的场景和特定的时间中，有些层面将被证明是更重要的。图中的平等分配仅以说明为目的，并非反映在现实世界中。有些层面可能更加具有支配地位，以至于其他层面会配合它们而非自主地发挥作用。也许还有更多的层面尚未提及。服饰是社会结构、社会关系、历史、政治和经济等不可或缺的部分。它向我们表明我们和他人的身份，也是理解这个世界意义的关键所在，至少代表了一部分意义。

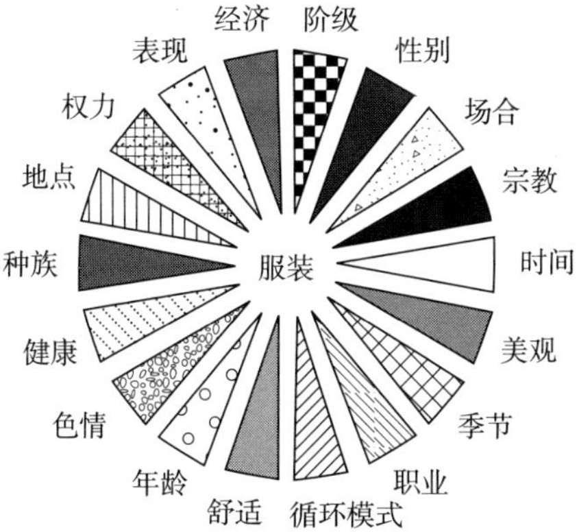

图 3　服装的某些层面

参考文献

[1] Abdallah, nd. *Le Foulard Islamique et la République Française: Mode d'emploi.* ftp: //ftp2. al – muslimah. com/almuslimg/Foulard. pdf. Accessed 11 March 2005.

[2] Adam, Barbara. (1990). *Time and Social Theory.* Cambridge: Polity Press.

[3] Afetinan, A. (1962). *The Emancipation of the Turkish Woman.* Paris: UNESCO.

[4] Ahmed, Leila. (1992). *Women and Gender in Islam. Historical Roots of a Modern Debate.* New Haven, CT and London: Yale University Press.

[5] Al – Shouli, Catherine. (2004). 'Lettre ouverte à Monsieur Jacques Chirac Président de la République'. *Ligue Française de la Femme Musulmane.* www. lffm. org/index. php? nav = communiques. Accessed 22 March 2005.

[6] Althusser, Louis. (1977 [1965]). *For Marx.* Translated by Ben Brewster. London: NLB.

[7] Amin, Qassim. (1976 [1899]). *Tahrir Al – Mar'a*, in *Al – a'mal al – kamila li Qassim Amin.* Beirut: Al – mu'assasa al – 'arabiyya lil – dirasat wa'l – nashr. Quoted in Ahmed (1992), *q. v.*

[8] Anderson, Benedict. (1991). *Imagined Communities. Reflections on the Origin and Spread of Nationalism.* Revised edition. London: Verso.

[9] Andreae, Johann Valentin. (1916 [1619]). *Christianopolis. An Ideal State of the Seventeenth Century.* Translated from the Latin by Felix Emil Held. New York: Oxford University Press.

[10] Anonymous. (1715). *A Treatise upon the Modes; or a Farewell to French Kicks*. London: Printed for J. Roberts, at the Oxford Arms in Warwick Lane.

[11] Anonymous. (ca 1880). *How to be Strong and Beautiful. Hints on Dress for Girls by a Member of the National Health Society*. London: Allman and Son.

[12] Anonymous. (1882). 'Dress. An Article on a Paper by J. A. Gotch, read before the Architectural Association', *Hibernia*, I (July 1882): 98 – 101.

[13] Anonymous. (1919). 'Rabochii kostyum', *Zhizn iskusstva*, 142.

[14] Anonymous. (1983 [1981]). '*Hijab* Unveils a New Future', pp. 94 – 95 in *Issues in the Islamic Movement* 1981 – 1982 (1401 – 1402). Edited by Kalim Siddiqui. London: The Open Press Limited.

[15] Anonymous. (2003). 'Malentendu sur le sens du foulard'. *Al – Muslimah*. www. al – muslimah. com/articles/2003_07_28_malentendu_surcle_sens_du_foulard. html. Accessed 4 September 2005.

[16] Anonymous. (2004). 'Tokyo Talks Tough on Sex, Lies and Used Underwear'. *Mainichi Interactive*, January 15. www12. mainichi. co. jp/news/mdn/search – news/923112/underwear – 0 – 17. html. Accessed 7 February 2005.

[17] Appleton, Jane Sophia. (1984 [1848]). 'Sequel to "The Vision of Bangor in the Twentieth Century"', pp. 49 – 64 in Kessler (1984), *q. v.*

[18] Ariès, Philippe. (1962 [1960]). *Centuries of Childhood*. Translated by Robert Baldick. London: Jonathan Cape.

[19] Arnold, Odile. (1982). *La Vie corporelle dans les couvents de femmes en France au XIXe siècle*. Thèse de 3e cycle, EHESS.

[20] Azari, Farah. (1983). 'Islam's Appeal to Women in Iran. Illusions and Reality', pp. 1 – 71 in *Women of Iran. The Conflict with Fundamentalist*

Islam. Edited by Farah Azari. London: Ithaca Press.

[21] Bacon, Francis. (1924 [1627]). *New Atlantis*. Edited, with an Introduction and Notes, by Alfred B. Gough, Oxford: Clarendon Press.

[22] Baden, Sally and Barber, Catherine. (2005). *The Impact of the Second-Hand Clothing Trade on Developing Countries*. Oxfam. www. maketradefair. com/en/assets/english/shc_0905. pdf. Accessed 23 July 2006.

[23] Baldwin, Frances Elizabeth. (1926). *Sumptuary Legislation and Personal Regulation in England*. Baltimore, MD: Johns Hopkins.

[24] Ballin, Ada S. (1885). *The Science of Dress in Theory and Practice*. London: Sampson Low, Marston, Searle, and Rivington.

[25] Barber, Bernard and Lyle S. Lobel. (1952). 'Fashion in Women's Clothes and the American Social System', *Social Forces*, 31: 124 – 131.

[26] Bard, Christine. (1999). 'Le《DB58》aux Archives de la Préfecture de Police', *Clio*, 10. clio. revues. org/document 258. html. Accessed 14 July 2006.

[27] Barnes, Ruth. (1992). 'Women as Headhunters. The Making and Meaning of Textiles in a Southeast Asian Context', pp. 29 – 43 in *Dress and Gender. Making and Meaning in Cultural Contexts*. Edited by Ruth Barnes and Joanne B. Eicher. New York and Oxford: Berg Publishers.

[28] Barthes, Roland. (1983 [1967]). *The Fashion System*. Translated by Matthew Ward and Richard Howard. New York: Hill and Wang.

[29] Bateson, Gregory. (1958). *Naven*. Second edition. Stanford, CA: Stanford University Press.

[30] Bauman, Zygmunt. (1982). *Memories of Class. The Pre-History and After-Life of Class*. London: Routledge and Kegan Paul.

[31] Bauman, Zygmunt. (1995). *Life in Fragments. Essays in Postmodern Morality*. Oxford: Blackwell.

[32] Bayrou, François. (1994). *Neutralité de l'enseignement public: port de*

signes ostentatoires dans les établissements scolaires. www. assemblee – nationale. fr/12/dossiers/documentslaicite/document – 3. pdf. Accessed 19 January 2005.

[33] Bell, Quentin. (1976). *On Human Finery.* New edition. London: The Hogarth Press.

[34] Bellamy, Edward. (1986 [1888]). *Looking Backward* 2000 – 1887. Edited with an Introduction by Cecelia Tichi. London: Penguin.

[35] Bennett, Tony, Emmison, Michael and Frow, John. (1999). *Accounting for Tastes. Australian Everyday Cultures.* Cambridge: Cambridge University Press.

[36] Berger, John and Mohr, Jean. (1982). *Another Way of Telling.* London: Writers and Readers.

[37] Bergman, Eva. (1938). *Nationella Dräkten. En studie kring Gustav III: s dräktreform* 1778. Stockholm: Nordiska Museets Handlingar: 8.

[38] Bergson, Henri. (1929 [1908]). *Matter and Memory.* Translated by Nancy Margaret Paul and W. Scott Palmer. London: George Allen & Unwin.

[39] Blumer, Herbert G. (1968). 'Fashion', pp. 341 – 345 in *International Encyclopedia of the Social Sciences.* Volume 5. New York: Macmillan and The Free Press.

[40] Boehn, Max von. (1971 [1932]). *Modes and Manners.* Translated in two volumes by Joan Joshua. New York: Benjamin Blom.

[41] Bogatyrev, Petr. (1971 [1937]). *The Functions of Folk Costume in Moravian Slovakia.* Translated by Richard G. Crum. The Hague: Mouton.

[42] Bohannan, Paul and Bohannan, Laura. (1968). *Tiv Economy.* London: Longmans.

[43] Borrelli, Laird O'Shea. (1997). 'Dressing Up and Talking about it: Fashion Writing in *Vogue* from 1968 to 1993', *Fashion Theory*, 1 (3): 247 – 259.

[44] Bourdieu, Pierre. (1984 [1979]). *Distinction. A Social Critique of the Judgement of Taste.* Translated by Richard Nice. London: Routledge and Kegan Paul.

[45] Bradley, Herbert Dennis. (1922). *The Eternal Masquerade.* London: T. Werner Laurie Ltd.

[46] Brannen, Julia and Moss, Peter. (1987). 'Dual Earner Households: Women's Financial Contributions After the Birth of the First Child', pp. 75 – 95 in Julia Brannen and Gail Wilson (eds), *q. v.*

[47] Brannen, Julia and Wilson, Gail (eds). (1987). *Give and Take in Families. Studies in Resource Distribution.* London: Allen and Unwin.

[48] Braudel, Fernand. (1958). 'La longue durée', *Annales*, 13: 725 – 753.

[49] Breward, Christopher. (1995). *The Culture of Fashion. A New History of Fashionable Dress.* Manchester: Manchester University Press.

[50] Brooke, Iris. (1949). *A History of English Costume.* London: Methuen.

[51] Butler, Samuel. (1932a [1872]). *Erewhon*, pp. 1 – 191 in *Erewhon. Erewhon Revisited*, London: J. M. Dent.

[52] Butler, Samuel. (1932b [1901]). *Erewhon Revisited*, pp. 193 – 390 in *Erewhon. Erewhon Revisited*, London: J. M. Dent.

[53] Byrde, Penelope. (1979). *The Male Image. Men's Fashions in Britain*, 1300 – 1700. London: B. T. Batsford.

[54] Cabet, Etienne. (1848). *Voyage en Icarie.* 5ème. édition. Paris: Bureau du Populaire.

[55] Calthrop, Dion Clayton. (1934). *English Dress from Victoria to George V.* London: Chapman and Hall.

[56] Campanella, Tommasso. (1981 [1602]). *The City of the Sun. A Poetic Dialogue.* Translated by Daniel J. Donno. Berkeley: University of California Press.

[57] Campbell, Colin. (1983). 'Romanticism and The Consumer Ethic: Inti-

mations of a Weber - style Thesis', *Sociological Analysis*, 44 (4): 279 - 296.

[58] Campbell, Colin. (1987). *The Romantic Ethic and the Spirit of Modern Consumerism*. Oxford: Basil Blackwell.

[59] Caperdi Trading. (2005). www. kingdoms. co. uk/acatalog/_400_Seductive_Clothing_7. html. Accessed 6 February 2005.

[60] Caplin, Roxey Ann. (1857). *Health and Beauty; or, Corsets and Clothing Constructed in Accordance with the Physiological Laws of the Human Body*. London: Darton and Co.

[61] Caplin, Roxey Ann. (1860). *Woman and Her Wants. Lectures on the Female Body and its Clothing*. London: Darton and Co.

[62] Carlyle, Thomas. (1908 [1831]). *Sartor Resartus*. London: Dent.

[63] Caroline, B. (2005). www. caroline - b. com/happy. html. Accessed 1 February 2005.

[64] Cavendish, Margaret. (1992 [1666]). The Description of a New World Called the Blazing World, pp. 119 - 125 in *The Description of a New World Called the Blazing World and Other Writings*. Edited by Kate Lilley. London: William Pickering.

[65] Charles, Nicola and Kerr, Marion. (1987). 'Just the Way It Is: Gender and Age Differences in Family Food Consumption', pp. 155 - 174 in Julia Brannen and Gail Wilson (eds), *q. v.*

[66] Cheal, David. (1987). ' "Showing Them You Love Them": Gift Giving and the Dialectic of Intimacy', *Sociological Review*, 35 (1): 150 - 169.

[67] Cheal, David. (1988). *The Gift Economy*. London: Routledge.

[68] Circulaire du 12 décembre. (1989). *Laïcité, port de signes religieux par les élèves et caractère obligatoire des enseignements*. www. assemblee - nationale. fr/12/dossiers/documents - laicite/document - 2. pdf. Accessed 19 January 2005.

[69] Clarke, Magnus. (1982). *Nudism in Australia. A First Study.* Waurn Ponds: Deakin University Press.

[70] Classen, Constance, Howes, David and Synnott, Anthony. (1994). *Aroma. The Cultural History of Smell.* London: Routledge.

[71] Codere, Helen. (1968). 'Exchange and Display', pp. 239 – 245 in *International Encyclopaedia of the Social Sciences.* Volume 5. London: Macmillan and Co.

[72] Colletti, Lucio. (1975). 'Introduction', pp. 7 – 56 in Karl Marx, *Early Writings.* Translated by Rodney Livingstone and Gregor Benton. Harmondsworth: Penguin, in association with *New Left Review.*

[73] Combe, Andrew. (1852 [1834]). *The Principles of Physiology Applied to the Preservation of Health and to the Improvement of Physical and Mental Education.* Fourteenth edition. Edited by James Coxe. London. Quoted in Newton (1974), *q. v.*

[74] Comité National Coordination des groupes de femmes Egalité. (2003). *La réponse au problème soulevé par le《port du voile à l'école》ne peut être que globale, de lute et d'explication sur plusieurs fronts.* eleuthera. free. fr/html/182. htm. Accessed 19 January 2005.

[75] Concannon, Eileen. (1911). 'Our Dress Problem. A Proposed Solution', *Catholic Bulletin* 1 (February): 66 – 69.

[76] Cooley, Winnifred Harper. (1984 [1902]). 'A Dream of the Twenty – First Century', pp. 205 – 211 in Kessler (1984), *q. v.*

[77] Corbett, Elizabeth T. (1984 [1869]). 'My Visit to Utopia' (1869), pp. 65 – 73 in Kessler (1984), *q. v.*

[78] Corbin, Alain. (1995 [1991]). *Time, Desire and Horror. Towards a History of the Senses.* Translated by Jean Birrell. Cambridge: Polity Press.

[79] Corrigan, Peter. (1988). 'Backstage Dressing. Clothing and the Urban Family, With Special Reference to Mother/Daughter Relations'. Unpub-

lished PhD dissertation, Department of Sociology, Trinity College, Dublin.

[80] Corrigan, Peter. (1997). *The Sociology of Consumption. An Introduction.* London: Sage.

[81] Crane, Diana. (2000). *Fashion and Its Social Agendas. Class, Gender, and Identity in Clothing.* Chicago, IL: The University of Chicago Press.

[82] Cridge, Annie Denton. (1984 [1870]). 'Man's Rights; or, How Would You Like it?', pp. 74 – 94 in Kessler (1984), *q. v.*

[83] Cunnington, C. Willett and Cunnington, Phillis. (1952). *Handbook of English Medieval Costume.* London: Faber and Faber.

[84] Cunnington, Phillis. (1981). *Costume in Pictures.* Revised edition. London: The Herbert Press.

[85] d'Allais, Denis Vairasse. (1966 [1702]). *Histoire des Sévarambes.* Translated in Frank E. Manuel and Fritzie P. Manuel (eds), *French Utopias: An Anthology of Ideal Societies.* New York: Schocken Books.

[86] Damasio, Antonio. (1994). *Descartes' Error. Emotion, Reason, and the Human Brain.* London: Penguin.

[87] Damasio, Antonio. (1999). *The Feeling of What Happens. Body and Emotion in the Making of Consciousness.* San Diego, CA: Harcourt.

[88] Davis, Fred. (1992). *Fashion, Culture, and Identity.* Chicago, IL and London: The University of Chicago Press.

[89] Debré, Jean – Louis. (2003). *Rapport fait au nom de la mission d'information sur la question du port des signes religieux à l'école.* Tome I. Paris : Assemblée Nationale.

[90] Dekker, Rudolf M. and van de Pol, Lotte C. (1989). *The Tradition of Female Transvestism in Early Modern Europe.* Basingstoke and London: Macmillan.

[91] Delphy, Christine. (1984 [1975]). 'Sharing the Same Table: Consumption and the Family', in *Close to Home. A Materialist Analysis of*

Women's Oppression. Translated by Diana Leonard. London: Hutchinson.

[92] Descartes, René. (1984 [1641]). 'Meditations on First Philosophy', pp. 1 – 62 in *The Philosophical Writings of Descartes.* Volume II. Cambridge: Cambridge University Press.

[93] Diderot, Denis. (1966 [1796]). 'Supplément au voyage de Bougainville, ou dialogue entre A et B', pp. 411 – 478 in his *Le Neveu de Rameau.* Paris: Livre de Poche.

[94] Dodderidge, Esmé. (1988 [1979]). *The New Gulliver, or The Adventures of Lemuel Gulliver Jr in Capovolta.* London: The Women's Press.

[95] Donath, Judith S. (1999). 'Identity and Deception in the Virtual Community', pp. 29 – 59 in Marc A. Smith and Peter Kollock (eds), *Communities in Cyberspace.* London: Routledge.

[96] Douglas, Mary. (1966). *Purity and danger. An Analysis of Concepts of Pollution and Taboo.* London: Routledge & Kegan Paul.

[97] Douglas, Mary and Isherwood, Baron. (1978). *The World of Goods. Towards an Anthropology of Consumption.* Harmondsworth: Penguin.

[98] Durkheim, Emile. (1915 [1912]). *The Elementary Forms of the Religious Life.* Translated by Joseph Ward Swain. London: George Allen and Unwin.

[99] Edgell, Stephen. (1980). *Middle Class Couples. A Study of Segregation, Domination and Inequality in Marriage.* London: George Allen and Unwin.

[100] Elias, Norbert. (1991). *The Symbol Theory.* Edited with an introduction by Richard Kilminster. London: Sage.

[101] Elias, Norbert. (1993 [1987]). *Time. An Essay.* Translated in part from the German version by Edmund Jephcott. Oxford: Blackwell.

[102] Elias, Norbert. (1994 [1939]). *The Civilizing Process.* Translated by Edmund Jephcott. Oxford: Blackwell.

[103] Emerson, Ralph Waldo. (1890 [1844]). 'Gifts', pp. 130 – 131 in

The Complete Prose Works of Ralph Waldo Emerson. London: Ward, Lock and Co.

[104] Eng, Paul. (1999). 'Tiny Beads for Always – Fresh Clothes. Technology to Create Fragrant Fabrics for Clothing and Carpets'. *ABC News*, March 11. abcnews. go. com/Technology/FutureTech/story? id = 97696& page = 1. Accessed 9 February 2005.

[105] Enninger, Werner. (1984). 'Inferencing Social Structure and Social Processes from Nonverbal Behavior', *American Journal of Semiotics*, 3 (2): 77 – 96.

[106] Evans – Pritchard, E. E. (1940). *The Nuer. A Description of the Modes of Livelihood and Political Institutions of a Nilotic People.* Oxford: Clarendon Press.

[107] Evelyn, John. (1951 [1661]). *Tyrannus*; *or*, *The Mode.* Edited by J. L. Nevison, Oxford: Blackwell.

[108] Ewing, Elizabeth. (1975). *Women in Uniform. Their Costume through the Centuries.* London: Batsford.

[109] Exter, Alexandra. (1989 [1923]). 'On the Structure of Dress', p. 171 in *Strizhenova and Organizing Committee* (1989), *q. v.*

[110] Featherstone, Mike. (1991 [1982]). 'The Body in Consumer Culture', pp. 170 – 196 in Mike Featherstone, Mike Hepworth and Bryan S. Turner (eds), *The Body. Social Process and Cultural Theory.* London: Sage.

[111] Featherstone, Mike. (1991). *Consumer Culture and Postmodernism.* London: Sage.

[112] Fedorov – Davydov, A. (1989 [1928]). 'An Introduction to the First Soviet Exhibition of National Textiles, Moscow, 01928', pp. 181 – 183 in Strizhenova and Organizing Committee (1989), *q. v.*

[113] Feher, Michel with Naddaff, Ramona and Tazi, Nadia (eds). (1989).

Fragments for a History of the Human Body. Three volumes. New York: Urzone.

[114] Fénelon, François de. (1994 [1699]). *Telemachus, Son of Ulysses.* Edited and translated by Patrick Riley. Cambridge: Cambridge University Press.

[115] Finkelstein, Joanne. (1991). *The Fashioned Self.* Cambridge and Oxford: Polity Press in association with Basil Blackwell.

[116] Fischer, Michael M. J. (1980). *Iran. From Religious Dispute to Revolution.* Cambridge, MA: Harvard University Press.

[117] Flügel, John Carl. (1930). *The Psychology of Clothes.* London: Hogarth Press.

[118] Foigny, Gabriel de. (1990 [1676]). *La Terre Australe Connue.* Edition établie, présentée et annotée par Pierre Ronzeaud. Paris: Société des Textes Français Modernes.

[119] Forty, Adrian. (1986). *Objects of Desire. Design and Society since 1750.* London: Thames and Hudson.

[120] Foucault, Michel. (1973 [1963]). *The Birth of the Clinic. An Archaeology of Medical Perception.* Translated from the French version by A. M. Sheridan Smith. New York: Pantheon Books.

[121] Foucault, Michel. (1977 [1975]). *Discipline and Punish. The Birth of the Prison.* Harmondsworth: Penguin.

[122] Frank, Arthur W. (1991). 'For a Sociology of the Body: An Analytical Review', pp. 36 – 102 in Mike Featherstone, Mike Hepworth and Bryan S. Turner (eds), *The Body. Social Process and Cultural Theory.* London: Sage.

[123] Gearhart, Sally Miller. (1985 [1979]). *The Wanderground. Stories of the Hill Women.* London: The Women's Press.

[124] Geirnaert, Danielle C. (1992). 'Purse – Proud. Of Betel and Areca

Nut Bags in Laboya (West Sumba, Eastern Indonesia)', pp. 56 – 75 in *Dress and Gender. Making and Meaning in Cultural Contexts.* Edited by Ruth Barnes and Joanne B. Eicher. New York and Oxford: Berg Publishers.

[125] Gernsheim, Alison. (1963). *Fashion and Reality*, 1840 – 1914. London: Faber and Faber.

[126] Giddens, Anthony. (1987). 'Time and Social Organization', pp. 140 – 165 in his *Social Theory and Modern Sociology.* Oxford and Cambridge: Polity Press.

[127] Gilman, Charlotte Perkins. (1979 [1915]). *Herland.* London: The Women's Press.

[128] Goblot, Edmond. (1925). *La barrière et le niveau. Etude sociologique sur la bourgeoisie française moderne.* Paris: Félix Alcan.

[129] Godelier, Maurice. (1977 [1973]). *Perspectives in Marxist Anthropology.* Translated by Robert Brain. Cambridge: Cambridge University Press.

[130] Goehring, Brian and Stager, John K. (1991). 'The Intrusion of Industrial Time and Space into the Inuit Lifeworld. Changing Perceptions and Behavior', *Environment and Behavior*, 23 (6): 666 – 679.

[131] Goody, Esther N. (1971). 'Forms of Pro – Parenthood: The Sharing and Substitution of Parental Roles', pp. 331 – 345 in Jack Goody (ed.), *Kinship.* Harmondsworth: Penguin.

[132] Gotman, Anne. (1988). *Hériter.* Paris: Presses Universitaires de France.

[133] Gott, Samuel. (1902 [1648]). *Nova Solyma. The Ideal City; or Jerusalem Regained.* Two Volumes. With Introduction, Translation, Literary Essays and a Bibliography by The Rev. Walter Begley. London: John Murray.

[134] Gouldner, Alvin. (1960). 'The Norm of Reciprocity', *American Socio-*

logical Review, 25: 161 – 178.

[135] Gregory, Chris. (1982). *Gifts and Commodities*. London: Academic Press.

[136] Griffith, Mary. (1984 [1836]). 'Three Hundred Years Hence', pp. 29 – 48 in Kessler (1984), *q. v.*

[137] Guenther, Irene V. (1997). 'Nazi "Chic"? German Politics and Women's Fashions, 1915 – 1945', *Fashion Theory*, 1 (1): 29 – 58.

[138] Gullestad, Marianne. (1984). *Kitchen – Table Society*. Oslo: Universitetsforlaget.

[139] Gustav Ⅲ. (1778). *Réflexions*. La Haye: Detune. Exemplar B i Kongliga Biblioteket, Stockholm.

[140] Haldane, Charlotte. (1926). *Man's World*. London: Chatto and Windus.

[141] Harberton, F. (1882). 'Rational Dress Reform', *Macmillan's Magazine*, 45 (April): 456 – 461.

[142] Harley, Kirsten. (2000). 'Polynymity and the Self: Testing the Limits of Foucault'. Unpublished BA Honours thesis, School of Social Science, University of New England, Armidale, Australia.

[143] Harrington, James. (1992 [1656]). *The Commonwealth of Oceana* and *A System of Politics*. Edited by J. G. A. Pocock. Cambridge: Cambridge University Press.

[144] Harris, Rosemary. (1972). *Prejudice and Tolerance in Ulster*. Manchester: Manchester University Press.

[145] Harvey, David. (1990). *The Condition of Postmodernity*. Cambridge, MA: Blackwell.

[146] Hashemi, Fereshti. (1982 [1980]). 'Discrimination and the Imposition of the Veil', pp. 193 – 194 in *In the Shadow of Islam. The Women's Movement in Iran*. Edited by Azar Tabari and Nahid Yeganeh. London: Zed Press.

[147] Haweis, Mary Eliza. (1879). *The Art of Dress*. London: Chatto and

Windus.

[148] Heringa, R. (1988). 'Textiles and Worldview in Tuban', pp. 55 – 61 in *Indonesia in Focus. Ancient Traditions – Modern Times.* Edited by R. Schefold, V. Dekker and N. de Jonge. Meppel: Edu'Actief. As quoted by Geirnaert (1992), *q. v.*

[149] Herzfeld, Michael. (1990). 'Pride and Perjury. Time and the Oath in the Mountain Villages of Crete', *Man* (n. s.), 25 (June): 305 – 322.

[150] Higson, Rosalie. (2000). 'Made to Measure', *The Australian Magazine*, 8 – 9 April: 30 – 33.

[151] Hobbes, Thomas. (1991 [1651]). *Leviathan.* Edited by Richard Tuck. Cambridge: Cambridge University Press.

[152] Hollander, Anne. (1978). *Seeing through Clothes.* New York: The Viking Press.

[153] Homans, George Casper. (1961). *Social Behaviour. Its Elementary Forms.* London: Routledge and Kegan Paul.

[154] Howland, Marie Stevens Case. (1984 [1874]). 'Papa's Own Girl' (1874), pp. 95 – 103 in Kessler (1984), *q. v.*

[155] Huxley, Aldous. (1994 [1932]). *Brave New World.* London: Flamingo.

[156] Jackson, Margaret. (1936). *What They Wore. A History of Children's Dress.* Woking: George Allen and Unwin.

[157] Jandreau, Charles. (2002). 'Social Rituals and Identity Creation in a Middle Class Workplace', *Emory Center for Myth and Ritual in American Life (MARIAL) Working Paper* 14, Spring.

[158] Jordan, Tim. (1999). *Cyberpower: The Culture and Politics of Cyberspace and the Internet.* London: Routledge.

[159] Kauffmann, Sylvie. (2000). 'Wall Street accepte les hommes sans cravate mais pas les femmes en caleçon', *Le Monde Sélection Hebdomadaire*, 6 May.

[160] Kaufmann, Jean - Claude. (1992). *La trame conjugale. Analyse du couple par son linge.* Paris: Nathan.

[161] Kessler, Carol Farley (ed.) (1984). *Daring to Dream. Utopian Stories by United States Women*: 1836 - 1919. London: Pandora Press.

[162] Khomeiny, Ayatollah Ruhollah. (1985 [1943]). 'A Warning to the Nation', pp. 169 - 173 in his *Islam and Revolution. Writings and Declarations.* Translated and annotated by Hamid Algar. London: KPI.

[163] King, E. M. (1882). *Rational Dress, or the Dress of Women and Savages.* London: Kegan Paul, Trench and Co.

[164] Kintzler, Catherine, Taguieff, Pierre - André, Teper, Bernard and Tribalat, Michèle. (2003). *L'école publique doit être soustraite à la pression des groups politico - religieux.* www. ufal. org/spip/article. php3? id_article =28. Accessed 19 January 2005.

[165] Kiser, Edgar and Drass, Kriss A. (1987). 'Changes in the Core of the World - System and the Production of Utopian Literature in Great Britain and the United States, 1883 - 1975', *American Sociological Review*, 52: 286 - 293.

[166] Klietsch, Ronald G. (1965). 'Clothesline Patterns and Covert Behavior', *Journal of Marriage and the Family*, February: 78 - 80.

[167] König, René. (1973). *The Restless Image. A Sociology of Fashion.* London: George Allan and Unwin Ltd.

[168] Kopytoff, Igor. (1986). 'The Cultural Biography of Things: Commoditization as Process', pp. 64 - 91 in Arjun Appadurai (ed.), *The Social Life of Things. Commodities in Cultural Perspective.* Cambridge: Cambridge University Press.

[169] Kroeber, A. L. (1919). 'On the Principle of Order in Civilization as Exemplified by Changes of Fashion', *American Anthropologist*, 21 (3) July - September: 235 - 263.

[170] Kumar, Krishan. (1991). *Utopianism.* Milton Keynes: Open University Press.

[171] Kunzle, David. (1982). *Fashion and Fetishism.* Totowa, NJ: Rowman and Littlefield.

[172] Lane, Mary E. Bradley. (1984 [1880 - 1881]). 'Mizora: A Prophecy', pp. 117 - 137 in Kessler (1984), *q. v.*

[173] Lang, Carl. (2003). 'Vous avez aimé l'immigration? Vous allez adorer l'islamisation'. *Français D'abord - Le Magazine de Jean - Marie Le Pen.* 15 December. www. francaisdabord. info/editoriallang _ detail. php? id_inter = 1. Accessed 19 January 2005.

[174] Laqueur, Thomas. (1990). *Making Sex. Body and Gender from the Greeks to Freud.* Cambridge, MA: Harvard University Press.

[175] Lash, Scott and Urry, John. (1994). *Economies of Signs and Space.* London: Sage.

[176] Laver, James. (1937). *Taste and Fashion. From the French Revolution until To - Day.* London: Harrap.

[177] Laver, James. (1951). *Children's Fashions in the Nineteenth Century.* London: Batsford.

[178] Laver, James. (1964). *Costume through the Ages.* London: Thames and Hudson.

[179] Laver, James. (1969). *Modesty in Dress.* London: Heinemann.

[180] Lawrence, James. (1981 [1811]). *The Empire of the Nairs; or, the Rights of Women. An Utopian Romance.* Four volumes. London: T. Hookham, Jun. and E. T. Hookham, quoted in Lyman Tower Sargent, 'An Ambiguous Legacy: The Role and Position of Women in the English Eutopia', pp. 88 - 99 in Marleen S. Barr (ed.), *Future Females: A Critical Anthology.* Bowling Green, OH: Bowling Green State University Popular Press.

[181] Le Guin, Ursula K. (1975 [1974]). *The Dispossessed.* London: Grafton Books.

[182] Lefferts, H. Leedom Jr. (1992). 'Cut and Sewn. The Textiles of Social Organization in Thailand', pp. 44 – 55 in *Dress and Gender. Making and Meaning in Cultural Contexts.* Edited by Ruth Barnes and Joanne B. Eicher. New York and Oxford: Berg Publishers.

[183] Levitas, Ruth. (1990). *The Concept of Utopia.* Hemel Hempstead: Philip Allan.

[184] Lhez, Pierrette. (1995). *De la robe de bure à la tunique pantalon. Etude sur la place du vêtement dans la pratique infirmière.* Paris: InterEditions.

[185] Lipovetsky, Gilles. (1987). *L'empire de l'éphémère. La mode et son destin dans les sociétés modernes.* Paris: Gallimard.

[186] Littlestar, Miss. (2005). www. malesubmission. com/littlestar/who. htm. Accessed 1 February 2005.

[187] Luck, Kate. (1992). 'Trouble in Eden, Trouble with Eve. Women, Trousers & Utopian Socialism in Nineteenth – Century America', pp. 200 – 212 in Juliet Ash and Elizabeth Wilson (eds), *Chic Thrills. A Fashion Reader.* Berkeley and Los Angeles, CA: University of California Press.

[188] Lurie, Alison. (1981). *The Language of Clothes.* New York: Random House.

[189] Lyotard, Jean – François. (1991 [1988]). *The Inhuman. Reflections on Time.* Translated by Geoffrey Bennington and Rachel Bowlby. Oxford and Cambridge: Polity Press.

[190] Lytton, Lord. (1871). *The Coming Race.* London: George Routledge and Sons, no date [probably 1871].

[191] MacKinnon, Richard C. (1997). 'Punishing the Persona: Correctional Strategies for the Virtual Offender', pp. 206 – 235 in Steven G. Jones

(ed.), *Virtual Culture. Identity and Communication in Cybersociety.* London: Sage.

[192] Maffesoli, Michel. (1996 [1988]). *The Time of the Tribes. The Decline of Individualism in Mass Society.* Translated by Don Smith. London: Sage Publications.

[193] Maines, David R. (1987). 'The Significance of Temporality for the Development of Sociological Theory', *Sociological Quarterly*, 28 (3): 303 - 311.

[194] Makeupalley. (2007). *Makeup Alley Swap FAQ.* Available online at: makeupalley. com/content/content. asp/s = 1/c = Swap_FAQ/. Accessed 16 May 2007.

[195] Malinowski, Bronislaw. (1922). *Argonauts of the Western Pacific.* London: Routledge and Kegan Paul.

[196] Marcuse, Herbert. (1979 [1977]). *The Aesthetic Dimension. Towards a Critique of Marxist Aesthetics.* London: Macmillan.

[197] Martin, Emily. (1987). *The Woman in the Body. A Cultural Analysis of Reproduction.* Milton Keynes: Open University Press.

[198] Martin - Fugier, Anne. (1979). *La place des bonnes. La Domesticité féminine à Paris en* 1900. Paris: Grasset.

[199] Marx, Karl. (1974 [1867]). *Capital. A Critical Analysis of Capitalist Production.* Volume I. Translated from the third German edition by Samuel Moore and Edward Aveling and edited by Frederick Engels. London: Lawrence and Wishart.

[200] Marx, Karl. (1975 [1844]). *Economic and Philosophical Manuscripts*, pp. 279 - 400 in his *Early Writings.* Translated by Rodney Livingstone and Gregor Benton. Harmondsworth: Penguin, in association with *New Left Review.*

[201] Marx, Karl and Engels, Frederick. (1968 [1847]). *The Manifesto of*

the Communist Party, pp. 31 – 63 in their *Selected Works in One Volume*. London: Lawrence andWishart.

[202] Marx, Karl and Engels, Frederick. (1989 [1846]). *The German Ideology*. Part One, with selections from Parts Two and Three. Edited with an Introduction by C. J. Arthur. London: Lawrence and Wishart.

[203] Maslova, Gali Semeonovna. (1984). *Narodnaya odezhda v vostochnoslavyanskikh traditsionnikh obichayakh i obryadakh XIX – nachala XX v*. Moskva: Nauka.

[204] Mason, Eveleen Laura Knaggs. (1984 [1889]). 'Hiero – Salem: The Vision of Peace', pp. 138 – 147 in Kessler (1984), *q. v.*

[205] Maududi, Syed Abul A'la. (1988 [1939]). *Purdah and the Status of Woman in Islam*. Third Edition translated and edited by Al – Ash'Ari. Delhi: Markazi Maktaba Islami.

[206] Mauss, Marcel. (1969 [1925]). *The Gift*. Translated by Ian Cunnison. London: Routledge and Kegan Paul.

[207] Mauss, Marcel. (1978 [1905]). 'Essai sur les variations saisonnières des societies eskimos', pp. 389 – 477 in his *Sociologie et anthropologie*. Sixième édition. Paris: Presses Universitaires de France.

[208] McLaren, Leah. (2000). 'Halifax Hysteria. Non – scents in Nova Scotia'. *The Globe and Mail*, April 29. www. fumento. com/halifax2. html. Accessed 9 February 2005.

[209] McVeigh, Brian. (1997). 'Wearing Ideology: How Uniforms Discipline Minds and Bodies in Japan', *Fashion Theory*, 1 (2): 189 – 214.

[210] Méan, J. B. (1774). 'Mémoire, sur la Question suivante, proposée par la Société Royale Patriotique de Stockholm. Scavoir, si afin d'éviter les variations multiplies des Modes et empêcher le Commerce des Marchandises prohibées, il seroit avantageux ὰ la Suède, d'y introduire une façon d'Habillement National, proportionné au Climat et différent des vêtemens

d'autres Nations &c'. , pp. 115 – 128 in *Kongl. Svenska Sällskapets Handlingar.* III stycket. Stockholm: Joh. Georg Lange.

[211] Mellor, Philip A. and Shilling, Chris. (1997). *Re – forming the Body. Religion, Community and Modernity.* London: Sage.

[212] Mercier, Louis – Sébastien. (1974 [1771]). *Memoirs of the Year Two Thousand Five Hundred.* Translated by W. Hooper in two volumes. London: Printed for G. Robinson in Pater – noster – Row, 1772. Facsimile reprint, New York and London: Garland Publishing.

[213] Merrifield, Mary Philadelphia. (1854). *Dress as a Fine Art.* London: Arthur Hall, Virtue, and Co.

[214] Michelman, Susan O. and Ereksima, Tonye V. (1992). 'Kalabari Dress in Nigeria. Visual Analysis and Gender Implications', pp. 164 – 182 in *Dress and Gender: Making and Meaning in Cultural Contexts.* Edited by Ruth Barnes and Joanne B. Eicher. New York and Oxford: Berg Publishers.

[215] Minai, Naila. (1981). *Women in Islam. Tradition and Transition in the Middle East.* London: John Murray.

[216] Mintz, S. W. and Wolf, E. R. (1971 [1950]). 'Ritual Co – Parenthood (*compadrazgo*)', pp. 346 – 361 in Jack Goody (ed.), *Kinship.* Harmondsworth: Penguin.

[217] Modéer, Adolph. (1774). 'Svar på Samma Fråga', pp. 58 – 82 in *Kongl. Svenska Sällskapets Handlingar.* Ⅲ stycket. Stockholm: Joh. Georg Lange.

[218] Molloy, John T. (1980). *Women. Dress for Success.* London: Foulsham.

[219] Monneyron, Frédéric. (2001). *La frivolité essentielle. Du vêtement et de la mode.* Paris: Presses Universitaires de France.

[220] Moore, Doris Langley. (1929). *Pandora's Letter Box, being a Discourse on Fashionable Life.* London: Gerald Howe.

[221] Moore, Doris Langley. (1953). *The Child in Fashion.* London: Batsford.

[222] More, Thomas. (1965 [1516]). 'Utopia', in *The Complete Works of St. Thomas More*, Volume 4. Revised version of 1923 translation by G. C. Richards. Edited by Edward Surtz and J. H. Hexter. New Haven, CT and London: Yale University Press.

[223] Morelly. (1970 [1755]). *Code de la nature, ou le véritable esprit de ses lois, de tout temps négligé ou méconnu.* Paris: Editions Sociales.

[224] Morris, William. (1912 [1890]). *News from Nowhere*, pp. 1 – 211 in *The Collected Works of William Morris*, Vol. XVI. London: Longmans Green and Company.

[225] Mouedden, Mohsin. (2003a). 'La France, terre des libertés'. *Al – Muslimah.* www. al – muslimah. com/articles/2003_12_20_la_france_terre_des_libertes. html. Accessed 11 March 2005.

[226] Mouedden, Mohsin. (2003b). 'Ne tombons pas dans le piège du foulard'. *Al – Muslimah.* www. al – muslimah. com/articles/2003_11_18_ne_tombons_pas_dans_le_piege_du_foulard. html. Accessed 11 March 2005.

[227] Mukerji, Chandra. (1983). *From Graven Images. Patterns of Modern Materialism.* New York: Columbia University Press.

[228] Mustafa, Naheed. (2003). 'La peur du hijab'. *Al – Muslimah.* www. al – muslimah. com/articles/2003_07_27_la_peur_du_hijab. html. Accessed 4 September 2005.

[229] Newton, Stella Mary. (1974). *Health, Art and Reason. Dress Reformers of the Nineteenth Century.* London: John Murray.

[230] Nichols, Mary S. G. (1878). *The Clothes Question Considered in its Relation to Beauty, Comfort, and Health.* London: published by the author.

[231] Oliphant, Margaret. (1878). *Dress.* London: Macmillan.

[232] Orwell, George. (1984 [1949]). *Nineteen Eighty – Four.* Harmond-

sworth: Penguin.

[233] Paget, Lady W. (1883). 'Common Sense in Dress and Fashion', *The Nineteenth Century*, 13 (March): 458 - 464.

[234] Pahl, Jan. (1980). 'Patterns of Money Management Within Marriage', *Journal of Social Policy*, 9 (3): 313 - 335.

[235] Pahl, Jan. (1983). 'The Allocation of Money and the Structuring of Inequality Within Marriage', *Sociological Review*, 31: 237 - 262.

[236] Pahlavi, Mohammed Reza Shah. (1961). *Mission for My Country*. London: Hutchinson.

[237] Parmelee, Maurice. (1929). *Nudity in Modern Life; the New Gymnosophy*. London: Noel Douglas.

[238] Peacham, Henry. (1942 [1638]). *The Truth of Our Times*. New York: The Facsimile Text Society, published by Columbia University Press.

[239] Perrot, Philippe. (1977). 'Aspects socio - culturels des débuts de la confection parisienne au XIXe siècle', *Revue de l'Institut de Sociologie*, 2: 185 - 202.

[240] Petitfils, Jean - Christian. (1982). *La vie quotidienne des communautés utopistes au XIXe siècle*. Paris: Hachette.

[241] Piercy, Marge. (1979 [1976]). *Woman on the Edge of Time*. London: The Women's Press.

[242] Pitt - Rivers, Julian. (1968). 'Pseudo - Kinship', pp. 408 - 413 in *International Encyclopaedia of the Social Sciences*. Volume 8. London: Macmillan and Co.

[243] Planché, J. R. (1900). *History of British Costume from the Earliest Period to the Close of the Eighteenth Century*. Third edition. London: George Bell.

[244] Prynne, William. (1628). *The Vnlouelinesse, of Lovelockes*. London.

[245] Quicherat, J. (1879). *Histoire du costume en France depuis les temps les*

plus reculés jusqu'à la fin du XVIIIe siècle. Paris: Hachette. Referenced by Roche (1991 [1989]), *q. v.*

[246] Reid, Elizabeth. (1999). 'Hierarchy and Power. Social Control in Cyberspace', pp. 107 – 133 in Marc A. Smith and Peter Kollock (eds), *Communities in Cyberspace.* London: Routledge.

[247] Rheingold, Howard. (1993). *The Virtual Community: Homesteading on the Electronic Frontier.* Reading, MA: Addison – Wesley. Available online at: www. rheingold. com/vc/book/16 May 2007. Accessed 16 May 2007.

[248] Ribeiro, Aileen. (1992). 'Utopian Dress', pp. 225 – 237 in Juliet Ash and Elizabeth Wilson (eds), *Chic Thrills. A Fashion Reader.* Berkeley and Los Angeles, CA: University of California Press

[249] Richardson, Jane and Kroeber, A. L. (1940). 'Three Centuries of Women's Dress Fashions: A Quantitative Analysis', *Anthropological Records*, 5 (Part 2): 111 – 153.

[250] Roche, Daniel. (1991 [1989]). *La culture des apparences. Une histoire du vêtement XVIIe – XVIIIe siècle.* Paris: Seuil, collection 'Points Histoire'.

[251] Roth, Bernard. (1880). *Dress: Its Sanitary Aspect.* London: J. and A. Churchill.

[252] Russ, Joanna. (1985 [1975]). *The Female Man.* London: The Women's Press.

[253] Sahlins, Marshall. (1974). *Stone Age Economics.* London: Tavistock.

[254] Sahlins, Marshall. (1976). *Culture and Practical Reason.* Chicago, UL: The University of Chicago Press.

[255] Schiebinger, Londa. (1987). 'Skeletons in the Closet: The First Illustrations of the Female Skeleton in Eighteenth – Century Anatomy', pp. 42 – 82 in Catherine Gallagher and Thomas Laqueur (eds), *The*

Making of the Modern Body. Sexuality and Society in the Nineteenth Century. Berkeley, CA: University of California Press.

[256] Schreiber, Mark. (2001). 'What am I bid for My Boxers? Famous Fetish Turned Topsy – turvy'. *The Japan Times Online*, June 24. www.japantimes.co.jp/cgi – bin/getarticle.pl5? fl20010624tc.htm. Accessed 7 February 2005.

[257] Schwartz, Barry. (1967). 'The Social Psychology of the Gift', *American Journal of Sociology*, 73: 1 – 11.

[258] Sciama, Lidia D. (1992). 'Lacemaking in Venetian Culture', pp. 121 – 144 in Ruth Barnes and Joanne B. Eicher (eds), *Dress and Gender. Making and Meaning in Cultural Contexts.* New York and Oxford: Berg Publishers.

[259] Sen, Amartya. (1984). *Resources, Values and Development.* Oxford: Blackwell.

[260] Sex Toys. (2005). www.sex – toys.org/edible.php. Accessed 6 February 2005.

[261] Shilling, Chris. (1993). *The Body and Social Theory.* London: Sage.

[262] Simmel, Georg. (1957 [1904]). 'Fashion', *The American Journal of Sociology*, 62 (6): 541 – 558.

[263] Simmel, Georg. (1971 [1907]). 'Prostitution', pp. 121 – 126 in *On Individuality and Social Forms.* Selected writings edited by Donald N. Levine. Chicago, IL: University of Chicago Press.

[264] Simmel, Georg. (1997 [1908]). 'Sociology of the Senses', pp. 109 – 120 in David Frisby and Mike Featherstone (eds), *Simmel on Culture. Selected Writings.* London: Sage.

[265] Skinner, B. F. (1976 [1948]). *Walden Two.* With a new Introduction by the author, New York: Macmillan.

[266] Smith, Marc A. (1999). 'Invisible Crowds in Cyberspace. Mapping

the Social Structure of the Usenet', pp. 195 – 219 in Marc A. Smith and Peter Kollock (eds), *Communities in Cyberspace*. London: Routledge.

[267] Snow, C. P. (1974 [1964]). *The Two Cultures* and *a Second Look*. London: Cambridge University Press.

[268] Sorokin, Pitirim A. and Merton, Robert K. (1937). 'Social Time. A Methodological and Functional Analysis', *American Journal of Sociology*, 42 (5) March: 615 – 629.

[269] Sound Vision Staff Writer. (2004). *The Question of Hijab and Choice*. www.soundvision.com/Info/news/hijab/hjb.choice.asp. Accessed 4 September 2005.

[270] Squire, Geoffrey. (1974). *Dress Art and Society* 1560 – 1970. London: Studio Vista.

[271] Steele, Valerie. (1999). 'The Corset: Fashion and Eroticism', *Fashion Theory*, 3 (4): 449 – 474.

[272] Strizhenova, Tatyana. (1989). 'Textiles and Soviet Fashion in the Twenties', pp. 3 – 14 in Strizhenova and Organizing Committee (1989), *q. v.*

[273] Strizhenova, Tatyana Konstantinova. (1972). *Iz istorii sovetskogo kostyuma*. Moskva: Sovetskii khudozhnik.

[274] Strizhenova, Tatyana and Organizing Committee. (1989). *Costume Revolution Textiles, Clothing and Costume of the Soviet Union in the Twenties*. London: Trefoil Publications.

[275] Stubbes, Philip. (1836 [1585]). *The Anatomie of Abuses*. London: W. Pickering, Edinburgh: W. & D. Laing.

[276] Swift, Jonathan. (1967 [1726]). *Gulliver's Travels*. Edited by Peter Dixon and John Chalker, with an Introduction by Michael Foot. Harmondsworth: Penguin.

[277] Tabari, Azar. (1982). 'Islam and the Struggle for Emancipation of Ira-

nian Women', pp. 5 – 25 in Azar Tabari and Nahid Yeganeh (eds), *In the Shadow of Islam. The Women's Movement in Iran.* London: Zed Press.

[278] Taheri, Amir. (1985). *The Spirit of Allah. Khomeini and the Islamic Revolution.* London: Hutchinson.

[279] Tait, Gordon. (1993). ' "Anorexia Nervosa": Asceticism, Differentiation, Government Resistance', *The Australian and New Zealand Journal of Sociology*, 29 (2): 194 – 208.

[280] Taleghani, Ayatollah. (1982 [1979]). 'On Hejab', pp. 103 – 107 in Azar Tabari and Nahid Yeganeh (eds), *In the Shadow of Islam. The Women's Movement in Iran.* London: Zed Press.

[281] Tepper, Michele. (1997). 'Usenet Communities and the Cultural Politics of Information', pp. 39 – 54 in David Porter (ed.), *Internet Culture*, New York: Routledge.

[282] Thompson, E. P. (1967). 'Time, Work – Discipline, and Industrial Capitalism', *Past and Present*, 38: 56 – 97.

[283] Thoreau, Henry David. (1980 [1854]). *Walden.* London: The Folio Societ.

[284] Treves, Frederick. (1883). 'The Influence of Dress on Health', pp. 461 – 517 in Malcolm Morris (ed.), *The Book of Health.* London: Cassell & Co.

[285] Turner, Bryan S. (1984). *The Body and Society. Explorations in Social Theory.* Oxford: Blackwell.

[286] Turner, Bryan S. (1992). *Regulating Bodies. Essays in Medical Sociology.* London: Routledge.

[287] Vahdat, Farzin. (2003). 'Post – Revolutionary Islamic Discourses on Modernity in Iran: Expansion and Contraction of Human Subjectivity', *International Journal of Middle – Eastern Studies*, 35: 599 – 631.

[288] Varst [Stepanova, Varvara Fedorovna]. (1923). 'Kostyum sevodnyashnego dnyaprozodezhda', *LEF*, 2: 65 – 68.

[289] Veblen, Thorstein. (1975 [1899]). *The Theory of the Leisure Class.* New York: Augustus M. Kelly.

[290] Vigerie, Anne and Zelensky, Anne (nd). '*Laïcardes*', *puisque féministes.* touscontrelevoile. free. fr/laicardes. html. Accessed 19 January 2005.

[291] *Vogue Australia.* (1993). January – April and June – December issues.

[292] Waisbrooker, Lois Nichols. (1984 [1894]). 'A Sex Revolution', pp. 176 – 191 in Kessler (1984), *q. v.*

[293] Watts, G. F. (1883). 'On Taste in Dress', *The Nineteenth Century*, 13 (January): 45 – 57.

[294] Webb, Wilfred Mark. (1912). *The Heritage of Dress.* New and revised edition. London: The Times Book Club.

[295] Wells, H. G. (1967 [1905]). *A Modern Utopia.* Lincoln, NE and London: University of Nebraska Press.

[296] Wells, H. G. (1976 [1923]). *Men Like Gods.* London: Sphere Books.

[297] Wilde, Oscar. (1909 [1882]). 'House Decoration', pp. 159 – 171 in his *Essays and Lectures.* Second edition. London: Methuen.

[298] Wilde, Oscar. (1920a [1884]). 'Woman's Dress', pp. 60 – 65 in his *Art and Decoration. Being Extracts from Reviews and Miscellanies.* London: Methuen.

[299] Wilde, Oscar. (1920b [1884]). 'More Radical Ideas upon Dress Reform', pp. 66 – 79 in his *Art and Decoration. Being Extracts from Reviews and Miscellanies.* London: Methuen.

[300] Wilson, Elizabeth. (1992). 'Fashion and the Postmodern Body', pp. 3 – 16 in Juliet Ash and Elizabeth Wilson (eds), *Chic Thrills. A Fashion Reader.* Berkeley, CA and Los Angeles: University of California

Press.

[301] Wilson, Gail. (1987). *Money in the Family. Financial Organisation and Women's Responsibility.* Aldershot: Avebury.

[302] Woolf, Virginia. (1938). *Three Guineas.* London: Hogarth Press.

[303] Young, Agatha (Agnes) Brooks. (1966 [1937]). *Recurring Cycles of Fashion* 1760 – 1937. New York: Cooper Square Publishers.

[304] Zerubavel, Eviatar. (1977). 'The French Republican Calendar. A Case Study in the Sociology of Time', *American Sociological Review*, 42 (December): 868 – 877.

[305] Zerubavel, Eviatar. (1979). *Patterns of Time in Hospital Life. A Sociological Perspective.* Chicago, IL and London: The University of Chicago Press.

[306] Zerubavel, Eviatar. (1989 [1985]). *The Seven Day Circle. The History and Meaning of the Week.* Chicago, IL and London: The University of Chicago Press.

[307] Zickmund, Susan. (1997). 'Approaching the Radical Other: The Discursive Culture of Cyberhate', pp. 185 – 205 in Steven G. Jones (ed.), *Virtual Culture. Identity and Communication in Cybersociety.* London: Sage.

索　引